江苏凤凰科学技术出版社 · 南京

建筑装饰节点图集
顶面、地面及门构件构造工艺

刘 正 主编

江苏凤凰科学技术出版社 · 南京

图书在版编目（CIP）数据

建筑装饰节点图集 . 顶面、地面及门构件构造工艺 /
刘正主编 . -- 南京：江苏凤凰科学技术出版社，2024.
10. -- ISBN 978-7-5713-4710-9

Ⅰ . TU22-64

中国国家版本馆 CIP 数据核字第 2024EJ1845 号

建筑装饰节点图集
顶面、地面及门构件构造工艺

主　　　编	刘　正
项 目 策 划	熊兆宽
责 任 编 辑	赵　研
责任设计编辑	蒋佳佳
特 约 编 辑	高雅婷　王晓静

出 版 发 行	江苏凤凰科学技术出版社
出版社地址	南京市湖南路 1 号 A 楼，邮编：210009
出版社网址	http://www.pspress.cn
总 经 销	天津凤凰空间文化传媒有限公司
总经销网址	http://www.ifengspace.cn
印　　　刷	北京博海升彩色印刷有限公司

开　　　本	889 mm×1 194 mm　1／16
印　　　张	17
字　　　数	136 000
版　　　次	2024 年 10 月第 1 版
印　　　次	2024 年 10 月第 1 次印刷

标 准 书 号	ISBN 978-7-5713-4710-9
定　　　价	138.00 元

图书如有印装质量问题，可随时向销售部调换（电话：022-87893668）。

"建筑装饰工程设计专业教学参考资料" 编委会

本书编委

参编单位

浙江亚厦装饰股份有限公司

中国建筑装饰协会公共建筑装饰工程分会

中国建筑装饰协会学术与教育专业委员会

教育部职业院校艺术设计类专业教学指导委员会

中国建筑设计研究院有限公司

中国建筑标准设计研究院有限公司

深圳市杰恩创意设计股份有限公司

华阳国际设计集团

北京清尚建筑设计研究院有限公司

中国建设科技有限公司人才培训中心

北京市建筑教育协会

上海市建筑装饰工程集团

中国装饰股份有限公司

苏州金螳螂文化发展股份有限公司

北京建院装饰工程设计有限公司

北京筑邦建筑装饰工程有限公司

上海大朴室内设计有限公司

深圳市奥视装饰科技有限公司

苏州青木年艺术设计事务所

苏州新筑时代网络科技有限公司

苏州正和伍空间设计有限公司

序一

当前我国城市建设已经从高速发展转向高质量发展的阶段，建筑装饰行业也面临转型升级的挑战，发展新质生产力，实现建筑工业化，追求高质量的创新发展已经成为趋势。在这样的背景下，由建筑装饰深化设计一线从业人员组织编写的《建筑装饰深化设计工作手册》（以下简称《手册》）及五册《建筑装饰节点图集》（以下简称《图集》）的出版，可谓正逢其时。

在长期的生产实践中，一些建筑装饰龙头企业如苏州金螳螂文化发展股份有限公司、浙江亚厦装饰股份有限公司等已经将建筑装饰深化设计作为企业的核心竞争力。近年来陆续编著了十余部有关建筑装饰深化设计的图书，如《室内设计师必知的100个节点》等，广受读者好评。《手册》和五册《图集》的出版对建筑装饰行业的高质量发展具有重要的意义，具体表现为以下三个方面：第一，承前启后，完成了从一线实践到理论总结的提升，本书作者在以往深化设计研究的基础上，结合多年数以千计的项目案例，对建筑装饰设计进行了系统化整理和总结，搭建了深化设计的理论体系和应用范例，对建筑工业化时代下的室内设计的标准化、精细化发展具有指导意义。第二，根据教从产出的原则，它弥补了设计教育指导实践不足的问题，我们的设计教育不仅要做到自上而下，理论指导实践，从方案创意到施工图，还要能够自下而上，从施工图的产品构成开始，以产品思维和建造逻辑为出发点，进而影响设计创意。第三，从受众群体上看，这套书既考虑到广大室内设计专业的在校学生，可作为教材学习使用，又兼顾了建筑装饰设计从业人员，亦可作为参考和速查的工具书，因而在行业内具有广泛性、前瞻性和引领性。

中国建筑学会作为建筑设计行业的重要学术组织，一直以推动行业发展为使命，积极支持机构和个人做出对行业发展有利的举措。希望以此套书为起点，围绕建筑装饰深化设计多出书、出好书，为建筑装饰设计行业提供深度支撑，为大众建造更美好的空间。我欣喜地发现，本书作者团队也正在编写《建筑装饰深化设计技术手册》及《建筑装饰深化设计专项手册》，这将使建筑装饰深化设计更加体系化，也将为行业的高质量发展持续助力。

中国建筑学会秘书长 李存东

2024 年 4 月

序二

随着我国经济的高速发展，各行各业都得到了快速的发展和进步。当前，在我国"百年未有之大变局"的时代背景下，各行各业都随之进入了一个新的高质量发展阶段，大家都在尝试、探索未来的发展之路，建筑装饰行业同样如是。《建筑装饰深化设计工作手册》及五册《建筑装饰节点图集》的出版，无疑是从装饰深化设计角度，交出了一份满分答卷。看了这套丛书，让我不禁联想到平面设计之父原研哉的《设计中的设计》一书中"再设计"的理念，两者有着异曲同工之妙，都对行业的发展从野蛮生长，到流程化，再到标准化的进程有了更加清晰的认知。

《建筑装饰深化设计工作手册》（以下简称《手册》）及五册《建筑装饰节点图集》（以下简称《图集》），我总结出三大特性：第一是系统性，《手册》的重点内容是剖析深化工作流程，从施工进场到竣工验收，从资料签收到项目总结，把每个阶段该干什么、该怎么干，都讲得非常详细，这对于初学者来说，就像身边多了一位好老师，让人在工作中有了主心骨；而五册《图集》，从基层到面层，从工艺到材料，从收口要领到管控要点，都进行了翔实地讲解，里面涉及的一些规范、数据、细节做法，就是从业多年的深化设计的专业人士，也能从这里弥补自己的不足，因而它完全可以成为深化设计从业人员的"工作拍档"。《手册》与五册《图集》，既相互关联又各自独立，六本合体就是一套完整的工艺体系。可以说，有了这套工艺体系，可以"让门外的人快入门，让专业的人更专业"。第二是专业性，本套丛书，由多名从业十年以上的深化设计大咖，从众多亲身经历的经典项目中总结而来，可谓用心良苦。从《手册》中的六大管控阶段划分、真实项目案例、深化表单应用，再到五册《图集》中的节点大样、实景照片、三维模拟图、深化管控要点，无一不透露着作者团队对专业的执着和热爱。第三是及时性，纵观当前整体建筑装饰图书市场，关于深化设计的专业书籍，近年来虽偶有佳作，但都未成体系，缺乏贯通，可以说，这套丛书的问世，将填补深化设计体系建设图书的一个空白。

本套丛书今年就要正式与读者见面了，它的问世将为我们建筑装饰图书市场增添新成员，也将共同服务深化设计行业的读者。最后，希望各位读者能够将书中介绍的宝贵经验运用到实际的工作中，从中受益！

苏州金螳螂文化发展股份有限公司董事长　杨震

2024 年 4 月

目录

C 门构件构造工艺 191

A

顶面构造工艺

A1 轻钢龙骨石膏板吊顶构造

A1.1 卡式龙骨石膏板吊顶构造

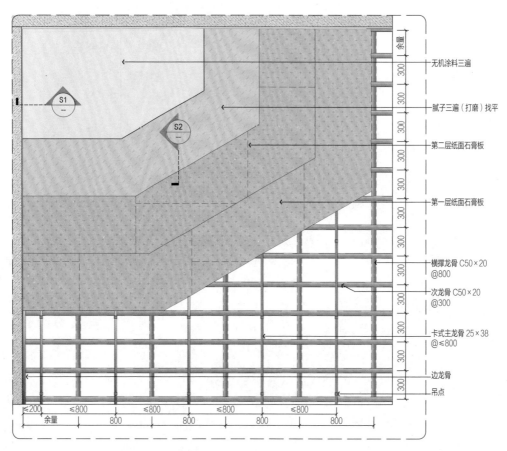

右侧标注（从上到下）：
- 无机涂料三遍
- 腻子三遍（打磨）找平
- 第二层纸面石膏板
- 第一层纸面石膏板
- 横撑龙骨 C50×20 @800
- 次龙骨 C50×20 @300
- 卡式主龙骨 25×38 @≤800
- 边龙骨
- 吊点

底部标注：≤200、≤800、≤800、≤800、≤800
余量 800 800 800 800

(P) 卡式龙骨石膏板吊顶构造

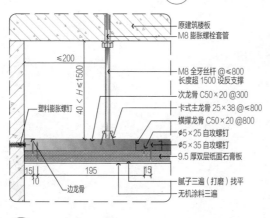

标注：
- 原建筑楼板
- M8 膨胀螺栓套管
- ≤200
- M8 全牙丝杆 @≤800 长度超 1500 设反支撑
- 次龙骨 C50×20 @300
- 卡式主龙骨 25×38 @ ≤800
- 横撑龙骨 C50×20 @800
- φ5×25 自攻螺钉
- φ5×35 自攻螺钉
- 9.5 厚双层纸面石膏板
- 腻子三遍（打磨）找平
- 无机涂料三遍
- 塑料膨胀螺钉
- 边龙骨
- 15、10、195、15

(S1) 卡式龙骨石膏板吊顶节点图（平顶延边工艺缝）

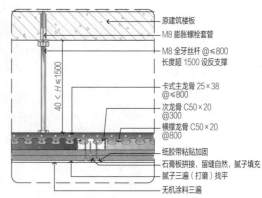

标注：
- 原建筑楼板
- M8 膨胀螺栓套管
- M8 全牙丝杆 @≤800 长度超 1500 设反支撑
- 卡式主龙骨 25×38 @ ≤800
- 次龙骨 C50×20 @300
- 横撑龙骨 C50×20 @800
- 纸胶带粘贴加固
- 石膏板拼接，留缝自然，腻子填充
- 腻子三遍（打磨）找平
- 无机涂料三遍

(S2) 卡式龙骨石膏板吊顶节点图（平顶水平竖剖）

➤ 适用范围

卡式龙骨石膏板吊顶是一种轻钢龙骨吊顶，由 38 卡式主龙骨和常规的覆面次龙骨组成，具有支撑卡式吊顶和悬挂式吊顶两种方式。适用于商业场所（如商场）、家庭装修、娱乐场所（如 KTV）、公共设施（如图书馆）等。

注：本书图内所注尺寸单位除有特殊说明外均为毫米（mm）。

➤ 工艺要求

1. 主龙骨吊点间距在 600 ~ 800 mm 之间,主龙骨间距在 800 mm 以内,主龙骨两端距离悬空不超过 200 mm。

2. 当吊筋与设备相遇时,应调整吊点结构或增设吊筋以保证质量。

3. 吊顶长度大于主龙骨长度时,主龙骨应采用连接卡对接固定。

4. 次龙骨间距为 300 mm 左右,次龙骨与边龙骨之间连接均采用铆钉固定。

5. 校核主次龙骨的位置与水平度,主次龙骨卡槽无虚卡现象,卡合应紧密,紧固所有连接件、吊件与螺母。

➤ 施工步骤

1. 现场清理,根据设计标高在墙上弹天花标高线。

2. 在地面确定风口、检修口、灯具的位置并弹线。

3. 确定吊杆位置排布,在天花标记吊杆位置,安装吊杆。

4. 用吊挂件安装卡式主龙骨,主龙骨应采取对接方式,相邻龙骨的对接接头要相互错开,主龙骨挂好后应统一调平。

5. 安装次龙骨或横撑龙骨时,接头应错开,龙骨要

检查校平。

6. 封双层 9.5 mm 厚石膏板,石膏板的包封边垂直于次龙骨。

7. 用腻子填充石膏板自然留缝,并粘贴纸胶带加固。

8. 阴阳角处用 PVC(聚氯乙烯)护角条加固,刮三遍腻子且进行打磨找平。

9. 刷无机涂料三遍。

➤ 材料规格

装饰面材:涂料(如无机涂料、艺术涂料等)。

基层材料:卡式主龙骨 25 mm × 38 mm、M8 膨胀螺栓套管、M8 全牙丝杆、9.5mm 厚纸面石膏板、吊件、M6 × 40 mm 螺栓、⌀5 mm × 25 mm 自攻螺钉、⌀5 mm × 35 mm 自攻螺钉、次龙骨 C50 × 20 mm、横撑龙骨 C50 × 20 mm、边龙骨。

➤ 材料图片

| 卡式龙骨 | 次龙骨 | 纸面石膏板 | 全牙丝杆 |

➤ 模拟构造

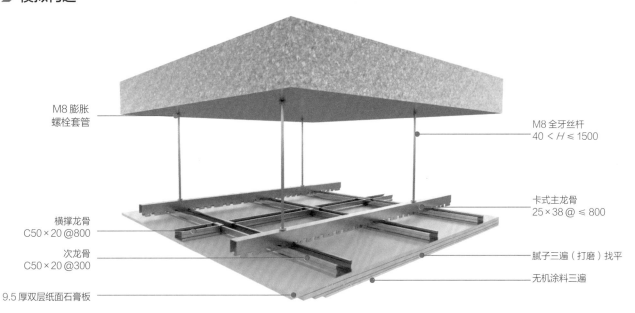

M8 膨胀螺栓套管

M8 全牙丝杆
40 < H ≤ 1500

横撑龙骨 C50 × 20 @800

卡式主龙骨 25 × 38 @ ≤ 800

次龙骨 C50 × 20 @300

腻子三遍(打磨)找平

无机涂料三遍

9.5 厚双层纸面石膏板

三维构造模型

A1.2　不上人轻钢龙骨石膏板吊顶构造

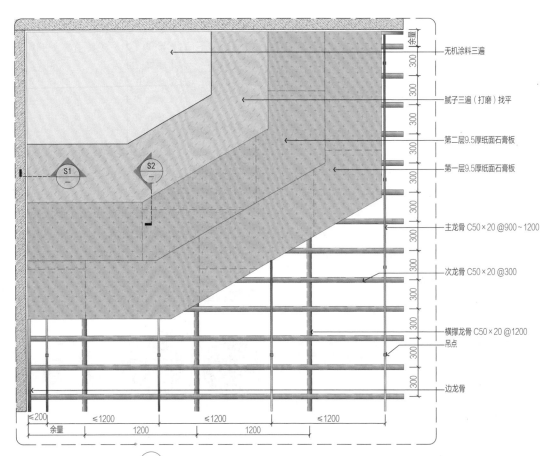

余量

无机涂料三遍

腻子三遍（打磨）找平

第二层9.5厚纸面石膏板

第一层9.5厚纸面石膏板

主龙骨 C50×20 @900~1200

次龙骨 C50×20 @300

横撑龙骨 C50×20 @1200

吊点

边龙骨

≤200　≤1200　≤1200　≤1200
余量　1200　1200

P　不上人轻钢龙骨石膏板吊顶构造

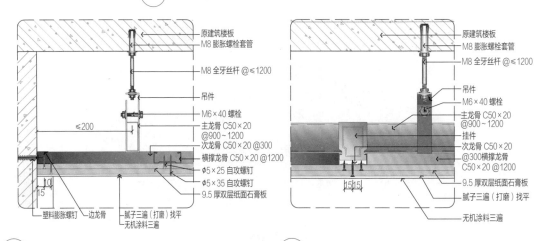

原建筑楼板
M8 膨胀螺栓套管
M8 全牙丝杆 @≤1200
吊件
M6×40 螺栓
主龙骨 C50×20 @900~1200
次龙骨 C50×20 @300
横撑龙骨 C50×20 @1200
φ5×25 自攻螺钉
φ5×35 自攻螺钉
9.5 厚双层纸面石膏板
腻子三遍（打磨）找平
无机涂料三遍
塑料膨胀螺钉　边龙骨

原建筑楼板
M8 膨胀螺栓套管
M8 全牙丝杆 @≤1200
吊件
M6×40 螺栓
主龙骨 C50×20 @900~1200
挂件
次龙骨 C50×20 @300横撑龙骨 C50×20 @1200
9.5 厚双层纸面石膏板
腻子三遍（打磨）找平
无机涂料三遍

S1　不上人轻钢龙骨石膏板吊顶节点图（平顶延边工艺缝）　S2　不上人轻钢龙骨石膏板吊顶节点图（平顶水平竖剖）

➤ 适用范围

　　不上人轻钢龙骨石膏板吊顶是一种由轻钢龙骨做框架，覆上石膏板而构成的吊顶。它的承重能力较弱，不能承受人员行走的荷载，用于不需要承重或不需要人员行走的吊顶空间。适用于门厅、餐厅、走廊等面积较小的区域以及办公、居住或不需要检修的空间。

▶ 工艺要求

1. 两根吊杆的间距不应超过 1200 mm，建议间距为 900 mm。

2. 第一层石膏板与第二层石膏板错缝安装，接缝宽度为 3 ~ 5 mm。

3. 吊顶长度超过 12 m 或面积超过 100 m^2 的应预留伸缩缝。

4. 吊杆超过 1.5 m 时需要增加反支撑，主龙骨按房间短跨长度起拱 3/1000 ~ 5/1000 。

▶ 施工步骤

1. 现场清理，根据设计标高在墙上弹天花标高线。

2. 在地面确定风口、检修口、灯具的位置并弹线。

3. 确定吊杆位置排布，在天花标记吊杆位置，安装吊杆。

4. 用吊挂件安装主龙骨，与主龙骨相邻的接头应错开。

5. 安装次龙骨或横撑龙骨时，接头应错开，龙骨要检查校平。

6. 封双层 9.5 mm 厚石膏板，石膏板的包封边垂直于次龙骨。

7. 用腻子填充石膏板自然留缝，并粘贴纸胶带加固。

8. 阴阳角处用 PVC 护角条加固，刮三遍腻子且进行打磨找平。

9. 刷无机涂料三遍。

▶ 材料规格

装饰面材：涂料（如无机涂料、艺术涂料等）。

基层材料：不上人主龙骨 C50×20 mm、M8 膨胀螺栓套管、M8 全牙丝杆、9.5 mm 厚纸面石膏板、次龙骨 C50×20 mm、横撑龙骨 C50×20 mm、吊件、挂件、M6×40 mm 螺栓、∅5 mm×25 mm 自攻螺钉、∅5 mm×35 mm 自攻螺钉、边龙骨、水平连接件。

▶ 材料图片

主龙骨　　　边龙骨　　　水平连接件　　双扣卡挂件

纸面石膏板　　挂件　　　全牙丝杆　　　吊件

▶ 模拟构造

M8 膨胀螺栓套管

原建筑楼板

M8 全牙丝杆 40 < H ≤ 1200

主龙骨 C50×20 @900 ~ 1200

M6×40 螺栓

吊件

横撑龙骨 C50×20 @1200

次龙骨 C50×20 @300

腻子三遍（打磨）找平

无机涂料三遍

9.5 厚双层纸面石膏板

三维构造模型

A1

A1.3　上人轻钢龙骨石膏板吊顶构造

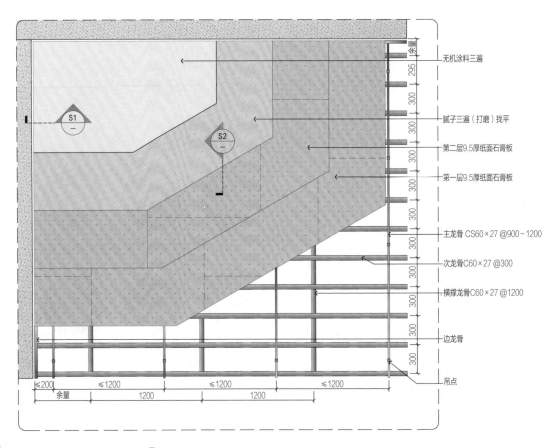

（右侧标注，从上至下）

余量

295

300

300

300

300

300

300

300

300

300

无机涂料三遍

腻子三遍（打磨）找平

第二层9.5厚纸面石膏板

第一层9.5厚纸面石膏板

主龙骨 CS60×27 @900~1200

次龙骨C60×27 @300

横撑龙骨C60×27 @1200

边龙骨

吊点

（底部标注）≤200　≤1200　≤1200　≤1200

余量　1200　1200

（P）上人轻钢龙骨石膏板吊顶构造

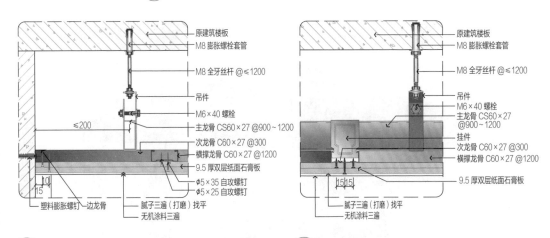

（S1 左图标注）

原建筑楼板
M8 膨胀螺栓套管
M8 全牙丝杆 @≤1200
吊件
M6×40 螺栓
≤200
主龙骨 CS60×27 @900~1200
次龙骨 C60×27 @300
横撑龙骨 C60×27 @1200
9.5 厚双层纸面石膏板
φ5×35自攻螺钉
φ5×25自攻螺钉
15
塑料膨胀螺钉　边龙骨
腻子三遍（打磨）找平
无机涂料三遍

（S2 右图标注）

原建筑楼板
M8 膨胀螺栓套管
M8 全牙丝杆 @≤1200
吊件
M6×40 螺栓
主龙骨 CS60×27 @900~1200
挂件
次龙骨 C60×27 @300
横撑龙骨 C60×27 @1200
9.5 厚双层纸面石膏板
15 15
腻子三遍（打磨）找平
无机涂料三遍

（S1）上人轻钢龙骨石膏板吊顶节点图（平顶延边工艺缝）　　（S2）上人轻钢龙骨石膏板吊顶节点图（平顶水平竖剖）

▶ 适用范围

　　上人轻钢龙骨石膏板吊顶适用于空间较大的音乐厅、影剧院、会展中心等顶棚工程。它不仅要承受吊顶本身的质量，还要承受人员走动的荷载。一般可以承受 80 ~ 100kg/m² 的集中荷载。

➤ 工艺要求

1. 主龙骨安装位置应与空间的长向平行，间距一般为 900 ~ 1200 mm，应注意起拱，起拱的高度通常是房间净跨长度的 1/1000 ~ 3/1000，其中净跨度指的是房间的短向距离，悬臂段不能超过 300 mm，否则需要增设吊杆；接长时应进行对接，相邻两个龙骨的对接接头应错开，安装好主龙骨后应进行调平。

2. 次龙骨应紧贴主龙骨，间距为 300 ~ 400 mm。

3. 对于天花吊筋长度大于 1500 mm 的部位，应设置反支撑或转换层。如果反支撑垂直长度大于 1500 mm，则需要设置转换层。

4. 提前留出检修口和嵌入灯具口，四周注意增加轻钢次龙骨进行加固，检修口可以考虑采用成品 GRG（玻璃纤维增强石膏）材料或者石膏制品。

5. 轻型吸顶灯的安装可以在顶部预留加固板，重型灯具的加固则需要直接设置承重构件与建筑结构连接。

➤ 施工步骤

1. 现场清理，根据设计标高在墙上弹天花标高线。

2. 在地面确定风口、检修口、灯具的位置并弹线。

3. 确定吊杆位置排布，在天花标记吊杆位置，安装吊杆。

4. 用吊挂件安装上人型主龙骨，接长时应采取对接方式，相邻龙骨的对接接头要相互错开，主龙骨挂好后应统一调平。

5. 安装次龙骨或横撑龙骨时，接头应错开，龙骨要检查校平。

6. 封双层 9.5 mm 厚石膏板，石膏板的包封边垂直于次龙骨。

7. 用腻子填充石膏板自然留缝，并粘贴纸胶带加固。

8. 阴阳角处用 PVC 护角条加固，刮三遍腻子且进行打磨找平。

9. 刷无机涂料三遍。

➤ 材料规格

装饰面材：涂料（如无机涂料、艺术涂料等）。

基层材料：上人主龙骨 CS60×27 mm、M8 膨胀螺栓套管、M8 全牙丝杆、9.5 mm 厚纸面石膏板、吊件、挂件、M6×40 mm 螺栓、Φ5 mm×25 mm 自攻螺钉、Φ5 mm×35 mm 自攻螺钉、次龙骨 C60×27 mm、横撑龙骨 C60×27 mm、边龙骨、塑料膨胀螺钉、水平连接件。

➤ 材料图片

主龙骨　　　边龙骨　　　水平连接件　　膨胀螺栓

纸面石膏板　　挂件　　　全牙丝杆　　　吊件

➤ 模拟构造

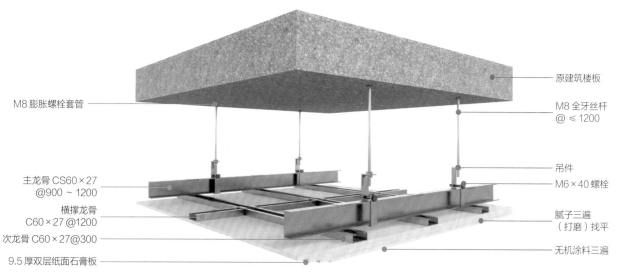

M8 膨胀螺栓套管

原建筑楼板

M8 全牙丝杆
@ ≤ 1200

吊件

主龙骨 CS60×27
@900 ~ 1200

M6×40 螺栓

横撑龙骨
C60×27 @1200

腻子三遍
（打磨）找平

次龙骨 C60×27@300

无机涂料三遍

9.5 厚双层纸面石膏板

三维构造模型

A1.4　轻钢龙骨石膏板吊顶企口与伸缩缝构造

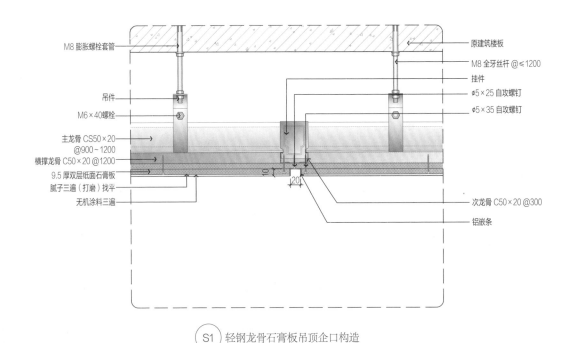

M8 膨胀螺栓套管

吊件

M6×40螺栓

主龙骨 CS50×20
@900~1200

横撑龙骨 C50×20 @1200

9.5 厚双层纸面石膏板

腻子三遍（打磨）找平

无机涂料三遍

原建筑楼板

M8 全牙丝杆 @≤1200

挂件

φ5×25 自攻螺钉

φ5×35 自攻螺钉

20

次龙骨 C50×20 @300

铝嵌条

S1　轻钢龙骨石膏板吊顶企口构造

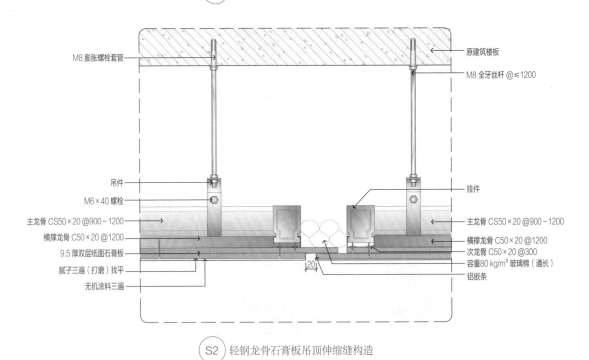

M8 膨胀螺栓套管

吊件

M6×40螺栓

主龙骨 CS50×20 @900~1200

横撑龙骨 C50×20 @1200

9.5 厚双层纸面石膏板

腻子三遍（打磨）找平

无机涂料三遍

原建筑楼板

M8 全牙丝杆 @≤1200

挂件

主龙骨 CS50×20 @900~1200

横撑龙骨 C50×20 @1200

次龙骨 C50×20 @300

容重80 kg/m³ 玻璃棉（通长）

铝嵌条

20

S2　轻钢龙骨石膏板吊顶伸缩缝构造

➤ 适用范围

　　当吊顶需要转角或者需要拼接时，要设置企口，这样可以更加牢固和结实。吊顶跨度较大的地方要设置伸缩缝。

　　如果吊顶内有设备，如空调、新风系统等，为了降低设备运行时的振动和噪声对吊顶产生的影响，需要设置伸缩缝或企口。

▶ 工艺要求

1. 主龙骨安装位置应与空间的长向平行，间距一般为 900 ~ 1200 mm，应注意起拱，起拱的高度通常是房间净跨长度的 1/1000 ~ 3/1000，其中净跨度指的是房间的短向距离，悬臂段不能超过 300 mm，否则需要增设吊杆；接长时应进行对接，相邻两个龙骨的对接接头应错开，安装好主龙骨后应进行调平。

2. 次龙骨应紧贴主龙骨，间距为 300 ~ 400 mm。

3. 对于天花吊筋长度大于 1500 mm 的部位，应设置反支撑或转换层。如果反支撑垂直长度大于 1500 mm，则需要设置转换层。

4. 提前留出检修口和嵌入灯具口，四周注意增加轻钢次龙骨进行加固，检修口可以考虑采用成品 GRG 材料或者石膏制品。

5. 轻型吸顶灯的安装可以在顶部预留加固板，重型灯具的加固则需要直接设置承重构件与建筑结构连接。

▶ 施工步骤

1. 现场清理，根据设计标高在墙上弹天花标高线。

2. 在地面确定风口、检修口、灯具的位置并弹线。

3. 确定吊杆位置排布，在天花标记吊杆位置，安装吊杆。

4. 用吊挂件安装主龙骨，接长时应采取对接方式，相邻龙骨的对接接头要相互错开，主龙骨挂好后应统一调平。

5. 安装次龙骨或横撑龙骨时，接头应错开，龙骨要检查校平。

6. 封双层 9.5 mm 厚石膏板，石膏板的包封边垂直于次龙骨。用腻子填充石膏板自然留缝，并粘贴纸胶带加固。

7. 阴阳角处用 PVC 护角条加固，刮三遍腻子且进行打磨找平。

8. 刷无机涂料三遍。

▶ 材料规格

装饰面材：涂料（如无机涂料、艺术涂料等）。

基层材料：主龙骨 CS50×20 mm、M8 膨胀螺栓套管、M8 全牙丝杆、9.5 mm 厚纸面石膏板、吊件、挂件、M6×40 mm 螺栓、Ø5 mm×25 mm 自攻螺钉、Ø5 mm×35 mm 自攻螺钉、次龙骨 C50×20 mm、横撑龙骨 C50×20 mm、容重 80 kg/m³ 玻璃棉、铝嵌条、水平连接件。

▶ 材料图片

主龙骨　　　边龙骨　　　水平连接件　　　膨胀螺栓

纸面石膏板　　挂件　　　全牙丝杆　　　吊件

▶ 模拟构造

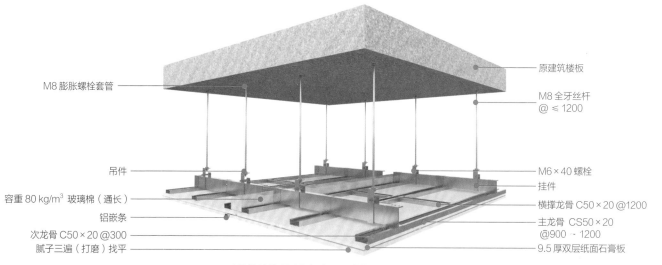

M8 膨胀螺栓套管
原建筑楼板
M8 全牙丝杆 @ ≤ 1200
吊件
M6×40 螺栓
挂件
容重 80 kg/m³ 玻璃棉（通长）
横撑龙骨 C50×20 @1200
铝嵌条
主龙骨 CS50×20 @900 ~ 1200
次龙骨 C50×20 @300
9.5 厚双层纸面石膏板
腻子三遍（打磨）找平

三维构造模型（轻钢龙骨石膏板吊顶伸缩缝构造）

A1

深化与施工要点

➤ 深化要点与管控

深化要点

1. 确定轻钢龙骨与石膏板基层规格型号。

2. 深化天花造型定位图，确定天花标高与造型做法。

3. 深化天花轻钢龙骨排布图，确定主龙骨定位。

4. 深化综合天花定位图，确认机电点位、灯具定位。

深化管控

1. 资料签收：检查各专业提资图纸是否已收集完毕。

2. 图纸深化：根据项目设计要求和现场施工情况，确定吊顶合理的标高和龙骨间距，确保吊顶安装完成后符合设计要求，保证综合天花点位横平竖直、均分美观。

3. 机电配合：将装饰专业施工图纸与其他专业图纸进行叠图，检查点位是否缺失、隐蔽工程管路排布是否影响吊顶标高，检修口设置应满足功能检修要求，检修口位置应避开主龙骨并进行加固处理。

4. 现场管控：检查现场吊顶标高、机电点位定位是否按照图纸要求施工，若现场不满足要求，则应及时提出整改意见。

➤ 工序策划

图纸深化 ➡ 设备安装 ➡ 隐蔽验收 ➡ 基层封板 ➡ 装饰面层

1. 图纸深化：综合天花图是进行天花图纸深化的基础；需要先确定天花的造型，包括确定标高、材质、装饰灯具类型等。应结合各专业提资图纸深化综合机电点位图，符合规范要求并确保使用功能及整体美观性；天花龙骨应结合机电设备与管线路由进行排布。

2. 设备安装：根据各单位会签综合天花图，各专业单位进行消防主管／支管、强弱电桥架、机电管线布设及空调设备安装等施工作业。

3. 隐蔽验收：在封板前进行隐蔽工程验收，检查吊顶内的水、电、暖等设备管线是否按设计要求安装完毕，并验收合格。

4. 基层封板：石膏板的铺设要与龙骨相结合，使其与次龙骨紧密贴合后，自攻螺钉按150～170mm的间距固定在次龙骨上，顶头沉入纸面0.5～1mm，距边缘10～15mm；双层石膏板安装时，里外层石膏板的接缝应错开。

5. 装饰面层：腻子处理、砂纸打磨、涂料施工（一底漆两面漆）。

➤ 质量通病与预防

通病现象	预防措施
超长吊顶开裂、乳胶漆天花吊顶伸缩缝处开裂变形	大面积或狭长形的整体吊顶、密拼缝处理的板块，吊顶区域的长度超过 12m 或面积超过 100 m² 时，应设置伸缩缝，伸缩缝主龙骨必须断开
淋浴顶喷部位受潮霉变	卫生间、地下室等潮湿空间，必须使用防水石膏板、防水腻子及防水涂料，设置通风、换气、散热设备
大面积或通长吊顶不平整，呈波浪状	大面积或通长吊顶，主龙骨应平行于空间长边方向排布，并按房间净跨长度的 1/1000 ~ 3/1000 起拱，其中净跨度指的是房间的短向距离；安装石膏板的自攻螺钉与板边或板端的距离不小于 10 mm，并不大于 16 mm，从板中间向边缘依次安装自攻螺钉

➤ 实景照片

轻钢龙骨基层安装

轻钢龙骨基层封板

A1

A2 轻钢龙骨石膏板造型吊顶构造

A2.1 石膏板灯槽风口造型吊顶构造

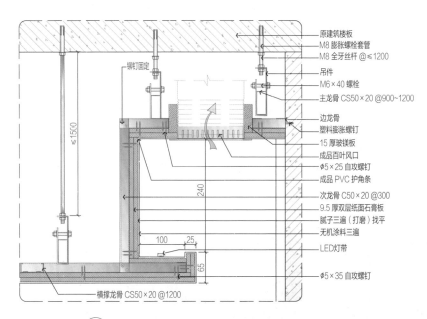

原建筑楼板
M8 膨胀螺栓套管
M8 全牙丝杆 @≤1200
吊件
M6×40 螺栓
主龙骨 CS50×20 @900~1200
边龙骨
塑料膨胀螺钉
15 厚玻镁板
成品百叶风口
φ5×25 自攻螺钉
成品 PVC 护角条
次龙骨 C50×20 @300
9.5 厚双层纸面石膏板
腻子三遍（打磨）找平
无机涂料三遍
LED灯带
φ5×35 自攻螺钉

铆钉固定

≤1500
240
100
25
65

横撑龙骨 CS50×20 @1200

S1 石膏板灯槽下出风口造型吊顶构造

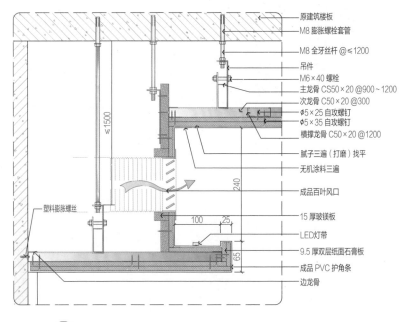

原建筑楼板
M8 膨胀螺栓套管
M8 全牙丝杆 @≤1200
吊件
M6×40 螺栓
主龙骨 CS50×20 @900~1200
次龙骨 C50×20 @300
φ5×25 自攻螺钉
φ5×35 自攻螺钉
横撑龙骨 C50×20 @1200
腻子三遍（打磨）找平
无机涂料三遍
成品百叶风口
15 厚玻镁板
LED灯带
9.5 厚双层纸面石膏板
成品 PVC 护角条
边龙骨

≤1500
240
100
25
65

塑料膨胀螺丝

S2 石膏板灯槽侧出风口造型吊顶构造

▶ 适用范围

在商业空间，如商场、酒店、餐厅等地方，石膏板灯槽可以用于装饰和照明，同时也能改善空气质量，在现代简约风格的装修中，简洁、线条清晰的装饰元素更受欢迎。石膏板灯槽设计简洁、工艺精良，非常适合这种装修风格。

▶ 工艺要求

1. 石膏板灯槽风口在潮湿的环境下容易受潮，会影响其使用效果和寿命。因此，在施工过程中，应做好防潮处理，风口需做防结露处理。

2. 龙骨的平整度对石膏板灯槽风口的安装和使用效果有很大的影响，在施工过程中，应注意龙骨的平整度和安装牢固性。

3. 当吊顶长度大于主龙骨长度时，主龙骨应采用连接卡对接固定。

4. 嵌缝处理：石膏板灯槽风口之间的缝隙需要进行嵌缝处理，以防石膏板灯槽风口在使用过程中产生振动和变形等问题。

▶ 施工步骤

1. 现场清理，根据设计标高在墙上弹出天花造型标高线。

2. 在地面确定灯槽位置并弹线。

3. 确定吊杆位置排布，在天花标记吊杆位置，安装吊杆。

4. 用吊挂件安装主龙骨，相邻主龙骨的接头应错开。

5. 安装次龙骨或横撑龙骨时，接头应错开，龙骨要检查校平。

6. 安装玻镁板基层，加固灯槽与风口。

7. 安装灯槽立板处次龙骨。

8. 封双层 9.5 mm 厚石膏板，石膏板的包封边垂直于次龙骨。

9. 用腻子填充石膏板自然留缝，并粘贴纸胶带加固。

10. 阴阳角处用 PVC 护角条加固，刮三遍腻子且进行打磨找平。

11. 刷无机涂料三遍。

▶ 材料规格

装饰面材：涂料（如无机涂料、艺术涂料等）。

基层材料：主龙骨 CS50×20 mm、M8 膨胀螺栓套管、M8 全牙丝杆、9.5 mm 厚纸面石膏板、吊件、M6×40 mm 螺栓、∅5mm×25 mm 自攻螺钉、∅5mm×35 mm 自攻螺钉、次龙骨 C50×20 mm、横撑龙骨 C50×20 mm、边龙骨、塑料膨胀螺钉、成品 PVC 护角条、成品百叶风口、LED 灯带、15 mm 厚玻镁板。

▶ 材料图片

主龙骨　　　挂件　　　膨胀螺栓　　　玻镁板

纸面石膏板　　成品百叶风口　　全牙丝杆　　吊件

▶ 模拟构造

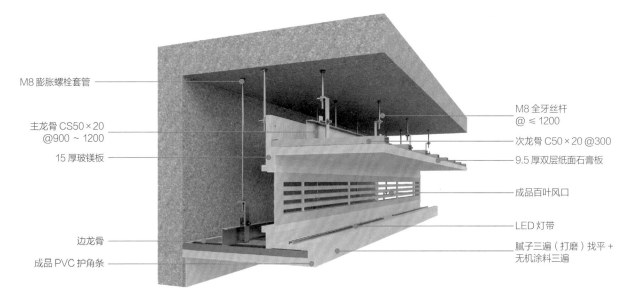

M8 膨胀螺栓套管
主龙骨 CS50×20 @900～1200
15 厚玻镁板
边龙骨
成品 PVC 护角条
M8 全牙丝杆 @ ≤ 1200
次龙骨 C50×20 @300
9.5 厚双层纸面石膏板
成品百叶风口
LED 灯带
腻子三遍（打磨）找平 + 无机涂料三遍

三维构造模型（石膏板灯槽侧出风口造型吊顶构造）

A2.2 石膏板灯槽与窗帘盒造型吊顶构造

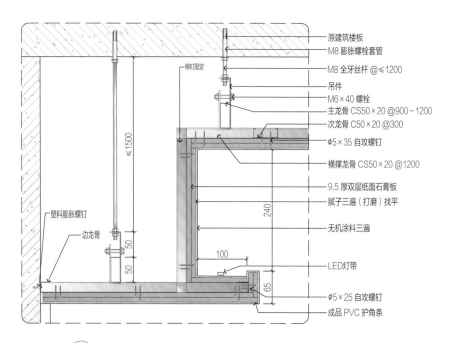

原建筑楼板
M8 膨胀螺栓套管
铆钉固定
M8 全牙丝杆 @≤1200
吊件
M6×40 螺栓
主龙骨 CS50×20 @900～1200
次龙骨 C50×20 @300
φ5×35 自攻螺钉
横撑龙骨 CS50×20 @1200
9.5 厚双层纸面石膏板
腻子三遍（打磨）找平
无机涂料三遍
LED灯带
φ5×25 自攻螺钉
成品 PVC 护角条
≤1500
塑料膨胀螺钉
边龙骨
50
50
50
240
100
65

S1 石膏板灯槽造型吊顶构造

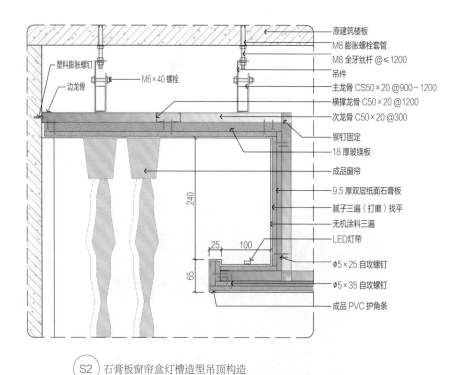

原建筑楼板
M8 膨胀螺栓套管
M8 全牙丝杆 @≤1200
吊件
主龙骨 CS50×20 @900～1200
横撑龙骨 C50×20 @1200
次龙骨 C50×20 @300
铆钉固定
18 厚玻镁板
成品窗帘
9.5 厚双层纸面石膏板
腻子三遍（打磨）找平
无机涂料三遍
LED灯带
φ5×25 自攻螺钉
φ5×35 自攻螺钉
成品 PVC 护角条
塑料膨胀螺钉
边龙骨
M6×40 螺栓
240
25
100
65

S2 石膏板窗帘盒灯槽造型吊顶构造

➤ 适用范围

　　在室内设计过程中，石膏板灯槽与窗帘盒造型吊顶可以为空间增添一种优雅的氛围。其独特的设计和精致的细节可以适用于各种装饰风格，如现代风格、中式风格、欧式风格、美式风格等。

➤ 工艺要求

1. 灯槽常用宽度为 100 ~ 150 mm，深度为 150 ~ 350 mm，位置应该选择在吊顶或墙壁的边缘处。

2. 在安装灯槽时应该注意保持其表面平整，没有凹凸不平的情况，同时也要确保灯槽的角度准确，以保证光线均匀地照射在需要照明的区域。

3. 安装完成后要进行调试，确保灯光照射角度和位置满足灯光设计要求，同时也要检查是否有漏光和透光等问题。

4. 灯槽窗帘盒顶板需用玻镁板基层加固，常规窗帘盒深度不小于 200 mm，以保证窗帘遮光效果；灯槽窗帘盒立板距墙不小于 350 mm。

➤ 施工步骤

1. 现场清理，根据设计标高在墙上弹天花标高线。

2. 在地面确定灯槽位置并弹线。

3. 确定吊杆位置排布，在天花标记吊杆位置，安装吊杆。

4. 用吊挂件安装主龙骨，相邻龙骨的对接接头要相互错开，主龙骨挂好后应基本调平。

5. 安装次龙骨或横撑龙骨时，接头应错开，龙骨要检查校平。

6. 用玻镁板基层加固带窗帘盒的灯槽。

7. 安装灯槽立板处次龙骨。

8. 封双层 9.5 mm 厚石膏板，石膏板的包封边垂直于次龙骨。

9. 用腻子填充石膏板自然留缝，并粘贴纸胶带加固。

10. 阴阳角处用 PVC 护角条加固，刮三遍腻子且进行打磨找平。

11. 刷无机涂料三遍。

➤ 材料规格

装饰面材：涂料（如无机涂料、艺术涂料等）。

基层材料：主龙骨 CS50×20 mm、M8 膨胀螺栓套管、M8 全牙丝杆、9.5 mm 厚纸面石膏板、吊件、M6×40 mm 螺栓、⌀5 mm×25 mm 自攻螺钉、⌀5 mm×35 mm 自攻螺钉、次龙骨 C50×20 mm、横撑龙骨 C50×20 mm、LED 灯带、铆钉、18 mm 厚玻镁板、成品 PVC 护角条、塑料膨胀螺丝钉、边龙骨、水平连接件。

➤ 材料图片

主龙骨　　水平连接件　　挂件　　膨胀螺栓

纸面石膏板　　玻镁板　　全牙丝杆　　吊件

➤ 模拟构造

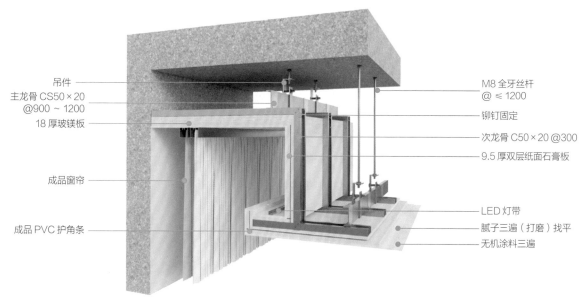

吊件
主龙骨 CS50×20 @900 ~ 1200
18 厚玻镁板
成品窗帘
成品 PVC 护角条

M8 全牙丝杆 @ ≤ 1200
铆钉固定
次龙骨 C50×20 @300
9.5 厚双层纸面石膏板
LED 灯带
腻子三遍（打磨）找平
无机涂料三遍

三维构造模型（石膏板窗帘盒灯槽造型吊顶构造）

A2.3 石膏板弧形/折线造型吊顶构造

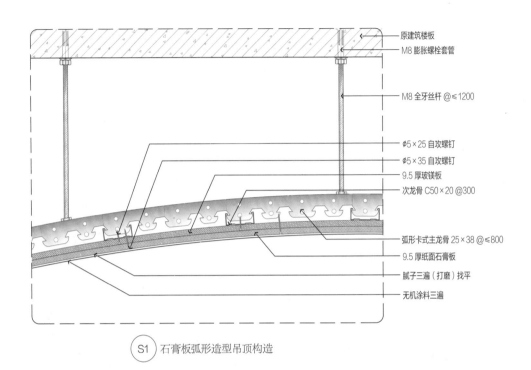

原建筑楼板
M8 膨胀螺栓套管

M8 全牙丝杆 @≤1200

φ5×25 自攻螺钉
φ5×35 自攻螺钉
9.5 厚玻镁板
次龙骨 C50×20 @300

弧形卡式主龙骨 25×38 @≤800
9.5 厚纸面石膏板
腻子三遍（打磨）找平
无机涂料三遍

S1 石膏板弧形造型吊顶构造

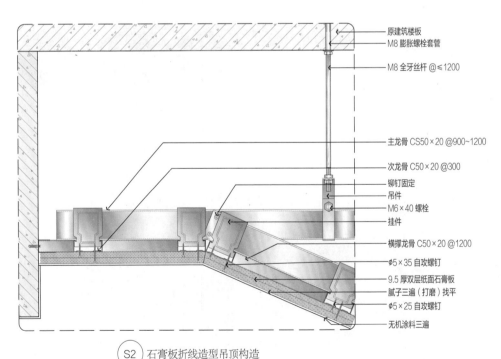

原建筑楼板
M8 膨胀螺栓套管

M8 全牙丝杆 @≤1200

主龙骨 CS50×20 @900~1200
次龙骨 C50×20 @300
铆钉固定
吊件
M6×40 螺栓
挂件
横撑龙骨 C50×20 @1200
φ5×35 自攻螺钉
9.5 厚双层纸面石膏板
腻子三遍（打磨）找平
φ5×25 自攻螺钉
无机涂料三遍

S2 石膏板折线造型吊顶构造

➤ 适用范围

石膏板弧形/折线造型吊顶线条设计独特，它可以在不同的光照条件下营造出截然不同的氛围，适合一些需要独特空间效果的高档场所，如高级酒店、豪华餐厅、会所等。石膏板弧形吊顶能够通过灵动的造型为空间增添动感和活力，适用于体育馆、高铁站、机场等超大型的空间。

▶ 工艺要求

1. 在施工前需要了解图纸和设计要求，以便对吊顶的尺寸和形状进行精确测量。

2. 由于弧形／折线造型吊顶要适应起伏变化，因此需要使用一些可调节高度的支撑结构，以确保吊顶能够稳定地安装在不同高度的空间中。

3. 在安装时需要按照设计图纸和施工方案进行施工，确保每个板块的位置和角度都与设计相符，同时要遵循先固定龙骨再安装面板的顺序。

4. 弧形主龙骨吊点间距为 600 ~ 800 mm，主龙骨间距为 800 mm，主龙骨两端距离悬空均不超过 300 mm。

5. 次龙骨间距为 300 mm，次龙骨与边龙骨之间连接均采用铆钉固定。

▶ 施工步骤

1. 现场清理，根据设计标高在墙上弹天花标高线。

2. 在地面确定风口、检修口、灯具的位置并弹线。

3. 确定吊杆位置排布，在天花标记吊杆位置，安装吊杆。

4. 按图纸弧度（折线角度）对主龙骨进行弯曲（折线拼装），吊挂安装主龙骨，接长时应采取对接方式，相邻龙骨的对接接头要相互错开。

5. 安装次龙骨或横撑龙骨时，接头应错开，龙骨要检查校平。

6. 安装玻镁板。

7. 封 9.5 mm 厚石膏板，石膏板的包封边要垂直于次龙骨。

8. 用腻子填充石膏板自然留缝，并粘贴纸胶带加固。

9. 阴阳角处用成品 PVC 护角条加固，刮三遍腻子且进行打磨找平。

10. 刷无机涂料三遍。

▶ 材料规格

装饰面材：涂料（如无机涂料、艺术涂料等）。

基层材料：主龙骨 CS50×20 mm、M8 膨胀螺栓套管、M8 全牙丝杆、9.5 mm 厚纸面石膏板、吊件、挂件、铆钉、M6×40 mm 螺栓、∅5 mm×25 mm 自攻螺钉、∅5 mm×35 mm 自攻螺钉、次龙骨 C50×20 mm、横撑龙骨 C50×20 mm、弧形卡式主龙骨 25×38 mm、9.5 mm 厚玻镁板、水平连接件。

▶ 材料图片

主龙骨　　　水平连接件　　　挂件　　　膨胀螺栓

纸面石膏板　　　玻镁板　　　全牙丝杆　　　吊件

▶ 模拟构造

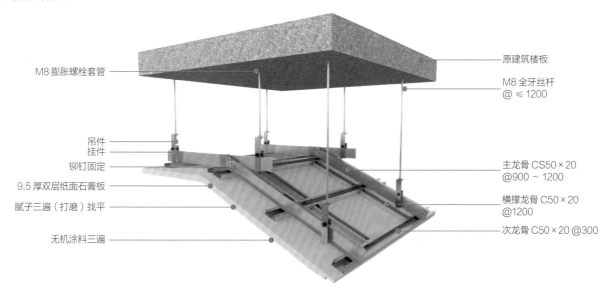

三维构造模型（石膏板折线造型吊顶构造）

M8 膨胀螺栓套管

原建筑楼板

M8 全牙丝杆 @ ≤ 1200

吊件
挂件
铆钉固定

9.5 厚双层纸面石膏板

腻子三遍（打磨）找平

无机涂料三遍

主龙骨 CS50×20 @900 ~ 1200

横撑龙骨 C50×20 @1200

次龙骨 C50×20 @300

A2.4 石膏板跌级造型吊顶构造

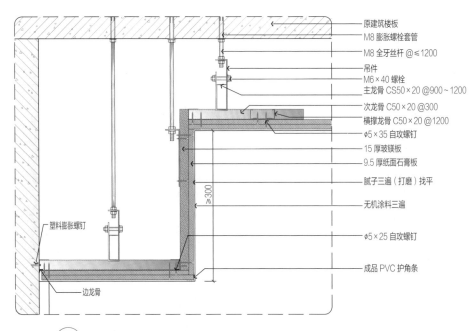

原建筑楼板
M8 膨胀螺栓套管
M8 全牙丝杆 @≤1200
吊件
M6×40 螺栓
主龙骨 CS50×20 @900~1200
次龙骨 C50×20 @300
横撑龙骨 C50×20 @1200
φ5×35 自攻螺钉
15 厚玻镁板
9.5 厚纸面石膏板
腻子三遍（打磨）找平
无机涂料三遍
φ5×25 自攻螺钉
成品 PVC 护角条
塑料膨胀螺钉
≥300
边龙骨

S1 石膏板跌级造型吊顶构造（跌级高度大于等于 300）

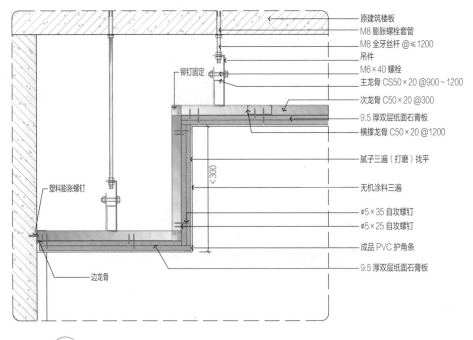

原建筑楼板
M8 膨胀螺栓套管
M8 全牙丝杆 @≤1200
吊件
M6×40 螺栓
主龙骨 CS50×20 @900~1200
次龙骨 C50×20 @300
9.5 厚双层纸面石膏板
横撑龙骨 C50×20 @1200
腻子三遍（打磨）找平
无机涂料三遍
φ5×35 自攻螺钉
φ5×25 自攻螺钉
成品 PVC 护角条
9.5 厚双层纸面石膏板
铆钉固定
塑料膨胀螺钉
<300
边龙骨

S2 石膏板跌级造型吊顶构造（跌级高度小于 300）

➤ 适用范围

石膏板跌级造型吊顶广泛适用于商业建筑、办公楼、学校、医院和住宅等场所。它可以改善室内的视觉效果，隐藏不美观的结构和设备，提供良好的室内环境。

➤ 工艺要求

1. 在主龙骨上安装吊挂件，吊挂件的方向应依次正反安装，以消除龙骨吊挂时的偏心受力。

2. 边龙骨固定可采用 L 形或 U 形镀锌轻钢龙骨，如果固定墙体为混凝土墙柱，则可用射钉固定，射钉间距不应大于吊顶龙骨的间距。

3. 当吊杆长度超过 1.5 m 时应设反支撑，吊顶内部空间大于 3 m 时，应设置型钢结构转换层。需要设置钢结构转换层，钢结构转换层应进行结构承载力计算。

4. 跌级吊顶的侧板不管是玻镁板还是金属骨架，均须单独安装吊筋，且间距建议不大于 1200 mm。若侧板造型较重，则须采用角钢作为吊筋，吊筋与玻镁板侧板造型通过对接螺栓固定。

5. 侧板接头处应采用燕尾榫连接方式，以防侧板变形开裂。

➤ 施工步骤

1. 现场清理，根据设计标高在墙上弹天花标高线。

2. 在地面确定跌级造型位置并弹线。

3. 确定吊杆位置排布，在天花标记吊杆位置，安装吊杆。

4. 用吊挂件安装主龙骨，接长时应采取对接方式，相邻龙骨的对接接头要相互错开，主龙骨挂好后应进行调平。

5. 安装次龙骨或横撑龙骨时，接头应错开，龙骨要检查校平。

6. 安装跌级玻镁板挂板或次龙骨时，玻镁板挂板接头处要做燕尾榫处理。

7. 封 9.5 mm 厚纸面石膏板，石膏板的包封边垂直于次龙骨。

8. 用腻子填充石膏板自然留缝，并粘贴纸胶带加固。

9. 阴阳角处用 PVC 护角条加固，刮三遍腻子且进行打磨找平。

10. 刷无刷机涂料三遍。

➤ 材料规格

装饰面材：涂料（如无机涂料、艺术涂料等）。

基层材料：主龙骨 CS50×20 mm、M8 膨胀螺栓套管、M8 全牙丝杆、9.5 mm 厚纸面石膏板、吊件、M6×40 mm 螺栓、∅5 mm×25 mm 自攻螺钉、∅5 mm×35 mm 自攻螺钉、次龙骨 C50×20 mm、横撑龙骨 C50×20 mm、LED 灯带、铆钉、15 mm 厚玻镁板、成品 PVC 护角条、边龙骨、塑料膨胀螺丝钉、水平连接件。

➤ 材料图片

主龙骨　　水平连接件　　挂件　　膨胀螺栓

纸面石膏板　　玻镁板　　全牙丝杆　　吊件

➤ 模拟构造

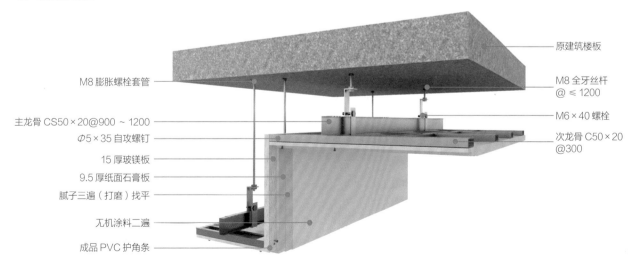

M8 膨胀螺栓套管
原建筑楼板
M8 全牙丝杆 @ ≤ 1200
主龙骨 CS50×20@900 ~ 1200
M6×40 螺栓
∅5×35 自攻螺钉
次龙骨 C50×20 @300
15 厚玻镁板
9.5 厚纸面石膏板
腻子三遍（打磨）找平
无机涂料二遍
成品 PVC 护角条

三维构造模型（石膏板跌级造型高度 ≥ 300 吊顶构造）

A2.5　窗帘盒与幕墙处吊顶造型构造

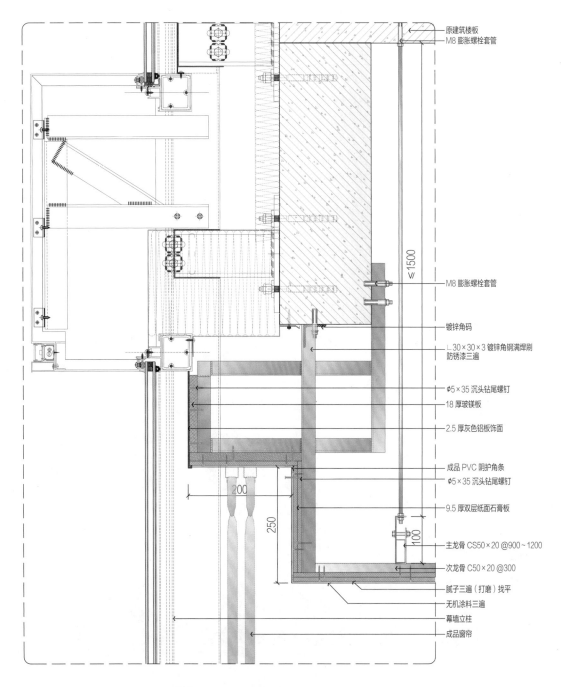

原建筑楼板

M8 膨胀螺栓套管

≤1500

M8 膨胀螺栓套管

镀锌角码

∟30×30×3 镀锌角钢满焊刷
防锈漆三遍

φ5×35 沉头钻尾螺钉

18 厚玻镁板

2.5 厚灰色铝板饰面

成品 PVC 阴护角条

φ5×35 沉头钻尾螺钉

9.5 厚双层纸面石膏板

主龙骨 CS50×20 @900~1200

次龙骨 C50×20 @300

腻子三遍（打磨）找平

无机涂料三遍

幕墙立柱

成品窗帘

200　250　100

$\left(\begin{array}{c}S\end{array}\right)$　窗帘盒与幕墙处吊顶造型构造

▶ 适用范围

　　窗帘盒与幕墙处吊顶造型构造可用于各种具有遮阳、保护隐私和装饰需求的现代幕墙和窗户位置。适用于办公大楼、商场、购物中心、酒店和餐厅。

➤ 工艺要求

1. 幕墙窗帘盒要求材料质量稳定、不易变形和破损，同时也要考虑材料的环保性能和易于加工性、安全性。

2. 尺寸要符合设计要求，要根据幕墙尺寸和使用需求进行定制，要求尺寸准确、误差小。

3. 外观要求美观大方、线条流畅，盒盖平整、无瑕疵，窗帘盒的颜色和幕墙要相协调，以提升整体装饰效果。

4. 结构要牢固可靠，吊轮和轨道要安装牢固、滑动顺畅，同时窗帘盒与幕墙的结合处要密封、防水、防尘。

5. 材料和结构要符合防火规范要求，特别是对于高层建筑和公共场所的幕墙，要选择防火性能好的窗帘盒材料和结构形式。

6. 窗帘盒长期暴晒处立板应附加一层铝塑板或铝单板。

7. 加固角钢连接处需满焊并进行三遍防锈处理。

➤ 施工步骤

1. 现场清理，根据设计标高在墙上弹天花标高线。

2. 在地面确定跌级造型位置并弹线。

3. 确定吊杆位置排布，在天花标记吊杆位置，安装吊杆。

4. 用吊挂件安装主龙骨，接长时应采取对接方式，相邻龙骨的对接接头要相互错开，主龙骨挂好后应基本调平。

5. 安装次龙骨或横撑龙骨时，接头应错开，龙骨要检查校平。

6. 安装跌级玻镁板挂板或次龙骨，玻镁板挂板接头处做燕尾榫处理。

7. 封 9.5 mm 厚双层纸面石膏板，石膏板的包封边垂直于次龙骨。

8. 用腻子填充石膏板自然留缝，并粘贴纸胶带加固。

9. 阴阳角处用 成品 PVC 护角条加固，刮三遍腻子且进行打磨找平。

10. 刷无机涂料三遍。

➤ 材料规格

装饰面材：涂料(如无机涂料、艺术涂料等)、2.5 mm 厚灰色铝板。

基层材料：主龙骨 CS50×20 mm、M8 膨胀螺栓套管、M8 全牙丝杆、9.5 mm 厚纸面石膏板、吊件、M6×40 mm 螺栓、∅5 mm×25 mm 沉头钻尾螺钉、∅5 mm×35 mm 沉头钻尾螺钉、次龙骨 C50×20 mm、横撑龙骨 C50×20 mm、∟30 mm×30 mm×3 mm 镀锌角钢、LED 灯带、18 mm 厚玻镁板、镀锌角码、成品 PVC 护角条、水平连接件。

➤ 材料图片

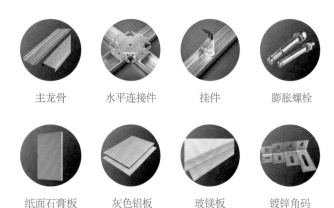

| 主龙骨 | 水平连接件 | 挂件 | 膨胀螺栓 |

| 纸面石膏板 | 灰色铝板 | 玻镁板 | 镀锌角码 |

➤ 模拟构造

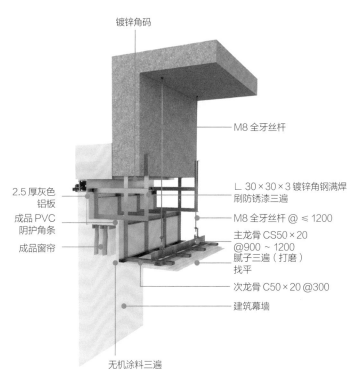

镀锌角码

M8 全牙丝杆

2.5 厚灰色铝板

∟30×30×3 镀锌角钢满焊刷防锈漆三遍

成品 PVC 阴护角条

M8 全牙丝杆 @ ≤ 1200

主龙骨 CS50×20 @900 ~ 1200 腻子三遍（打磨）找平

成品窗帘

次龙骨 C50×20 @300

建筑幕墙

无机涂料三遍

三维构造模型

A2

A2.6　窗帘盒与建筑窗处吊顶造型构造

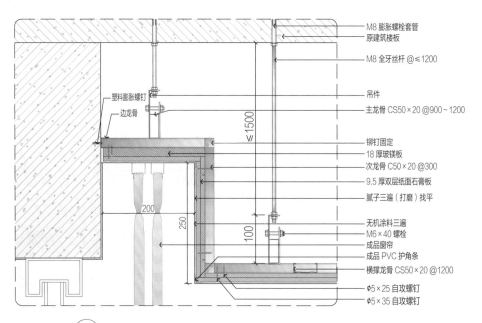

M8 膨胀螺栓套管
原建筑楼板
M8 全牙丝杆 @≤1200
吊件
主龙骨 CS50×20 @900~1200
铆钉固定
18 厚玻镁板
次龙骨 C50×20 @300
9.5 厚双层纸面石膏板
腻子三遍（打磨）找平
无机涂料三遍
M6×40 螺栓
成品窗帘
成品 PVC 护角条
横撑龙骨 CS50×20 @1200
φ5×25 自攻螺钉
φ5×35 自攻螺钉

塑料膨胀螺钉
边龙骨

≤1500
200
250
100

(S1) 窗帘盒与建筑窗处吊顶造型构造

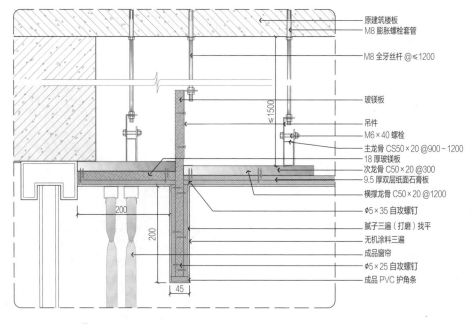

原建筑楼板
M8 膨胀螺栓套管
M8 全牙丝杆 @≤1200
玻镁板
吊件
M6×40 螺栓
主龙骨 CS50×20 @900~1200
18 厚玻镁板
次龙骨 C50×20 @300
9.5 厚双层纸面石膏板
横撑龙骨 C50×20 @1200
φ5×35 自攻螺钉
腻子三遍（打磨）找平
无机涂料三遍
成品窗帘
φ5×25 自攻螺钉
成品 PVC 护角条

≤1500
200
200
45

(S2) 窗帘盒下挂板吊顶造型构造

➤ 适用范围

　　窗帘盒与建筑窗处吊顶造型构造适用范围广泛，可适用于各种室内空间，包括客厅、卧室、酒店、办公室、餐厅等场所需要安装窗帘的窗户位置。通过预留窗帘盒来安装窗帘及轨道，窗帘盒能够有效地隐藏窗帘轨道或窗帘杆，使整体装饰效果更加和谐、统一。

➤ 工艺要求

1. 在主龙骨上安装吊挂件，吊挂件的方向应依次正反安装，以消除龙骨吊挂时的偏心受力。

2. 边龙骨固定可采用 L 形或 U 形镀锌轻钢龙骨，如果固定墙体为混凝土墙柱，则可用射钉固定，射钉间距不应大于吊顶龙骨的间距。

3. 天花吊顶长度大于 1500 mm 的部位应设置反支撑。吊顶长度大于 2500 mm 时，吊顶会因过长而不稳定，需要设置钢结构转换层，钢结构转换层应进行结构承载力计算。

4. 窗帘盒挂板不管是玻镁板还是金属骨架，均须单独安装吊筋，且间距建议不大于 1200 mm。若侧板造型较重，则须采用角钢作为吊筋，吊筋与玻镁板侧板造型通过对接螺栓固定。

5. 侧板接头处要采用燕尾榫连接方式以预防侧板变形开裂。

➤ 施工步骤

1. 现场清理，根据设计标高在墙上弹出天花标高线。

2. 在地面确定窗帘盒造型位置并弹线。

3. 确定吊杆位置排布，在天花标记吊杆位置，安装吊杆。

4. 用吊挂件安装主龙骨，接长时应采取对接方式，相邻龙骨的对接接头要相互错开，主龙骨挂好后应基本调平。

5. 安装次龙骨或横撑龙骨时，接头应错开，龙骨要检查校平。

6. 安装窗帘盒挂板，玻镁板挂板接头处做燕尾榫处理。

7. 封 9.5 mm 厚双层纸面石膏板，石膏板的包封边垂直于次龙骨。

8. 用腻子填充石膏板自然留缝，并粘贴纸胶带加固。

9. 阴阳角处用 PVC 护角条加固，刮三遍腻子且进行打磨找平。

10. 刷无机涂料三遍。

➤ 材料规格

装饰面材：涂料（如无机涂料、艺术涂料等）。

基层材料：主龙骨 CS50×20 mm、M8 膨胀螺栓套管、M8 全牙丝杆、9.5 mm 厚纸面石膏板、吊件、M6×40 mm 螺栓、⌀5 mm×25 mm 自攻螺钉、⌀5 mm×35 mm 自攻螺钉、次龙骨 C50×20 mm、横撑龙骨 C50×20 mm、成品 PVC 护角条、18 mm 厚玻镁板、水平连接件。

➤ 材料图片

主龙骨

水平连接件

挂件

膨胀螺栓

纸面石膏板

玻镁板

全牙丝杆

吊件

➤ 模拟构造

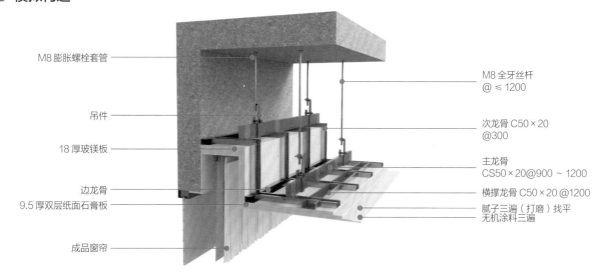

M8 膨胀螺栓套管

吊件

18 厚玻镁板

边龙骨

9.5 厚双层纸面石膏板

成品窗帘

M8 全牙丝杆 @ ≤ 1200

次龙骨 C50×20 @300

主龙骨 CS50×20@900～1200

横撑龙骨 C50×20 @1200

腻子三遍（打磨）找平
无机涂料三遍

三维构造模型（普通窗帘盒吊顶造型构造）

── 深化与施工要点 ──

➤ 深化要点与管控

深化要点

1. 确定轻钢龙骨与石膏板规格型号及基层板类型。

2. 深化天花造型定位图，确定高低不同的天花标高与造型对应关系。

3. 深化天花造型主次轻钢龙骨排布图，确定主龙骨定位。

4. 深化综合天花定位图，确认机电点位、灯具、检修口定位。

深化管控

1. 资料签收：检查各专业提资图纸是否已收集完毕。

2. 图纸深化：根据项目设计要求和现场施工情况，结合墙面、地面对应关系及空间特点，深化天花造型方案，确定高天花与低天花的吊顶标高和龙骨排布，天花功能挂板基层通常采用 A 级不燃材料，确保吊顶安装完成后符合设计要求。保证综合天花点位横平竖直、均分美观。

3. 机电配合：将装饰专业施工图纸与其他专业图纸进行叠图，检查点位是否缺失、隐蔽工程管路排布是否影响吊顶标高，根据高位天花推算出机电控制标高，检修口设置应满足功能检修要求，检修口位置应避开主龙骨并进行加固处理。

4. 现场管控：检查现场高天花与低天花吊顶标高、天花造型尺寸、机电点位定位是否符合图纸要求，若现场不满足要求，则应及时提出整改意见。

➤ 工序策划

图纸深化 ➝ 设备安装 ➝ 功能挂板 ➝ 隐蔽验收 ➝ 基层封板 ➝ 装饰面层

1. 图纸深化：综合天花图是进行天花图纸深化的基础；需要先确定天花的造型，包括确定标高、材质、装饰灯具类型等。应结合各专业提资图纸深化综合机电点位图，符合规范要求并确保使用功能及整体美观；天花龙骨应结合机电设备与管线路由进行排布。

2. 设备安装：根据各单位会签综合天花图，各专业单位进行消防主管／支管、强弱电桥架、机电管线布设及空调设备安装等施工作业。

3. 功能挂板：窗帘盒、灯槽、跌级等功能性挂板先行，以此来确定低位与高位天花标高尺寸，确保现场机电标高满足装饰要求。

4. 隐蔽验收：在封板前进行隐蔽工程验收，检查吊顶内的水、电、暖等设备管线是否按设计要求安装完毕，并验收合格。

5. 基层封板：石膏板的铺设要与龙骨相结合，使其与次龙骨紧密贴合后，自攻螺钉按150～170 mm的间距，将其固定在次龙骨上，顶头沉入纸面0.5～1 mm，距边缘10～15 mm；双层石膏板安装时，里外层石膏板的接缝应错开。

6. 装饰面层：腻子处理、砂纸打磨、涂料施工（一底漆两面漆）。

➤ 质量通病与预防

通病现象	预防措施
超长吊顶开裂、天花吊顶伸缩缝设置不合理	大面积或狭长形的整体吊顶、密拼缝处理的板块，吊顶区域的长度超过12 m或面积超过100 m² 时，应设置伸缩缝，伸缩缝主龙骨必须断开，伸缩缝应与天花造型结合，需满足功能要求且造型美观
跌级造型吊顶转角处龙骨变形及石膏板开裂	跌级造型吊顶龙骨基层应做镀锌铁皮加固等防开裂措施，转角处应做L形整体石膏板防止乳胶漆开裂
大面积或通长吊顶不平整，呈波浪状	大面积或通长吊顶，主龙骨应平行于空间长边方向排布，并按房间净跨长度的1/1000～3/1000起拱；安装石膏板的自攻螺钉与板边或板端的距离不小于10 mm，并不大于16 mm，从板中间向边缘依次安装自攻螺钉。板中间螺钉的间距不大于200 mm

➤ 实景照片

轻钢龙骨基层（弧形）

石膏板造型吊顶（弧形）

A2

A3 矿棉板吊顶构造

A3.1 矿棉板半明装龙骨吊顶构造

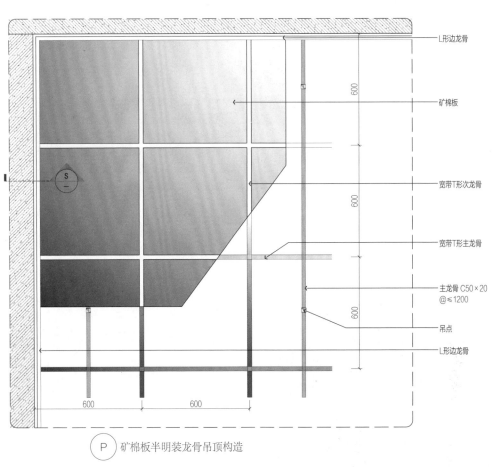

L形边龙骨

矿棉板

宽带T形次龙骨

宽带T形主龙骨

主龙骨 C50×20 @≤1200

吊点

L形边龙骨

600 600 600 600

Ⓟ 矿棉板半明装龙骨吊顶构造

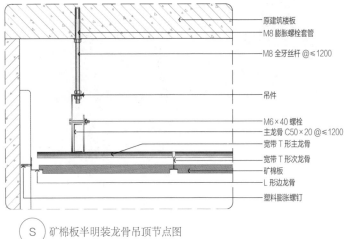

原建筑楼板
M8 膨胀螺栓套管
M8 全牙丝杆 @≤1200
吊件
M6×40 螺栓
主龙骨 C50×20 @≤1200
宽带 T 形主龙骨
宽带 T 形次龙骨
矿棉板
L 形边龙骨
塑料膨胀螺钉

Ⓢ 矿棉板半明装龙骨吊顶节点图

▶ 适用范围

矿棉板是一般建筑隔声和控制噪声的理想材料，适用于商业建筑、工业建筑和住宅建筑的吊顶工程。

A3

➤ 工艺要求

1. 矿棉板吊顶施工前，应对室内可能影响施工的各种设备、管线等进行全面检查，以确保安装的顺利进行。

2. 吊杆一般采用直径为 8 mm 的钢筋制作，吊点间距为 900 ~ 1200 mm。

3. 承载大的主龙骨一般采用 C38 龙骨或 C50 龙骨，间距在 1200 mm 以内。

4. 承载主龙骨安装后，先行安装 T 形主龙骨，再安装 T 形次龙骨，龙骨间距根据矿棉板选型规格而定。

5. 矿棉板与龙骨的搭接宽度应大于龙骨受力面宽度的 2/3。

➤ 施工步骤

1. 现场清理，根据设计标高在墙上弹天花标高线。

2. 根据矿棉板的模数，对天花进行预排板。

3. 确定吊杆位置排布，在天花标记吊杆位置，安装吊杆。

4. 用吊挂件安装承载主龙骨，接长时应采取对接方式，相邻龙骨的对接接头要相互错开，主龙骨挂好后应统一调平。

5. 安装 T 形主龙骨，使用 D-T 吊件与承载大龙骨连接。

6. 安装 T 形次龙骨，T 形次龙骨与 T 形主龙骨十字交叉安装。

7. 半明架型矿棉板可以直接搭在 T 形烤漆龙骨上，板背面的箭头方向和白线方向一致。

➤ 材料规格

装饰面材：矿棉板（常用 15 mm 厚）。

基层材料：M8 膨胀螺栓套管、M8 全牙丝杆、M6×40 mm 螺栓、主龙骨 C50×20 mm×1.2 mm、吊件、∅5 mm×25 mm 自攻螺钉、∅5 mm×35 mm 自攻螺钉、L 形边龙骨、T 形主龙骨、T 形次龙骨、塑料膨胀螺钉。

➤ 材料图片

主龙骨　　　　L 形边龙骨　　　半明 T 形龙骨

矿棉板　　　　全牙丝杆　　　　吊件

➤ 模拟构造

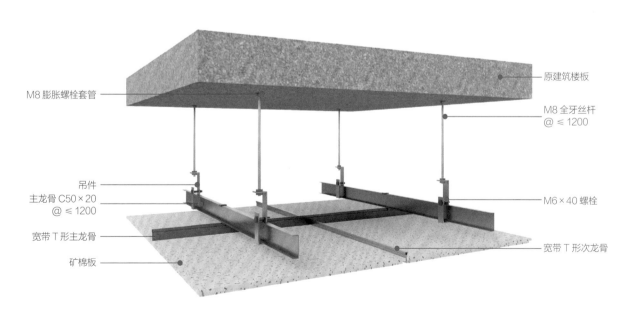

M8 膨胀螺栓套管

原建筑楼板

M8 全牙丝杆 @ ≤ 1200

吊件

主龙骨 C50×20 @ ≤ 1200

M6×40 螺栓

宽带 T 形主龙骨

宽带 T 形次龙骨

矿棉板

三维构造模型

A3

A3.2　矿棉板明装龙骨吊顶构造

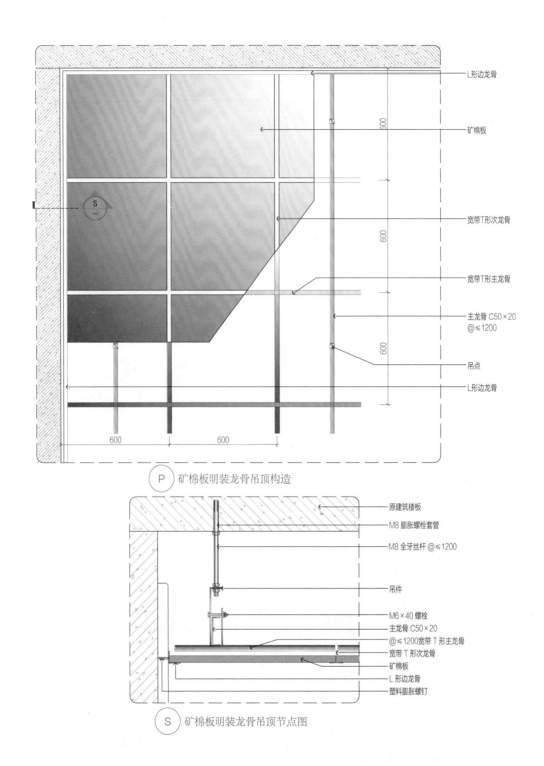

L形边龙骨

矿棉板

宽带T形次龙骨

宽带T形主龙骨

主龙骨 C50×20
@≤1200

吊点

L形边龙骨

500

600

600

600

600

（P）矿棉板明装龙骨吊顶构造

原建筑楼板

M8 膨胀螺栓套管

M8 全牙丝杆 @≤1200

吊件

M6×40 螺栓

主龙骨 C50×20
@≤1200宽带 T 形主龙骨

宽带 T 形次龙骨

矿棉板

L 形边龙骨

塑料膨胀螺钉

（S）矿棉板明装龙骨吊顶节点图

▶ 适用范围

　　矿棉板具有吸声、防火、防潮、装饰性强、安装方便等优点，是一种优质的室内装修材料，适用于商业建筑、工业建筑和住宅建筑的吊顶工程。在进行矿棉板吊顶时，需要根据具体场所和设计要求进行选材和定制。

➤ 工艺要求

1. 根据矿棉板吊顶的设计标高弹吊顶线作为安装的标准线，同时标出主龙骨和吊杆的固定点，吊点间距为 900 ~ 1200 mm。

2. 确定好吊杆的位置后，安装吊杆预埋件、刷防锈漆，然后以与吊杆焊接的方式安装吊杆。

3. 通常选用 L 形边龙骨，按设计要求弹线，并沿墙或柱的水平龙骨线把 L 形边龙骨用自攻螺钉固定在墙或柱的预埋木砖上。

4. 安装承载主龙骨时，主龙骨的接长应采取对接，相邻龙骨的对接接头要相互错开，并随时检查龙骨平整度。

5. T 形主龙骨应紧贴主龙骨安装，通常采用明架的形式。明架是指次龙骨底边露在板面外，吊顶板板头企口，龙骨底边卧在吊顶板全口凹槽内。

6. 矿棉板可以直接搭在 T 形烤漆龙骨上，板背面的箭头方向和白线方向一致。

➤ 施工步骤

1. 现场清理，根据设计标高在墙上弹出天花标高线。

2. 根据矿棉板的模数，对天花进行预排板。

3. 确定吊杆位置排布，在天花标记吊杆位置，安装吊杆。

4. 用吊挂件安装承载主龙骨，接长时应采取对接方式，相邻龙骨的对接接头要相互错开，主龙骨挂好后应统一调平。

5. 安装 T 形主龙骨，使用 D-T 吊件与承载大龙骨连接。

6. 安装 T 形次龙骨，T 形次龙骨与 T 形主龙骨十字交叉安装。

7. 明架型矿棉板直接搭接在 T 形烤漆龙骨上。

➤ 材料规格

装饰面材：矿棉板（常用 15 mm 厚）。

基层材料：M8 膨胀螺栓套管、M8 全牙丝杆、主龙骨 C50×20 mm、吊件、M6×40 mm 螺栓、∅5 mm×25 mm 自攻螺钉、∅5 mm×35 mm 自攻螺钉、L 形边龙骨、T 形主龙骨、T 形次龙骨、塑料膨胀螺钉。

➤ 材料图片

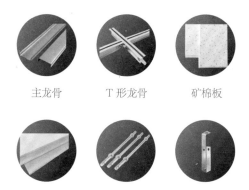

| 主龙骨 | T 形龙骨 | 矿棉板 |
| 玻镁板 | 全牙丝杆 | 吊件 |

➤ 模拟构造

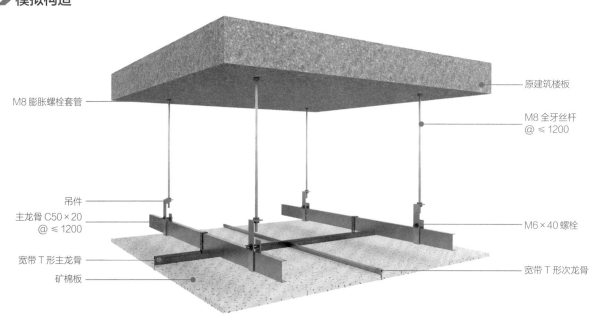

M8 膨胀螺栓套管
原建筑楼板
M8 全牙丝杆 @ ≤ 1200
吊件
主龙骨 C50×20 @ ≤ 1200
M6×40 螺栓
宽带 T 形主龙骨
矿棉板
宽带 T 形次龙骨

三维构造模型

A3.3　矿棉板暗装龙骨吊顶构造

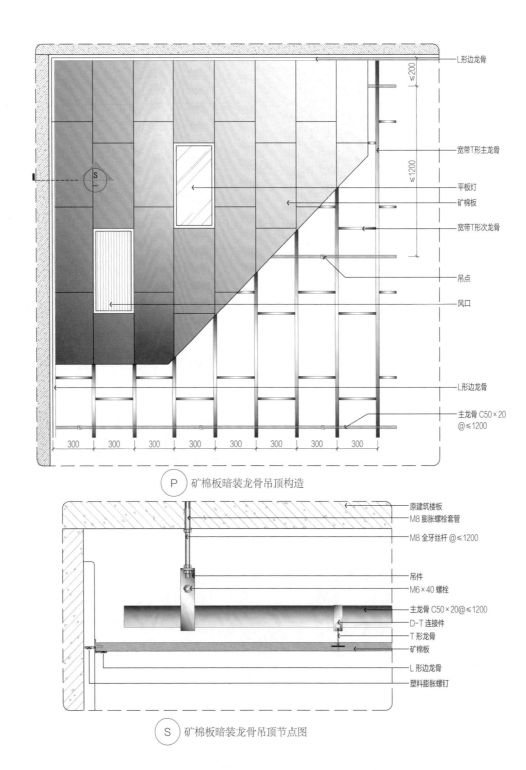

L形边龙骨

宽带T形主龙骨

平板灯

矿棉板

宽带T形次龙骨

吊点

风口

L形边龙骨

主龙骨 C50×20 @≤1200

≤200

≤1200

300　300　300　300　300　300　300　300

Ⓟ 矿棉板暗装龙骨吊顶构造

原建筑楼板

M8 膨胀螺栓套管

M8 全牙丝杆 @≤1200

吊件

M6×40 螺栓

主龙骨 C50×20@≤1200

D-T 连接件

T 形龙骨

矿棉板

L 形边龙骨

塑料膨胀螺钉

Ⓢ 矿棉板暗装龙骨吊顶节点图

▶ 适用范围

暗装矿棉板吊顶系统主要应用于各种高档场所,例如高档办公场所、高档宾馆、图书馆、会议室、医疗机构、体育馆、医院、写字楼等有吸声要求的室内装饰。

➤ 工艺要求

1. 务必弹出吊灯基座定位线和嵌入式设备定位线。大龙骨的间距一般为 900 ~ 1200 mm，且均匀布置。

2. 吊杆应设置在大龙骨的定位线上，再标出吊杆固定位置的点位标记，吊杆距大龙骨任一端部不应大于 300 mm。

3. 根据四周墙面的吊顶标高控制线安装边龙骨，用自攻螺钉及膨胀管将边龙骨固定在墙面上，边龙骨上自攻螺钉的固定间距不应大于次龙骨的间距，一般为 300 ~ 400 mm。

4. 吊顶上人时承载主龙骨应采用 CS60 龙骨，间距在 1200 mm 以内。

5. T 形主龙骨应紧贴承载大龙骨安装，T 形主龙骨应根据面板的规格尺寸进行排列安装，T 形主龙骨的两端应搭在 L 形边龙骨的水平翼缘上。

6. 根据罩面板的规格尺寸，将 T 形次龙骨两端穿进两根 T 形主龙骨的预留孔进行卡紧或用拉柳钉固定，安装固定成与罩面板规格尺寸一致的 T 形主次龙骨框架。

➤ 施工步骤

1. 现场清理，根据设计标高在墙上弹出天花标高线。

2. 根据矿棉板的模数，对天花进行预排板。

3. 确定吊杆位置排布，在天花标记吊杆位置，安装吊杆。

4. 用吊挂件安装承载大龙骨，接长时应采取对接方式，相邻龙骨的对接接头要相互错开，大龙骨挂好后应基本调平。

5. 安装 T 形主龙骨，使用 D-T 吊件与承载大龙骨连接。

6. 安装 T 形次龙骨，T 形次龙骨与 T 形主龙骨十字交叉安装。

7. 暗架型矿棉板直接搁于 T 形龙骨的水平翼缘上。

➤ 材料规格

装饰面材：矿棉板（常用 15 mm 厚）。

基层材料：M8 膨胀螺栓套管、M8 全牙丝杆、主龙骨 C50×20 mm、吊件、M6×40 mm 螺栓、Φ5 mm×25 mm 自攻螺钉、Φ5 mm×35 mm 自攻螺钉、L 形边龙骨、T 形主龙骨、T 形次龙骨、塑料膨胀螺钉。

➤ 材料图片

主龙骨　　　　L 形边龙骨　　　半明 T 形龙骨

矿棉板　　　　全牙丝杆　　　　吊件

➤ 模拟构造

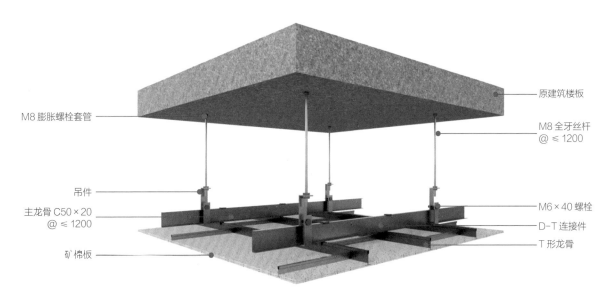

M8 膨胀螺栓套管　　　　　　　　　　　　　　　　　　　原建筑楼板

吊件

主龙骨 C50×20 @ ≤ 1200

矿棉板

M8 全牙丝杆 @ ≤ 1200

M6×40 螺栓

D-T 连接件

T 形龙骨

三维构造模型

深化与施工要点

➤ 深化要点与管控

深化要点

1. 确定矿棉板规格尺寸及配套龙骨、灯具及设备带槽选型。

2. 深化天花造型定位图，确定天花标高与造型对应关系。

3. 根据现场尺寸并结合矿棉板的模数，深化矿棉板排板及轻钢主龙骨排布图。

4. 深化综合天花定位图，确认喷淋点位、空调风口、灯具及设备带槽定位。

深化管控

1. 资料签收：检查各专业提资图纸是否已收集完毕。

2. 图纸深化：根据项目设计要求和现场尺寸，结合材料模数深化矿棉板排板，尽量避免出现小于三分之一的小块板幅；排板时应考虑矿棉板与空调风口、灯具等设备的配合，避免影响设备的安装和使用。保证综合天花点位横平竖直、均分美观。

3. 机电配合：将装饰专业施工图纸与其他专业图纸进行叠图，检查点位是否缺失、隐蔽工程管路排布是否影响吊顶标高，根据吊顶标高推出机电控制标高；根据矿棉板排板来确定喷淋点位以及空调风口、设备带等的定位尺寸。

4. 现场管控：检查现场矿棉板吊顶标高、排板、空调风口及机电点位定位是否符合图纸要求，若现场不满足要求，则及时提出整改意见。

➤ 工序策划

图纸深化 ➡ 设备安装 ➡ 龙骨安装 ➡ 隐蔽验收 ➡ 面层安装

1. 图纸深化：综合天花图是进行天花图纸深化的基础；需要先确定天花的造型，包括确定标高、材质、装饰灯具类型等。应结合各专业提资图纸深化综合机电点位图，符合规范要求并确保使用功能及整体美观；天花龙骨应结合机电设备与管线路由进行排布。

2. 设备安装：根据各单位会签综合天花图，各专业单位进行消防主管/支管、强弱电桥架、机电管线布设及空调设备安装等施工作业。

3. 龙骨安装：根据吊顶标高安装 L 形边龙骨，主龙骨和吊筋应避开风管安装，以免震动影响吊顶稳定。将主龙骨吊挂件连接在吊筋上，随时检查龙骨的平整度。配套次龙骨选用烤漆 T 形龙骨，间距根据矿棉板尺寸确定，通过挂件将次龙骨吊挂在轻钢龙骨主龙骨上。

4.隐蔽验收：喷淋、喇叭等设备宜在矿棉板安装前完成安装；检查吊顶内的水、电、暖等设备管线是否按设计要求安装完毕，并验收合格。

5.面层安装：将矿棉板按照设计要求固定在龙骨上，并调整矿棉板的位置和高度，确保吊顶平整度和美观度。

▶ 质量通病与预防

通病现象	预防措施
矿棉板安装不平整，出现下坠现象	吊顶主龙骨间距为 800 ~ 1200 mm，主龙骨位置先确定，要避开照片、消防、风管、暖通设备等位置，吊杆龙骨等严禁与管道、设备及其支架接触；主龙骨中间部分应当适当起拱，起拱高度应符合设计要求
边缘部位因固定不牢固出现高低不平，墙面阴角出现闪缝	L 形边龙骨用塑料胀管自攻螺钉与墙体固定，固定间距不宜大于 500 mm，端头不宜大于 50 mm。L 形边龙骨在墙角阴角处垂直面尽量不断开
灯具、空调出回风口未做加固处理，造型矿棉板变形	灯具应由单独的吊链悬吊，超过 10 kg 大型灯具的固定及悬吊装置，应按灯具重量的 5 倍做过载实验，历时 15 min，确保安全性。空调出风口、回风口、喇叭应设置独立支架，矿棉板不得承受设备重量，以防变形

▶ 实景照片

矿棉板（明装龙骨）

矿棉板（半明装龙骨）

A4 金属吊顶构造

A4.1 铝方通吊顶构造

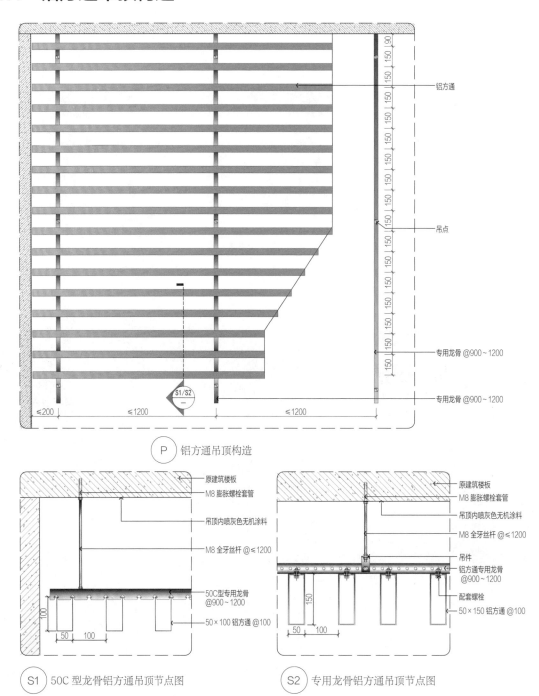

铝方通

吊点

专用龙骨 @900~1200

专用龙骨 @900~1200

≤200   ≤1200   ≤1200

Ⓟ 铝方通吊顶构造

原建筑楼板
M8 膨胀螺栓套管
吊顶内喷灰色无机涂料
M8 全牙丝杆 @≤1200
50C 型专用龙骨 @900~1200
50×100 铝方通 @100

Ⓢ1 50C 型龙骨铝方通吊顶节点图

原建筑楼板
M8 膨胀螺栓套管
吊顶内喷灰色无机涂料
M8 全牙丝杆 @≤1200
吊件
铝方通专用龙骨 @900~1200
配套螺栓
50×150 铝方通 @100

Ⓢ2 专用龙骨铝方通吊顶节点图

➤ 适用范围

　　铝方通吊顶适用于各种人流密集型的公共场所，例如：机场、火车站、地铁站、大型商场、广场等公共场所，大型购物中心、展厅等室内商业空间，酒吧、俱乐部等娱乐休闲场所，写字楼、图书馆、会议室等办公和学习场所，地下通道、地下公共卫生间等地下空间。

➤ 工艺要求

1. 结合图纸和现场情况，在顶棚上确定龙骨的位置线和间距。

2. 根据专用龙骨的位置，确定吊杆的位置，龙骨间距不大于 1200 mm。

3. 选用合适的连接件将专用龙骨与吊杆连接在一起，确保专用龙骨的平整度和牢固性。间距控制在 1200 mm 范围内。

4. 在天花吊顶的中间位置垂直于龙骨方向拉一条基准线，对齐基准线向两边安装铝方通。安装时，轻拿轻放，必须顺着翻边部位顺序轻压方板两边，卡进龙骨后再推紧。

➤ 施工步骤

1. 现场清理，根据设计标高在墙上弹出天花标高线。

2. 确定龙骨的水平高度及排布方向。

3. 确定吊杆位置排布，在天花标记吊杆位置，安装吊杆。

4. 用连接件安装铝方通专用龙骨，接长时应采取对接方式，相邻龙骨的对接接头要相互错开，龙骨挂好后应统一调平。

5. 安装铝方通。

➤ 材料规格

装饰面材：50 mm×100 mm 铝方通、50 mm × 150 mm 铝方通。

基层材料：M8 膨胀螺栓套管、M8 全牙丝杆、吊件、M6×40 mm 螺栓、50C 型专用龙骨、铝方通专用龙骨及配套螺栓。

➤ 材料图片

铝方通　　　　铝方通专用龙骨　　　全牙丝杆

➤ 模拟构造

M8 膨胀螺栓套管

原建筑楼板

M8 全牙丝杆 @ ≤ 1200

吊件

铝方通专用龙骨 @900 ～ 1200

配套螺栓

50×100 铝方通 @100

三维构造模型

A4.2 铝圆通吊顶构造

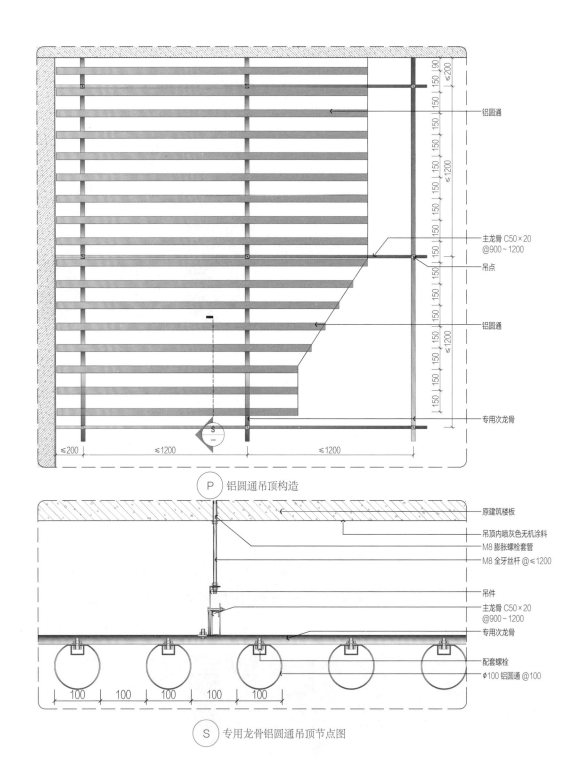

铝圆通

主龙骨 C50×20 @900~1200

吊点

铝圆通

专用次龙骨

P 铝圆通吊顶构造

原建筑楼板

吊顶内喷灰色无机涂料

M8 膨胀螺栓套管

M8 全牙丝杆 @≤1200

吊件

主龙骨 C50×20 @900~1200

专用次龙骨

配套螺栓

φ100 铝圆通 @100

S 专用龙骨铝圆通吊顶节点图

➤ 适用范围

铝圆通吊顶适用于各种室内装饰场所，包括住宅、酒店、写字楼、商场等。特别适用于有较高要求的室内装饰设计。

➤ 工艺要求

1. 先在墙、柱上弹出顶棚标高水平墨线，水平偏差允许范围为 ±5 mm 以下。然后根据要求确定边角，根据吊点间距以及龙骨平行间距小于 1200 mm 的原则，将吊件和龙骨预装好。

2. 主龙骨间距一般为 1000 ~ 1200 mm，离墙边最近的主龙骨距离墙面不大于 200 mm，各主龙骨接头要错开，吊杆方向也要错开，避免主龙骨向一边倾倒。将主龙骨用吊杆扣件连接固定在一起，固定时吊杆端头螺纹外露长度大于 3 mm，端头可后焊。

3. 将圆通挂片依次扣入龙骨内，并调整水平度。将专用次龙骨用吊件扣件固定在主龙骨上，间距不大于 1200 mm，全部装完后必须调整到水平状态。

4. 将铝圆通天花按顺序扣挂在专用次龙骨上，再将倒锁片压下，挂片端头应保持 10 mm 或 20 mm 的距离。

➤ 施工步骤

1. 现场清理，根据设计标高在墙上弹出天花标高线。
2. 确定龙骨的水平高度及排布方向。
3. 确定吊杆位置排布，在天花标记吊杆位置，安装吊杆。

4. 用吊挂件安装主龙骨，接长时应采取对接方式，相邻龙骨的对接接头要相互错开，主龙骨挂好后应统一调平。

5. 安装专用次龙骨，接头应错开，龙骨要检查校平。
6. 安装铝圆通。

➤ 材料规格

装饰面材：∅100 mm 铝圆通。

基层材料：主龙骨 C50×20 mm、M8 膨胀螺栓套管、M8 全牙丝杆、M6×40 mm 螺栓、吊件、专用次龙骨及配套螺栓。

➤ 材料图片

主龙骨　　铝圆通及　　全牙丝杆　　吊件
　　　　专用次龙骨

➤ 模拟构造

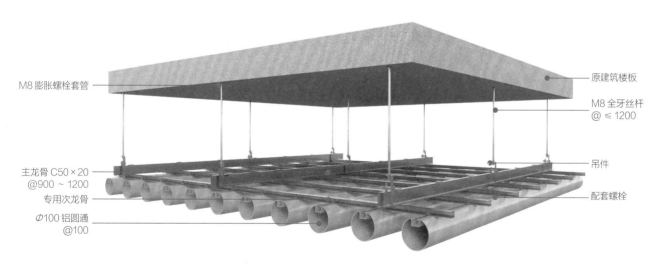

M8 膨胀螺栓套管
原建筑楼板
M8 全牙丝杆 @ ≤ 1200
主龙骨 C50×20 @900 ~ 1200
专用次龙骨
∅100 铝圆通 @100
吊件
配套螺栓

三维构造模型

A4.3　铝格栅吊顶构造

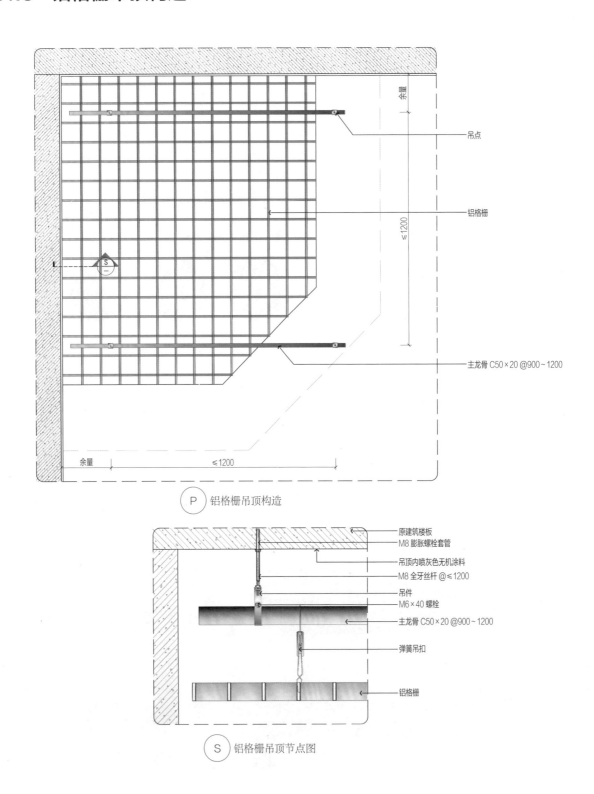

余量

吊点

铝格栅

≤1200

主龙骨 C50×20 @900~1200

余量　≤1200

P　铝格栅吊顶构造

原建筑楼板
M8 膨胀螺栓套管
吊顶内喷灰色无机涂料
M8 全牙丝杆 @≤1200
吊件
M6×40 螺栓
主龙骨 C50×20 @900~1200
弹簧吊扣
铝格栅

S　铝格栅吊顶节点图

➤ 适用范围

铝格栅吊顶凭借开放、简约和通透的设计风格在各种场所都能营造出很好的装饰效果，适用于酒店、商场、购物中心等商业空间，行政楼房、图书馆、博物馆等公共建筑，地铁站、机场、高铁站等公共工程。

▶ 工艺要求

1. 根据格栅吊顶的平面图，弹出构件材料的纵横布置线、造型较复杂部位的轮廓线，以及吊顶标高线，同时确定并标出吊顶吊点。

2. 按设计要求采用金属膨胀螺栓或射钉固定吊顶连接，或直接固定钢筋吊杆、镀锌铁丝及扁铁吊件等。

3. 局部格栅的拼装：将单体与单体、单元与单元作为格栅吊顶富有韵律感图案的构成单位，必要时应尽可能在地面完成拼装，然后再按设计要求的方法悬吊。为了保证构件间连接牢固，可采用钉固、胶粘、榫接以及采用方木或铁件加强。

4. 格栅就位后，拉直通线依照吊顶设计标高进行调平，将下凸部分上拖用吊杆拉紧，将上凹部分放松使吊杆下移，然后再把格栅加固。对于条格布置紧凑，且双向跨度较大的格栅吊顶，其整幅吊顶面的中央部分也应略有起拱。

▶ 施工步骤

1. 现场清理，根据设计标高在墙上弹天花标高线。

2. 确定龙骨的水平高度及排布方向。

3. 确定吊杆位置排布，在天花标记吊杆位置，安装吊杆。

4. 用吊挂件安装卡式主龙骨，接长时应采取对接方式，相邻龙骨的对接接头要相互错开，主龙骨挂好后应统一调平。

5. 安装弹簧吊扣，间距不大于 1000 mm。

6. 安装铝格栅后进行调平。

▶ 材料规格

装饰面材：铝格栅。

基层材料：主龙骨 C50×20 mm、M8 膨胀螺栓套管、M8 全牙丝杆、M6×40 mm 螺栓、吊件、弹簧吊扣。

▶ 材料图片

铝格栅   主龙骨   全牙丝杆   吊件

▶ 模拟构造

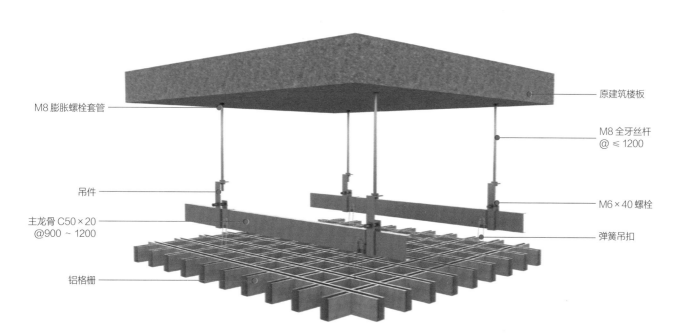

M8 膨胀螺栓套管

吊件

主龙骨 C50×20
@900 ~ 1200

铝格栅

原建筑楼板

M8 全牙丝杆
@ ≤ 1200

M6×40 螺栓

弹簧吊扣

三维构造模型

A4

A4.4　金属挂片吊顶构造

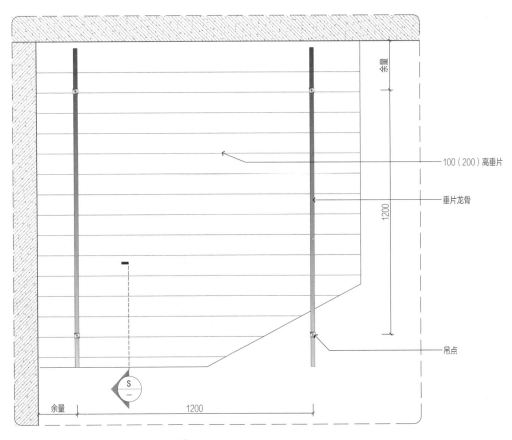

余量

100（200）高垂片

垂片龙骨

1200

吊点

余量

1200

S

（P）金属挂片吊顶构造

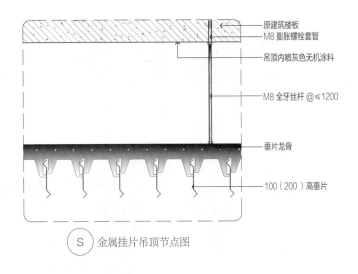

原建筑楼板

M8 膨胀螺栓套管

吊顶内喷灰色无机涂料

M8 全牙丝杆 @≤1200

垂片龙骨

100（200）高垂片

（S）金属挂片吊顶节点图

▶ **适用范围**

　　金属挂片吊顶在以前更多地被应用于机场、商场、办公场所以及其他公共场所。

➤ 工艺要求

1. 根据设计图纸的要求，选择合适的吊件，将吊件固定在轻钢龙骨上。一般情况下，吊件之间的距离为1000～1200 mm，吊杆则按轻钢龙骨的规格分布。

2. 将预装吊件连同垂片龙骨装在吊杆下面，垂片龙骨间距一般为1100 mm。全部装完后必须调整到水平状态，以保证整体的美观度和安全性。

3. 将金属挂片按照设计图纸的要求固定在垂片龙骨上，一般采用锁扣连接的方式进行固定。

4. 安装完毕后，需要对整个吊顶进行一次全面的调整和校平，确保每个部位都符合要求，达到整体美观的效果。

➤ 施工步骤

1. 现场清理，根据设计标高在墙上弹出天花标高线。

2. 确定龙骨的水平高度及排布方向。

3. 确定吊杆位置排布，在天花标记吊杆位置，安装吊杆。

4. 用吊挂件安装垂片龙骨，接长时应采取对接方式，相邻龙骨的对接接头要相互错开，垂片龙骨挂好后应统一调平。

5. 安装金属垂片并全面调平。

➤ 材料规格

装饰面材：100 mm 或 200 mm 高金属垂片。

基层材料：M8 膨胀螺栓套管、M8 全牙丝杆、垂片龙骨。

➤ 材料图片

金属挂片　　　　全牙丝杆　　　　吊件
及垂片龙骨

➤ 模拟构造

原建筑楼板

M8 膨胀螺栓套管

M8 全牙丝杆
@ ≤ 1200

垂片龙骨

100（200）
高垂片

三维构造模型

A4

A4.5　铝板吊顶构造

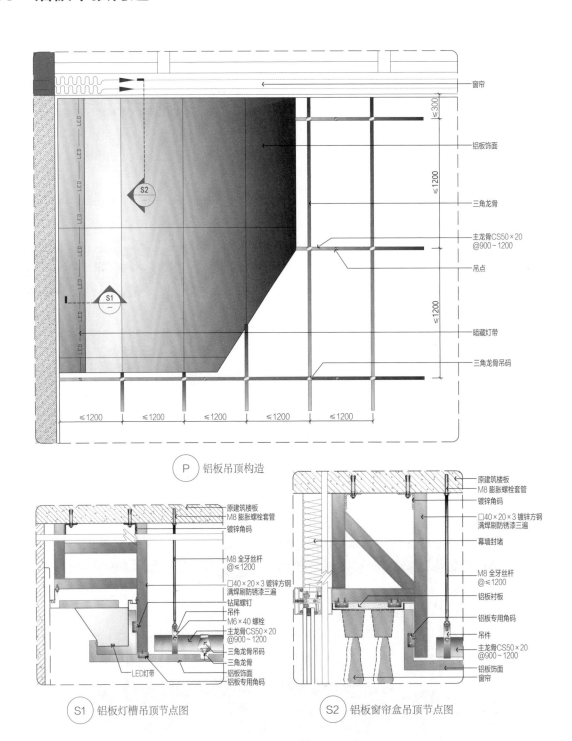

窗帘

铝板饰面

三角龙骨

主龙骨CS50×20
@900～1200

吊点

暗藏灯带

三角龙骨吊码

≤300

≤1200

≤1200

≤1200　≤1200　≤1200　≤1200　≤1200

S2

S1

LED

Ⓟ　铝板吊顶构造

原建筑楼板
M8 膨胀螺栓套管
镀锌角码

M8 全牙丝杆
@≤1200

□40×20×3 镀锌方钢
满焊刷防锈漆三遍
钻尾螺钉
吊件
M6×40 螺栓
主龙骨CS50×20
@900～1200
三角龙骨吊码
三角龙骨
LED灯带
铝板饰面
铝板专用角码

Ⓢ1　铝板灯槽吊顶节点图

原建筑楼板
M8 膨胀螺栓套管
镀锌角码

□40×20×3 镀锌方钢
满焊刷防锈漆三遍
幕墙封堵

M8 全牙丝杆
@≤1200

铝板衬板

铝板专用角码

吊件
主龙骨CS50×20
@900～1200

铝板饰面
窗帘

Ⓢ2　铝板窗帘盒吊顶节点图

▶ 适用范围

　　铝板吊顶常被应用于各种商业建筑，如办公楼、酒店、商场等。在这些场所中，铝板吊顶的外观和质感可以大大提升整体空间的档次和品质。

➤ 工艺要求

1. 将主龙骨按照吊顶标高要求安装好，并调节吊挂抄平下皮（注意起拱量），再根据板的规格确定三角龙骨位置。三角龙骨必须和主龙骨底面贴紧，安装垂直吊挂时应用钳夹紧，防止松紧不一。龙骨间距一般为 1000 mm，龙骨接头要错开；吊杆的方向也要错开，避免主龙骨向一边倾斜。通过上下调节吊杆上的螺栓，保证一定的起拱度，视房间大小起拱 5 ~ 20 mm，吊顶的起拱高度通常为房间净跨长度的 1/1000 ~ 3/1000，其中净跨度指的是房间的短向距离，待水平度调好后再逐个拧紧螺帽。

2. 将铝板按照设计要求加工成合适的尺寸和形状，注意铝板的表面色泽要符合设计规范要求。在安装铝板前，需要先安装好连接件和挂片，将铝板按照设计图纸的要求固定在龙骨上。固定时要注意对缝尺寸，安装完后轻轻撕去其表面保护膜。

3. 铝板灯槽及窗帘盒加固钢架一般采用 L 50 mm×50 mm×5 mm 镀锌角钢，钢架安装时，搭接处应满焊并进行三遍防锈处理。钢架间距为 400 ~ 1500 mm（根据所需承载力确定）。

4. 窗帘盒承载铝板要增设铝板加固衬板。

➤ 施工步骤

1. 现场清理，根据设计标高在墙上弹出天花标高线。
2. 焊接灯槽与窗帘盒处钢架基层，并刷防锈漆三遍。
3. 根据铝板的排板及模数，确定定位龙骨。

4. 确定吊杆位置排布，在天花标记吊杆位置，安装吊杆。

5. 用吊挂件安装主龙骨，接长时应采取对接方式，相邻龙骨的对接接头要相互错开，主龙骨挂好后应统一调平。

6. 安装三角龙骨，接头应错开，龙骨要检查校平。

7. 安装铝板，放置灯带。

➤ 材料规格

装饰面材：铝板饰面。

基层材料：主龙骨 CS50×20 mm、M8 膨胀螺栓套管、M8 全牙丝杆、M6×40 mm 螺栓、吊件、三角龙骨、镀锌角码、□40 mm×20 mm×3 mm 镀锌方钢、铝板专用角码、钻尾螺钉、铝板衬板、LED 灯带。

➤ 材料图片

主龙骨　　　三角龙骨吊码　　　铝板　　　镀锌方钢

镀锌角码　　铝板专用角码　　全牙丝杆　　吊件

➤ 模拟构造

镀锌角码

□40×20×3 镀锌方钢
满焊刷防锈漆三遍

铝板专用角码

LED 灯带

M8 全牙丝杆

吊件
主龙骨 CS50×20
@900 ~ 1200

三角龙骨吊码

铝板饰面

三角龙骨

三维构造模型

A4.6 蜂窝铝板吊顶构造

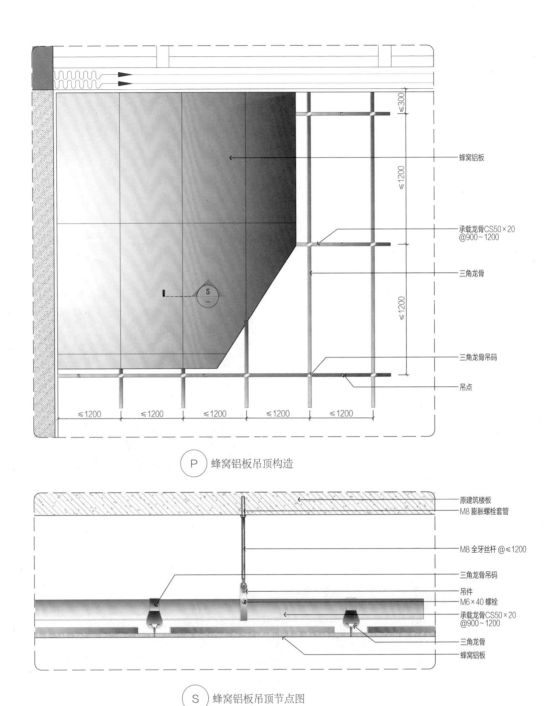

≤300

蜂窝铝板

≤1200

承载龙骨CS50×20
@900~1200

三角龙骨

≤1200

三角龙骨吊码

吊点

≤1200 ≤1200 ≤1200 ≤1200 ≤1200

P 蜂窝铝板吊顶构造

原建筑楼板
M8 膨胀螺栓套管

M8 全牙丝杆 @≤1200

三角龙骨吊码
吊件
M6×40 螺栓
承载龙骨CS50×20
@900~1200

三角龙骨
蜂窝铝板

S 蜂窝铝板吊顶节点图

➤ 适用范围

　　蜂窝铝板是一种复合材料，由于具有独特的优点，被广泛用于各种场所，如建筑幕墙，以及机场、车站、商场等的吊顶。在选择蜂窝铝板时，需要根据使用环境、使用需求以及预算等因素进行综合考虑，以确保其使用效果和使用寿命。

▶ 工艺要求

1. 根据弹好的标高水平线及龙骨位置线，安装预先加工好的吊杆，用膨胀螺栓将其固定在顶棚上。

2. 主龙骨（也称承载龙骨）选用上人轻钢龙骨，间距控制在 1200 mm 范围内。按照天花净高要求在墙四周用水泥钉固定 25 mm×25 mm 烤漆龙骨，水泥钉间距不大于 300 mm。

3. 根据蜂窝铝板的规格尺寸，安装与铝板配套的次龙骨，次龙骨通过吊挂件吊挂在主龙骨上。当次龙骨需多根延续接长时，可使用次龙骨连接件，在吊挂次龙骨的同时，将相对端头相连接，并先调直后固定。

4. 在装配面积的中间位置垂直于次龙骨方向拉一条基准线，对齐基准线向两边安装。安装时轻拿轻放，顺着翻边部位顺序轻压方板两边，卡进龙骨后再推紧。

▶ 施工步骤

1. 现场清理，根据设计标高在墙上弹出天花标高线。

2. 根据铝板的排板及模数，确定定位龙骨。

3. 确定吊杆位置排布，在天花标记吊杆位置，安装吊杆。

4. 用吊挂件安装轻钢主龙骨，接长时应采取对接方式，相邻龙骨的对接接头要相互错开，主龙骨挂好后应统一调平。

5. 用三角吊码吊挂三角龙骨，接头应错开，龙骨要检查校平。

6. 安装蜂窝铝板。

▶ 材料规格

装饰面材：蜂窝铝板。

基层材料：承载龙骨 CS50×20 mm、M8 膨胀螺栓套管、M8 全牙丝杆、M6×40 mm 螺栓、吊件、三角龙骨吊码、三角龙骨。

▶ 材料图片

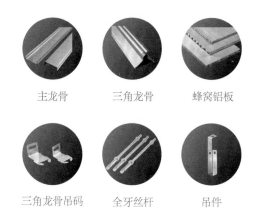

主龙骨	三角龙骨	蜂窝铝板
三角龙骨吊码	全牙丝杆	吊件

▶ 模拟构造

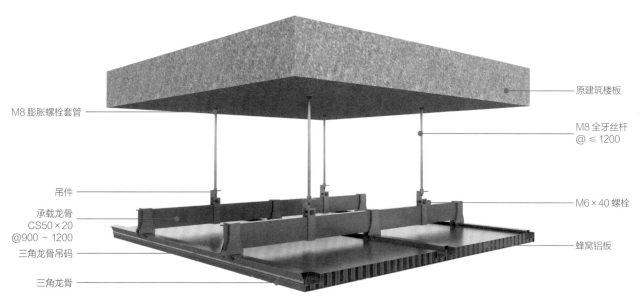

M8 膨胀螺栓套管

原建筑楼板

M8 全牙丝杆 @ ≤ 1200

吊件

M6×40 螺栓

承载龙骨 CS50×20 @900 ~ 1200

三角龙骨吊码

蜂窝铝板

三角龙骨

三维构造模型

A4.7 蜂窝不锈钢吊顶构造

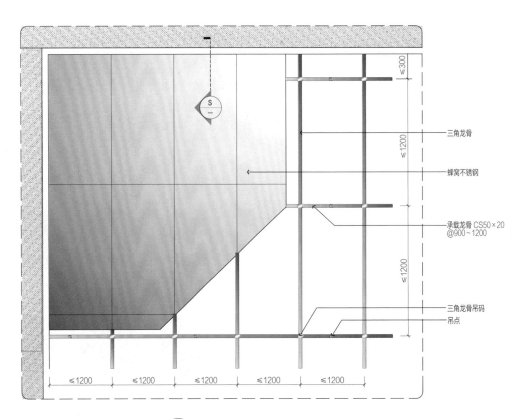

三角龙骨

蜂窝不锈钢

承载龙骨 CS50×20 @900～1200

三角龙骨吊码

吊点

≤300

≤1200

≤1200

≤1200 ≤1200 ≤1200 ≤1200 ≤1200

Ⓟ 蜂窝不锈钢吊顶构造

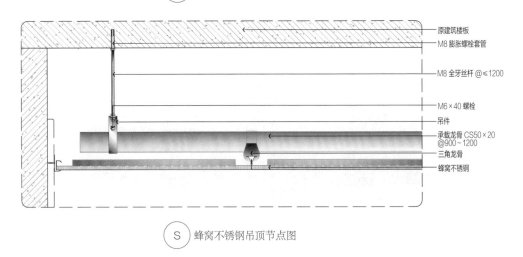

原建筑楼板

M8 膨胀螺栓套管

M8 全牙丝杆 @≤1200

M6×40 螺栓

吊件

承载龙骨 CS50×20 @900～1200

三角龙骨

蜂窝不锈钢

Ⓢ 蜂窝不锈钢吊顶节点图

➤ 适用范围

蜂窝不锈钢是一种复合材料，由于具有耐磨性、耐腐蚀性、高导热性和装饰性等特性，被广泛用于各种场所，如办公楼、酒店、商场等。

➤ 工艺要求

1. 根据弹好的标高水平线及龙骨位置线，安装预先加工好的吊杆，用膨胀螺栓将其固定在顶棚上。

2. 主龙骨（也称承载龙骨）选用上人轻钢龙骨，间距控制在 1200 mm 范围内。按照天花净高要求在墙四周用水泥钉固定 25 mm × 25 mm 烤漆龙骨，水泥钉间距不大于 300 mm。

3. 根据蜂窝不锈钢板的规格尺寸，安装与不锈钢板配套的次龙骨，次龙骨通过吊挂件吊挂在主龙骨上。当次龙骨需多根延续接长时，可使用次龙骨连接件，在吊挂次龙骨的同时，将相对端头连接，并先调直后固定。

4. 在装配面积的中间位置垂直于次龙骨方向拉一条基准线，对齐基准线向两边安装。安装时轻拿轻放，顺着翻边部位顺序轻压方板两边，卡进龙骨后再推紧。

➤ 施工步骤

1. 现场清理，根据设计标高在墙上弹出天花标高线。

2. 在地面确定风口、检修口、灯具的位置并弹线。

3. 确定吊杆位置排布，在天花标记吊杆位置，安装吊杆。

4. 用吊挂件安装轻钢主龙骨，接长时应采取对接方式，相邻龙骨的对接接头要相互错开，主龙骨挂好后应基本调平。

5. 用三角吊码吊挂三角龙骨，接头应错开，龙骨要检查校平。

6. 安装烤漆边龙骨，色同蜂窝不锈钢。

7. 安装蜂窝不锈钢。

➤ 材料规格

装饰面材：蜂窝不锈钢。

基层材料：M8 膨胀螺栓套管、M8 全牙丝杆、吊件、M6 × 40 mm 螺栓、承载龙骨 CS50 × 20 mm、三角龙骨、三角龙骨吊码。

➤ 材料图片

| 主龙骨 | 三角龙骨 | 蜂窝不锈钢 |

| 三角龙骨吊码 | 全牙丝杆 | 吊件 |

➤ 模拟构造

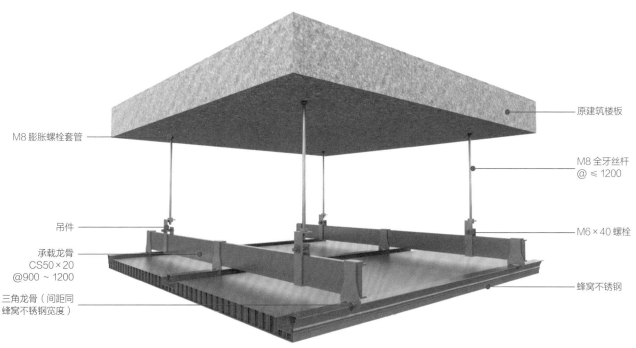

M8 膨胀螺栓套管

吊件

承载龙骨
CS50 × 20
@900 ~ 1200

三角龙骨（间距同蜂窝不锈钢宽度）

原建筑楼板

M8 全牙丝杆
@ ≤ 1200

M6 × 40 螺栓

蜂窝不锈钢

三维构造模型

A4.8 不锈钢吊顶构造

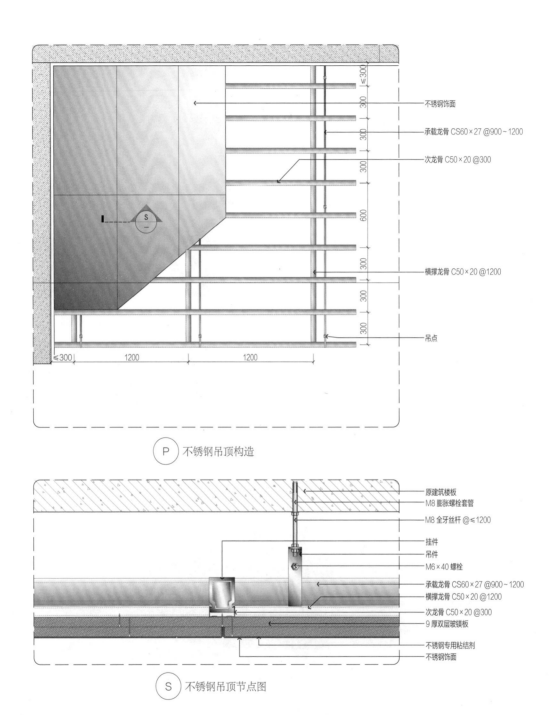

不锈钢饰面

承载龙骨 CS60×27 @900~1200

次龙骨 C50×20 @300

横撑龙骨 C50×20 @1200

吊点

P 不锈钢吊顶构造

原建筑楼板

M8 膨胀螺栓套管

M8 全牙丝杆 @≤1200

挂件

吊件

M6×40 螺栓

承载龙骨 CS60×27 @900~1200

横撑龙骨 C50×20 @1200

次龙骨 C50×20 @300

9 厚双层玻镁板

不锈钢专用粘结剂

不锈钢饰面

S 不锈钢吊顶节点图

➤ 适用范围

　　不锈钢吊顶适用于购物中心、酒店大堂、办公大堂、餐厅、会所、咖啡厅、展厅等高档商业空间，不锈钢吊顶有耐用、易清洁且具有视觉冲击力的特点，不锈钢材质表面光洁如镜，可以呈现镜面或磨砂等多种效果，颜色丰富且不褪色，能提升室内空间的视觉品质和豪华感。

➤ 工艺要求

1. 主龙骨（也称承载龙骨）应与空间的长向平行，间距一般为 900 ~ 1200 mm，应注意起拱，起拱的高度通常是房间净跨长度的 1/1000 ~ 3/1000，悬臂段不能超过 300 mm，否则需要增设吊杆；接长时应进行对接，相邻两个龙骨的对接接头应错开，安装好主龙骨后应进行调平。

2. 次龙骨应紧贴主龙骨，间距为 300 ~ 400 mm。

3. 提前留出检修口和嵌入灯具预留口，四周注意增加轻钢次龙骨进行加固。

4. 根据不锈钢板幅及设计要求进行排板，不锈钢饰面长度不超 1.2 m，防止自重过大而影响整体安全、稳定性。边角处的固定点要准确，安装要严密，并按拼缝中心线排放饰面板，排列必须保持整齐。

➤ 施工步骤

1. 现场清理，根据设计标高在墙上弹出天花标高线。

2. 在地面确定风口、检修口、灯具的位置并弹线。

3. 确定吊杆位置排布，在天花标记吊杆位置，安装吊杆。

4. 用吊挂件安装上人主龙骨，接长时应采取对接方式，相邻龙骨的对接接头要相互错开，主龙骨挂好后应统一调平。

5. 安装次龙骨或横撑龙骨时，接头应错开，龙骨要检查校平。

➤ 模拟构造

6. 错缝安装双层玻镁板，第一层玻镁板密拼安装，第二层玻镁板根据不锈钢饰面尺寸安装，分割缝处预留 5 mm 宽凹槽。

7. 涂刷专用粘结剂，厚度为 1.5 ~ 3 mm。

8. 不锈钢板沿凹槽密拼粘贴在玻镁板基层表面。

➤ 材料规格

装饰面材：不锈钢饰面。

基层材料：M8 膨胀螺栓套管、M8 全牙丝杆、吊件、M6×40 mm 螺栓、承载龙骨 CS60×27 mm、挂件、次龙骨 C50×20 mm、横撑龙骨 C50×20 mm、9 mm 厚玻镁板、水平连接件。

➤ 材料图片

主龙骨　　不锈钢饰面　　玻镁板　　水平连接件

膨胀螺栓　　挂件　　全牙丝杆　　吊件

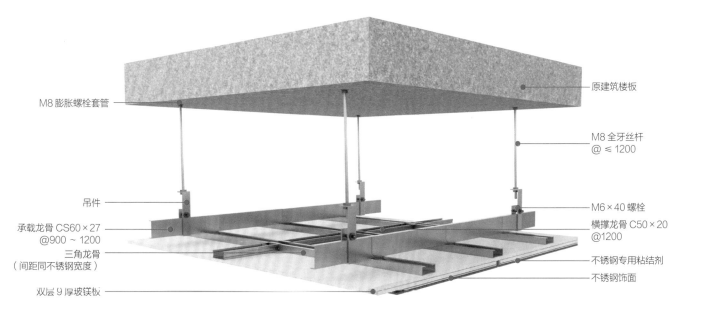

M8 膨胀螺栓套管

吊件

承载龙骨 CS60×27
@900 ~ 1200

三角龙骨
（间距同不锈钢宽度）

双层 9 厚玻镁板

原建筑楼板

M8 全牙丝杆
@ ≤ 1200

M6×40 螺栓

横撑龙骨 C50×20
@1200

不锈钢专用粘结剂

不锈钢饰面

三维构造模型

深化与施工要点

➤ 深化要点与管控

深化要点

1. 确定金属板规格及配套龙骨、灯具和设备带选型，根据选型结合现场数据在工厂加工过程中进行预开孔，然后交付现场。

2. 深化天花造型定位图，确定天花标高与造型对应关系。

3. 根据现场尺寸深化天花金属板排板及龙骨与型钢排布图。

4. 深化综合天花定位图，确认喷淋点位及空调风口、灯具和设备带定位。

深化管控

1. 材料送样：根据送来的金属板小样确定金属大板规格与表面加工样式，以及金属板的基层复合材料。

2. 图纸深化：根据金属板的尺寸和重量，确定龙骨和吊杆的规格和位置，以及连接方式和固定方法。绘制金属板吊顶节点详图，以便更好地反映金属板吊顶的结构。结合材料加工特点进行排板下单，金属板根据规格进行排板，保证排板美观的同时实现最小损耗。按现场实际情况进行分区排板，注意标注每个分区饰面板的材质、尺寸、编号、标高等信息，便于安装时筛选及替换破损件。

3. 机电配合：将装饰专业施工图纸与其他专业图纸进行叠图，检查点位是否缺失、隐蔽工程管路排布是否影响吊顶标高，根据吊顶标高推出机电控制标高；根据金属板排板来确定喷淋点位以及空调风口、设备带等的定位尺寸。

4. 现场管控：检查现场金属板吊顶标高、排板、空调风口及机电点位定位是否符合图纸要求，若现场不满足要求，则要及时提出整改意见。

➤ 工序策划

图纸深化 ➡ 设备安装 ➡ 排板下单 ➡ 龙骨安装 ➡ 隐蔽验收 ➡ 面层安装

1. 图纸深化：综合天花图是进行天花图纸深化的基础；需要先确定天花的造型，包括确定标高、材质、装饰灯具类型等。应结合各专业提资图纸深化综合机电点位图，符合规范要求并确保使用功能及整体美观；天花龙骨应结合机电设备与管线路由进行排布。

2. 设备安装：根据各单位会签综合天花图，各专业单位进行消防主管/支管、强弱电桥架、机电管线布设及空调设备安装等施工作业。

3. 排板下单：仔细阅读图纸确认排板方案，按照排板方案确认材料清单，将排板方案和材料清单提交给生产厂家，验收生产交付的金属板是否符合制作标准，检验金属板吊顶安装整体效果和质量是否符合交付要求。

4. 龙骨安装：主龙骨和吊筋应避开风管安装，以免震动影响吊顶稳定。将主龙骨吊挂件连接在吊筋上，随时检查龙骨的平整度。配套次龙骨选用三角形龙骨，间距根据金属板尺寸确定，将次龙骨通过挂件吊挂在轻钢龙骨主龙骨上。

5.隐蔽验收：喷淋、喇叭等设备宜在金属板安装前完成安装；检查吊顶内的水、电、暖等设备管线是否按设计要求安装完毕，并验收合格。

6.面层安装：将金属板按照设计要求固定在龙骨上，并调整金属板的位置和高度，确保吊顶平整度和美观度。

➤ 质量通病与预防

通病现象	预防措施
吊顶金属板与墙面石材收口部位处理不当，安装缝隙过大	通过实地测量进行图纸深化，相邻收口材料的深化、放线必须使用统一尺寸，顶面金属板施工前，要核对现场尺寸，按照深化方案制作合理收口，金属板尽可能与墙面石材无缝隙，保证整体美观
金属板吊顶造型收口部位沿边翘曲不平，影响美观	金属板下单时测算顶面板块交接造成的累计误差，合理设置单板块长、宽、对角尺寸，避免施工过程中出现安装尺寸偏差；安装结构需预留调差空间，现场安装高度可调节，建议板幅不超过1.2 m，特殊要求下超规格铝板必须采用铝蜂窝板，以保证平整度
金属板吊顶安装不顺直，金属板块衔接出现错位，影响观感	做好深化设计工作，样板先行，考虑错缝排布，弱化同一接缝直线度视差，进场材质尺寸厚度与合同要求一致，施工前技术交底，并对基层进行尺寸复核；接口工艺需优化设计，接口处采用固定限位方式，避免出现脱落变形问题

➤ 实景照片

配套龙骨

滑槽角码

铝板吊顶

A4

A5 透光材质吊顶构造

A5.1 透光材质吊顶构造（亚克力）

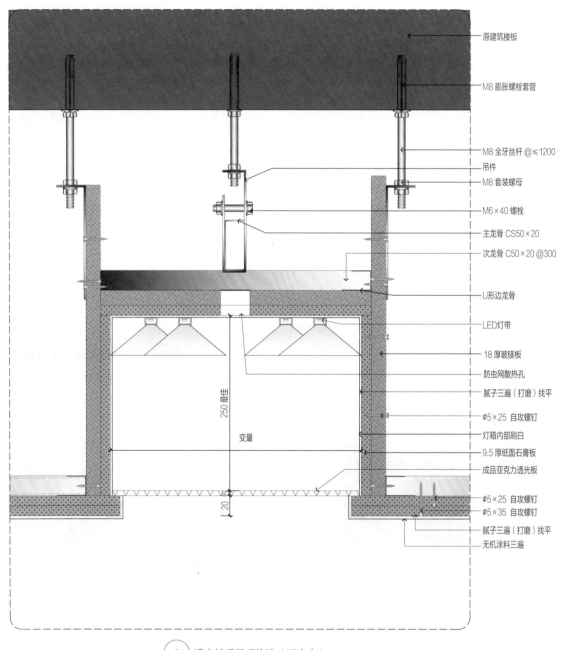

原建筑楼板

M8 膨胀螺栓套管

M8 全牙丝杆 @≤1200

吊件

M8 套装螺母

M6×40 螺栓

主龙骨 CS50×20

次龙骨 C50×20 @300

U形边龙骨

LED灯带

18 厚玻镁板

防虫网散热孔

腻子三遍（打磨）找平

φ5×25 自攻螺钉

灯箱内部刷白

9.5 厚纸面石膏板

成品亚克力透光板

φ5×25 自攻螺钉

φ5×35 自攻螺钉

腻子三遍（打磨）找平

无机涂料三遍

250 最佳

变量

20

Ⓢ 透光材质吊顶构造（亚克力）

▶ 适用范围

亚克力透光板具有高透光率（85%）和高雾度（93% 左右）的特点，能使光线柔和且视觉清晰，在商场、酒店、KTV、咖啡厅、西餐厅、茶社、写字楼等场所中得到了广泛的应用。

➤ 工艺要求

1. 灯箱常用深度为 150 ~ 350 mm，宽度为 300 ~ 2500 mm。

2. 在主龙骨上安装吊挂件，吊挂件应依次正反安装，以消除龙骨吊挂时的偏心受力，保证刚度。

3. 灯箱侧板不管是玻镁板还是金属骨架，均须单独安装吊筋，且建议间距不大于 1200 mm。若侧板造型较重，则须用角钢作为吊筋，吊筋与玻镁板侧板造型通过对接螺栓固定。

4. 侧板接头处采用燕尾榫连接方式，以防侧板变形开裂，内部需刷白以保证灯光被均匀反射。安装完成后要进行调试，确保灯光照射角度和位置合适，同时也要检查是否有漏光和透光等问题。

5. 灯带安装间距为 100 ~ 250 mm。

➤ 施工步骤

1. 现场清理，根据设计标高在墙上弹出天花标高线。

2. 在地面确定灯箱位置并弹线。

3. 确定吊杆位置排布，在天花标记吊杆位置，安装吊杆。

4. 用吊挂件安装轻钢主龙骨，接长时应采取对接方式，相邻龙骨的对接接头要相互错开，主龙骨挂好后应基本调平。

5. 安装次龙骨时，接头应错开，龙骨要检查校平。

6. 安装灯箱玻镁板基层及次龙骨，玻镁板接头处做燕尾榫处理，需注意灯箱内部预留防虫网散热孔。

7. 封 9.5 mm 厚石膏板，石膏板的包封边垂直于次龙骨。

8. 用腻子填充石膏板自然留缝，并粘贴纸胶带加固。

9. 阴阳角处用 PVC 护角条加固，刮三遍腻子并进行打磨找平。

10. 内部刷白，安装 LED 灯带。

11. 安装成品亚克力透光板。

➤ 材料规格

装饰面材：亚克力透光板。

基层材料：主龙骨 CS50×20 mm、U 形边龙骨次、龙骨 C50×20 mm、M8 膨胀螺栓套管、M8 全牙丝杆、挂件、吊件、M6×40 mm 螺栓、18 mm 厚玻镁板、9.5 mm 厚纸面石膏板、LED 灯带、∅5 mm×25 mm 自攻螺钉、∅5 mm×35 mm 自攻螺钉、成品亚克力透光板、防虫网。

➤ 材料图片

主龙骨　　亚克力透光板　　纸面石膏板　　玻镁板

双扣卡挂件　　挂件　　全牙丝杆　　吊件

➤ 模拟构造

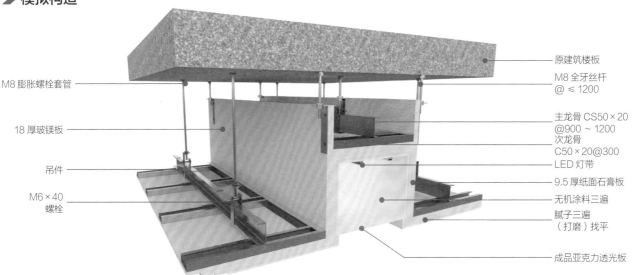

M8 膨胀螺栓套管

18 厚玻镁板

吊件

M6×40 螺栓

原建筑楼板

M8 全牙丝杆 @ ≤ 1200

主龙骨 CS50×20 @900 ~ 1200

次龙骨 C50×20@300

LED 灯带

9.5 厚纸面石膏板

无机涂料三遍

腻子三遍（打磨）找平

成品亚克力透光板

三维构造模型

A5.2　透光材质吊顶构造（透光膜检修造型）

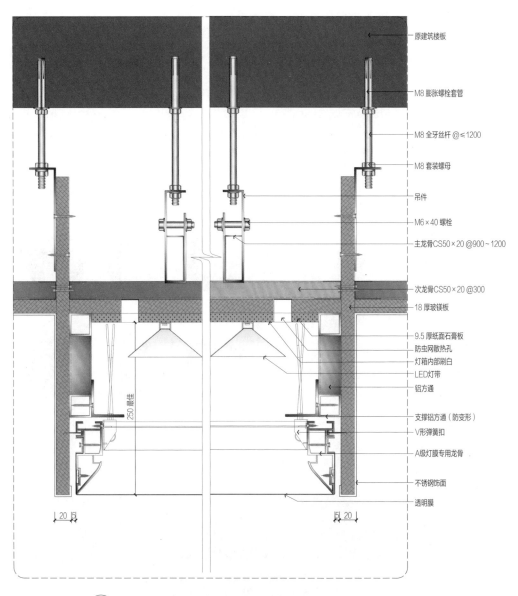

原建筑楼板

M8 膨胀螺栓套管

M8 全牙丝杆 @≤1200

M8 套装螺母

吊件

M6×40 螺栓

主龙骨CS50×20 @900～1200

次龙骨CS50×20 @300

18 厚玻镁板

9.5 厚纸面石膏板

防虫网散热孔

灯箱内部刷白

LED灯带

铝方通

支撑铝方通（防变形）

V形弹簧扣

A级灯膜专用龙骨

不锈钢饰面

透明膜

$\underline{|\ 20\ |}$　　　$\underline{|\ 20\ |}$

Ⓢ 透光材质吊顶构造（透光膜检修造型）

▶ 适用范围

　　透光材质吊顶因美观大方的外观和多样性的功能，被广泛应用于各种室内场所，如酒店、音乐厅、商场、会所等。

➤ 工艺要求

1. 在主龙骨上安装吊挂件，吊挂件应依次正反安装，以消除龙骨吊挂时的偏心受力，保证刚度。

2. 灯箱侧板不管是玻镁板还是金属骨架，均须单独安装吊筋，且建议间距不大于 1200 mm。若侧板造型较重，则须用角钢作为吊筋，吊筋与玻镁板侧板造型通过对接螺栓固定。

3. 侧板接头处采用燕尾榫连接方式以防侧板变形开裂。

4. 在灯箱内设置一圈 30 mm×30 mm 支撑铝方通骨架。

5. 灯箱深度不小于 LED 灯带安装间距。

➤ 施工步骤

1. 现场清理，根据设计标高在墙上弹出天花标高线。

2. 在地面确定灯箱位置并弹线。

3. 确定吊杆位置排布，在天花标记吊杆位置，安装吊杆。

4. 用吊挂件安装轻钢主龙骨，接长时应采取对接方式，相邻龙骨的对接接头要相互错开，主龙骨挂好后应基本调平。

5. 安装次龙骨时，接头应错开，龙骨要检查校平。

6. 安装灯箱玻镁板基层及次龙骨，玻镁板接头处做燕尾榫处理，需注意灯箱内部预留防虫网散热孔。

7. 封 9.5 mm 厚石膏板，石膏板的包封边垂直于次龙骨。

8. 用腻子填充石膏板自然留缝，并粘贴纸胶带加固。

9. 阴阳角处用 PVC 护角条加固，刮三遍腻子并进行打磨找平。

10. 安装支撑铝方通框架、A 级灯膜专用龙骨。

11. 内部刷白，安装 LED 灯带。

12. 安装透光膜。

➤ 材料规格

装饰面材：透光膜。

基层材料：主龙骨 CS50×20 mm、M8 膨胀螺栓套管、9.5 mm 厚纸面石膏板、M8 全牙丝杆、挂件、18 mm 厚玻镁板、M6×40 mm 螺栓、LED 灯带、30 mm×30 mm 支撑铝方通、A 级灯膜专用龙骨、V 形弹簧扣、不锈钢饰面、次龙骨 C50×20 mm、水平连接件。

➤ 材料图片

主龙骨　　A 级灯膜专用龙骨　　透光膜　　玻镁板

纸面石膏板　　水平连接件　　全牙丝杆　　吊件

➤ 模拟构造

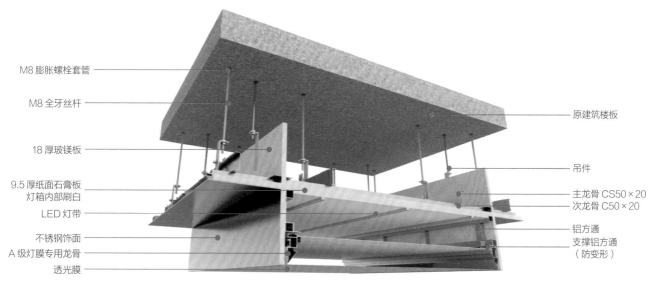

M8 膨胀螺栓套管
M8 全牙丝杆
18 厚玻镁板
9.5 厚纸面石膏板
灯箱内部刷白
LED 灯带
不锈钢饰面
A 级灯膜专用龙骨
透光膜

原建筑楼板
吊件
主龙骨 CS50×20
次龙骨 C50×20
铝方通
支撑铝方通（防变形）

三维构造模型

A5.3 透光材质吊顶构造（透光膜）

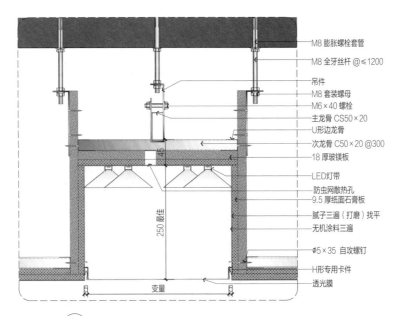

M8 膨胀螺栓套管
M8 全牙丝杆 @≤1200
吊件
M8 套装螺母
M6×40 螺栓
主龙骨 CS50×20
U形边龙骨
次龙骨 C50×20 @300
18 厚玻镁板
LED灯带
防虫网散热孔
9.5 厚纸面石膏板
腻子三遍（打磨）找平
无机涂料三遍
φ5×35 自攻螺钉
H形专用卡件
透光膜

S1 透光材质吊顶构造（透光膜单排造型）

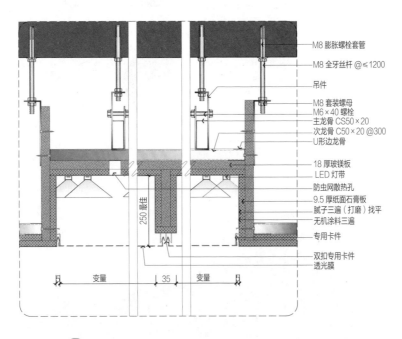

M8 膨胀螺栓套管
M8 全牙丝杆 @≤1200
吊件
M8 套装螺母
M6×40 螺栓
主龙骨 CS50×20
次龙骨 C50×20 @300
U形边龙骨
18 厚玻镁板
LED 灯带
防虫网散热孔
9.5 厚纸面石膏板
腻子三遍（打磨）找平
无机涂料三遍
专用卡件
双扣专用卡件
透光膜

S2 透光材质吊顶构造（透光膜双排造型）

▶ **适用范围**

透光材质吊顶因美观大方的外观和多样性的功能，被广泛应用于各种室内场所，如酒店、音乐厅、商场、会所等。

A5

➤ 工艺要求

1. 制作灯箱盒子时，尺寸和造型要符合设计要求，使用玻镁板进行制作。盒子必须是密封的，内壁需要刷白。灯箱盒的深度不得小于 150 mm，以确保发光均匀，且透过软膜（透光膜），不能看见天花灯珠。

2. 在灯箱顶部按比例开若干个小孔，以便散热。铝合金骨架的安装要牢固、美观，考虑软膜天花的张拉力，自攻螺钉之间的排布要严密。用专用的加热风炮均匀加热软膜。

➤ 施工步骤

1. 现场清理，根据设计标高在墙上弹出天花标高线。

2. 在地面确定灯箱位置并弹线。

3. 确定吊杆位置及排布，在天花标记吊杆位置，安装吊杆。

4. 用吊挂件安装轻钢主龙骨，接长时应采取对接方式，相邻龙骨的对接接头要相互错开，主龙骨挂好后应基本调平。

5. 安装次龙骨时，接头应错开，龙骨要检查校平。

6. 安装灯箱玻镁板基层及次龙骨，玻镁板接头处做燕尾榫处理，需注意灯箱内部预留防虫网散热孔。

7. 封 9.5 mm 厚石膏板，石膏板的包封边垂直于次龙骨。

8. 用腻子填充石膏板自然留缝，并粘贴纸胶带加固。

9. 阴阳角处用 PVC 护角条加固，刮三遍腻子并进行打磨找平。

10. 安装灯膜专用卡件。

11. 安装 LED 灯带。

12. 刷无机涂料三遍。

13. 安装透光膜。

➤ 材料规格

装饰面材：透光膜。

基层材料：M8 膨胀螺栓套管、M8 全牙丝杆、挂件、18 mm 厚玻镁板、9.5 mm 厚纸面石膏板、M6×40 mm 螺栓、主龙骨 CS50×20 mm、次龙骨 C50×20 mm、U 形边龙骨、ϕ5 mm×35 mm 自攻螺钉、H 形专用卡件、LED 灯带。

➤ 材料图片

主龙骨　　透光膜　　纸面石膏板　　玻镁板

H 形专用卡件　　挂件　　全牙丝杆　　吊件

➤ 模拟构造

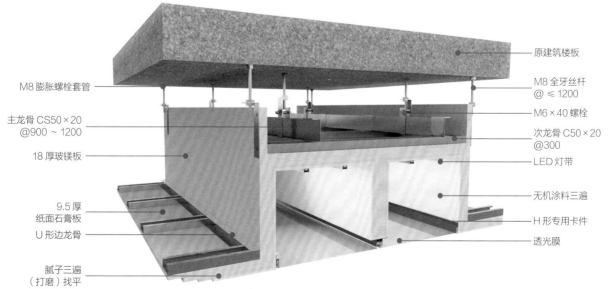

原建筑楼板

M8 膨胀螺栓套管

主龙骨 CS50×20 @900～1200

18 厚玻镁板

9.5 厚纸面石膏板

U 形边龙骨

腻子三遍（打磨）找平

M8 全牙丝杆 @ ≤ 1200

M6×40 螺栓

次龙骨 C50×20 @300

LED 灯带

无机涂料三遍

H 形专用卡件

透光膜

三维构造模型（双排透光材质吊顶构造）

深化与施工要点

➤ 深化要点与管控

深化要点

1. 确定灯膜规格及形状，以及材质厚度、透光率和防火等级。

2. 深化灯膜与灯箱连接方式与固定方式，注意灯箱内暗藏灯带的检修设置，灯箱内部预留防虫网散热孔。

3. 根据现场尺寸深化灯箱灯带排板及承载龙骨排布图。

4. 深化综合天花定位图，确认喷淋点位及空调风口、灯具和设备带定位，合理分割透光灯膜。

深化管控

1. 资料签收：检查各专业提资图纸是否已收集完毕。

2. 图纸深化：根据现场实际情况深化灯箱设计，以满足光学要求，同时规避排板不合理导致的条形灯影问题；细化透光灯膜吊顶的施工图纸，包括平面图、节点图、排板图等，明确各部分的尺寸、材质和做法。

3. 机电配合：将装饰专业施工图纸与其他专业图纸进行叠图，检查点位是否缺失、隐蔽工程管路排布是否影响吊顶标高，根据吊顶标高推出机电控制标高；软膜天花吊顶尽量减少喷淋点位开孔，规避空调风口、排烟口等设备开孔。

4. 现场管控 检查现场透光灯膜吊顶标高、排板、空调风口及机电点位定位是否符合图纸要求，若现场不满足要求，则要及时提出整改意见。

➤ 工序策划

图纸深化 ➡ 龙骨安装 ➡ 灯箱基层 ➡ 隐蔽验收 ➡ 灯箱面层 ➡ 灯带灯膜

1. 图纸深化：综合天花图是进行天花图纸深化的基础；需要先确定天花的造型，包括确定标高、材质、装饰灯具类型等。深化透光灯膜的安装方式，以确保透光灯膜安装牢固、平整、美观；天花龙骨应结合机电设备与管线路由进行排布。

2. 龙骨安装：主龙骨和吊筋安装应避开风管，以免震动影响吊顶稳定。将主龙骨吊挂件连接在吊筋上，随时检查龙骨的平整度。次龙骨选用 50 型轻钢龙骨，建议间距为 400 mm，将次龙骨通过挂件吊挂在轻钢龙骨主龙骨上。

3. 灯箱基层：结合灯带照度确定灯箱立板高度，灯箱基层采用 18 mm 厚玻镁板和 9.5 mm 厚纸面石膏板制作，灯箱内灯带固定顶板增设 $\varnothing$50 mm 散热孔，间距为 300 mm。

4. 隐蔽验收：喷淋、喇叭等设备宜在灯箱基层安装前完成安装；检查吊顶内的水、电、暖等设备管线是否按设计要求安装完毕，并验收合格。

5. 灯箱面层：腻子处理、砂纸打磨、涂料施工（一底漆两面漆）。

6.灯带灯膜：根据排板图安装灯带，连接电源检查灯带是否正常工作；灯膜配套龙骨或卡条安装要顺直平整，按对角、对点顺序进行灯膜安装。

▶ 质量通病与预防

通病现象	预防措施
软膜天花发光不均匀，内部有灰尘和坠落物等	在软膜天花的设计中，可以考虑采用双层软膜的方式，让原本落在第一层软膜上的灰尘和坠落物落在第二层上，可以有效避免灰尘和坠落物的问题
石膏板吊顶与软膜天花收口缝隙过大	在灯箱板造型 90° 转角处进行加固处理，可确保结构稳定性。软膜收口处采用 F 码型材，用螺钉将其固定在石膏板侧面，将已经扣好边的软膜用插刀插入扁码缝隙中
未采取技术措施防止缝隙过大或不顺直，导致观感效果不佳	软膜天花安装时，需要技术人员对安装现场进行指导。要确保安装人员已经充分了解并掌握软膜天花的安装技术和注意事项，并且应该让专业人员在现场进行指导

▶ 实景照片

龙骨基层施工

软膜天花安装

A6 GRG 吊顶构造

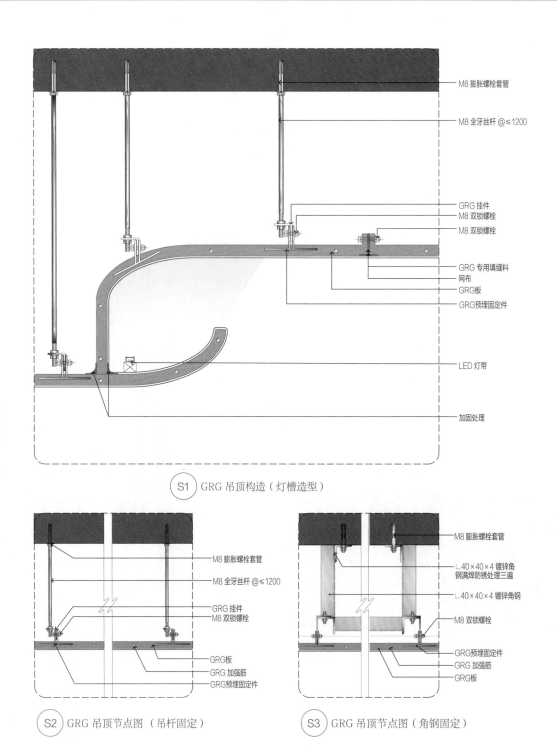

M8 膨胀螺栓套管

M8 全牙丝杆 @≤1200

GRG 挂件
M8 双锁螺栓
M8 双锁螺栓

GRG 专用填缝料
网布
GRG 板
GRG 预埋固定件

LED 灯带

加固处理

S1 GRG 吊顶构造（灯槽造型）

M8 膨胀螺栓套管

M8 全牙丝杆 @≤1200

GRG 挂件
M8 双锁螺栓

GRG 板
GRG 加强筋
GRG 预埋固定件

S2 GRG 吊顶节点图（吊杆固定）

M8 膨胀螺栓套管

L 40×40×4 镀锌角钢满焊防锈处理三遍

L 40×40×4 镀锌角钢

M8 双锁螺栓

GRG 预埋固定件
GRG 加强筋
GRG 板

S3 GRG 吊顶节点图（角钢固定）

➤ 适用范围

GRG 吊顶具有良好的声学性能，常被应用于大型歌剧院、博物馆、电影院、图书馆以及大型购物商场等场所。

➤ 工艺要求

1. 根据 GRG 板造型分割位置排布吊杆位置，吊杆间距不大于 1200 mm。

2. GRG 板需要高标准的施工精度，应结合现场与图纸尺寸精准放样。先模拟建模放样，检查偏差与错误处，再抽样对比现场尺寸，保证放样准确性。根据放样结果对 GRG 板进行编号，在 GRG 板加工图上标注出预埋固定件及背栓的准确位置。

3. GRG 板接缝处预留宽 10 mm、深 5 mm 的修补位置，用 GRG 专用填缝料填充并修补平整。

➤ 施工步骤

1. 现场清理，根据设计标高在墙上弹出天花标高线。

2. 确定吊杆位置排布，在天花标记吊杆位置，安装吊杆。

3. 固定 GRG 挂件，用 M8 套装螺母将其固定在丝杆上。

4. 安装 GRG 单元板，M8 双锁螺栓与预埋固定件连接，板块衔接处用 M8 双锁螺栓紧固连接。

5. 用专用填缝料填缝，表面处理光滑。

6. GRG 板表面刮三遍腻子并进行打磨找平。

7. 刷涂料三遍。

➤ 材料规格

装饰面材：GRG 板。

基层材料：L 40 mm×40 mm×4 mm 镀锌角钢、M8 膨胀螺栓套管、M8 全牙丝杆、GRG 挂件、GRG 加强筋、GRG 预埋固定件、M8 双锁螺栓、GRG 专用填缝料、LED 灯带。

➤ 材料图片

GRG 板　　GRG 预埋固定件　　镀锌角钢　　全牙丝杆

➤ 模拟构造

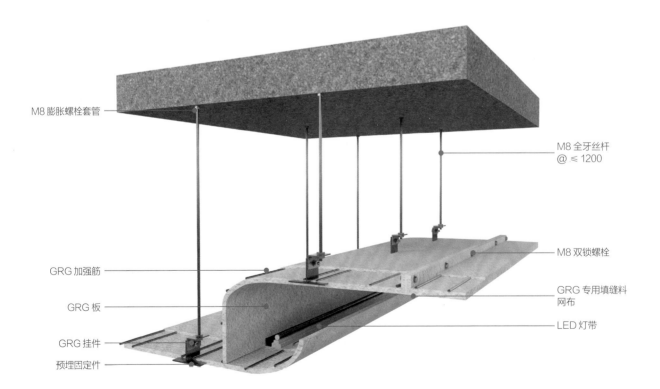

三维构造模型（GRG 灯槽造型吊顶构造）

深化与施工要点

➤ 深化要点与管控

深化要点

1. 分析天花造型特点，确定 GRG 板规格尺寸及连接方式。

2. 深化天花造型定位图，确定天花标高与造型对应关系。

3. 根据现场尺寸深化天花 GRG 板排板及预埋固定件排布图。

4. 深化综合天花定位图，确认喷淋点位及空调风口、灯具定位。

深化管控

1. 资料签收：检查各专业提资图纸是否已收集完毕。

2. 图纸深化：根据图纸要求和现场尺寸，深化 GRG 板排板，此时应考虑单元板与检修口、空调风口、灯具等设备的配合，避免影响设备的安装和使用。GRG 板排板下单时应保证加工尺寸批量标准化，减少制作模具费用；安装预埋固定件的同时根据要求进行预留开孔。重量大于 3 kg 的重型灯具、工艺品及其他重型设备严禁安装在 GRG 板上，应根据计算设置吊装结构，对于大板块的 GRG 单元板必须要求厂家增设铝制加强筋。

3. 机电配合：将装饰专业施工图纸与其他专业图纸进行叠图，检查点位是否缺失、隐蔽工程管路排布是否影响吊顶标高，根据吊顶标高确定机电控制标高；根据 GRG 板排板来确定喷淋点位以及空调风口、设备带等的定位。

4. 现场管控：检查现场 GRG 板吊顶标高、排板、空调风口及机电点位定位是否符合图纸要求，若现场不满足要求，则要及时提出整改意见。

➤ 工序策划

图纸深化 ➡ 设备安装 ➡ 吊杆安装 ➡ 放样定尺 ➡ 隐蔽验收 ➡ 面层安装

1. 图纸深化：综合天花图是进行天花图纸深化的基础；需要先确定天花的造型，包括确定标高、材质、装饰灯具类型等。应结合各专业提资图纸深化综合机电点位图，既要符合规范要求又要确保使用功能及整体美观；天花吊点排布应结合机电设备与管线路由。

2. 设备安装：根据各单位会签综合天花图，各专业单位进行消防主管 / 支管、强弱电桥架、机电管线布设及空调设备安装等施工作业。

3. 吊杆安装：吊杆使用 M8 全套丝圆钢，根据吊顶标高推断带栓吊杆的长度。制作好的吊杆应做防锈处理，吊杆安装后应及时调整，并拧紧螺母。

4.放样定尺：复核轴线、垂直线、控制线，根据复核情况测定总控制基准线，以基准线分配单元放样分割线，GRG 板排板前复测放样线后定尺。

5.隐蔽验收：喷淋、喇叭等设备宜在 GRG 板安装前完成安装；检查吊顶内的水、电、暖等设备管线是否按设计要求安装完毕，并验收合格。

6.面层安装：将 GRG 板按照设计要求固定在吊杆上，并调整 GRG 板的位置和高度，确保吊顶的平整度和美观度。

➤ 质量通病与预防

通病现象	预防措施
GRG 吊顶因自重大局部下沉，造成接缝处开裂	GRG 装饰需要有合适的支撑结构来支持其重量和稳定性。在设计支撑结构时，要考虑 GRG 装饰的重量和形状，确保支撑结构能够承受相应的负荷，并且能够保持稳定。吊点应注意分布均匀，确保连接牢固可靠，强度符合规范避免拉伸变形
GRG 板尺寸有误差无法安装	在施工过程中，要严格按照施工规范进行操作，确保施工的精确度和质量。严格把控放样复测尺寸及预埋件的安装精度，在生产过程中严格按加工图纸进行，确保预埋件位置的准确性

➤ 实景照片

GRG 基层

GRG 天花

A7 特殊材料吊顶构造

A7.1 蜂窝石材吊顶构造

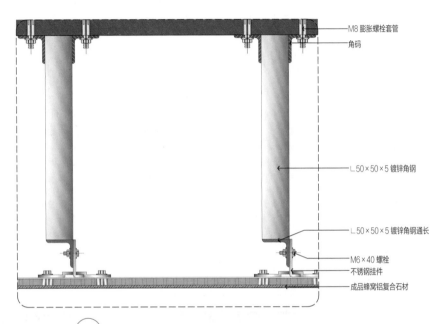

M8 膨胀螺栓套管
角码

L 50×50×5 镀锌角钢

L 50×50×5 镀锌角钢通长
M6×40 螺栓
不锈钢挂件
成品蜂窝铝复合石材

(S1) 蜂窝石材吊顶构造

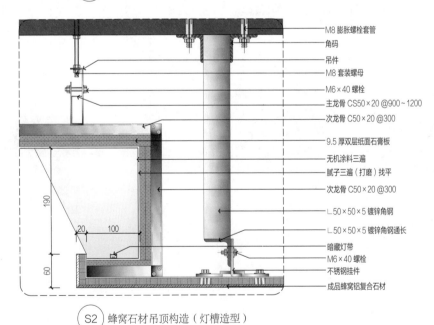

M8 膨胀螺栓套管
角码
吊件
M8 套装螺母
M6×40 螺栓
主龙骨 CS50×20 @900~1200
次龙骨 C50×20 @300

9.5 厚双层纸面石膏板
无机涂料三遍
腻子三遍（打磨）找平
次龙骨 C50×20 @300
L 50×50×5 镀锌角钢
L 50×50×5 镀锌角钢通长
暗藏灯带
M6×40 螺栓
不锈钢挂件
成品蜂窝铝复合石材

190
20
100
60

注：镀锌角钢通长，
竖向角钢间距为
600 ~ 900 mm，横
向未通长角钢用来固
定不锈钢干挂件。

(S2) 蜂窝石材吊顶构造（灯槽造型）

➤ 适用范围

蜂窝石材吊顶适用于地铁站、大型商场、纪念馆、图书馆等场所。

➤ 工艺要求

1. 蜂窝石材面材采用 3 ~ 5 mm 厚石材、10 ~ 25 mm 厚铝蜂窝板与 0.8 mm 厚铝皮。

2. 以改性双组分柔性聚氨酯胶作为粘结剂，严禁采用快干脆性的环氧树脂胶。

3. 安装连接件应采用 Q235 的异型螺母，直径不应小于 8 mm，螺柱直径不应小于 12 mm，底座直径不应小于 22 mm。根据设计要求埋设异型螺母。

4. 石材蜂窝板应按深化图纸要求进行预拼装。为了查找方便，对所有板块应进行编码。

➤ 施工步骤

1. 现场清理，根据设计标高在墙上弹出天花标高线。

2. 确定镀锌角钢的高度及排布，在天花标记镀锌角钢位置，安装镀锌角钢。

3. 根据标记定位打螺栓孔，安装镀锌角码及膨胀螺栓。

4. 安装镀锌角钢钢架，与镀锌角码满焊连接，清除焊渣后刷防锈漆三遍。

5. 制作连接不锈钢挂件与蜂窝石材预置背栓。

6. 安装蜂窝石材，采用 M6 双锁螺栓紧固连接镀锌角钢。

➤ 材料规格

装饰面材：成品蜂窝铝复合石材。

基层材料：∟ 50 mm×50 mm×5 mm 镀锌角钢、镀锌角码、M8 膨胀螺栓套管、M6×40 mm 螺栓、不锈钢挂件、吊件、主龙骨 CS50×20 mm、横撑龙骨 C50×20 mm、次龙骨 C50×20 mm、9.5 mm 厚纸面石膏板。

➤ 材料图片

蜂窝石材　　　镀锌角钢　　　镀锌角码　　　不锈钢挂件

➤ 模拟构造

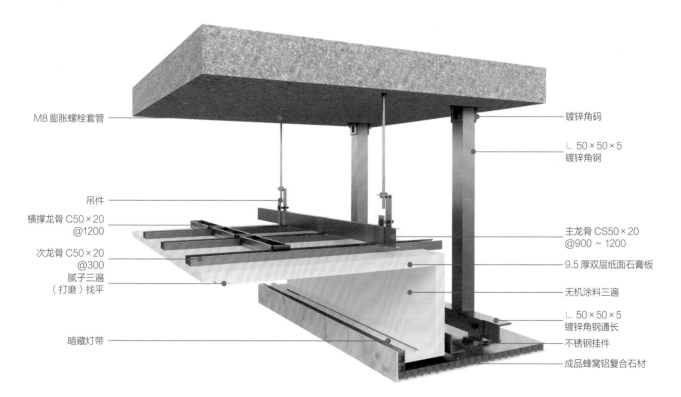

M8 膨胀螺栓套管

吊件

横撑龙骨 C50×20 @1200

次龙骨 C50×20 @300

腻子三遍（打磨）找平

暗藏灯带

镀锌角码

∟ 50×50×5 镀锌角钢

主龙骨 CS50×20 @900 ~ 1200

9.5 厚双层纸面石膏板

无机涂料三遍

∟ 50×50×5 镀锌角钢通长

不锈钢挂件

成品蜂窝铝复合石材

三维构造模型（灯槽造型蜂窝石材吊顶构造）

深化与施工要点

➤ 深化要点与管控

深化要点

1. 确定蜂窝石材规格尺寸及配套龙骨、灯具和设备带选型。

2. 深化天花造型定位图，确定天花标高与造型对应关系。

3. 根据现场尺寸深化天花蜂窝石材排板及龙骨排布图。

4. 深化综合天花定位图，确认喷淋点位及空调风口、灯具及设备带定位。

深化管控

1. 材料送样：根据送来的蜂窝石材小样确认蜂窝石材大板规格与石材纹理是否需要对纹。

2. 图纸深化：根据项目设计要求和现场尺寸，结合材料规格深化石材排板图，墙面石材按照规格进行等分，既要保证排板美观又要控制石材损耗，尽量避免出现小于三分之一板幅的小块；排板时应考虑与空调风口、灯具等设备的位置，避免影响设备的安装和使用。保证综合天花点位横平竖直、均分美观。

3. 机电配合：将装饰专业施工图纸与其他专业图纸进行叠图，检查点位是否缺失、隐蔽工程管路排布是否影响吊顶标高，根据吊顶标高推出机电控制标高；根据石材排板来确定喷淋点位及空调风口、设备带定位等。

4. 现场管控：检查现场蜂窝石材板吊顶标高、排板、空调风口及机电点位定位是否符合图纸要求，若现场不满足要求，则要及时提出整改意见。

➤ 工序策划

图纸深化 ➡ 钢架施工 ➡ 机电安装 ➡ 隐蔽验收 ➡ 面层安装

1. 图纸深化：深化天花的造型，包括确定标高、材质、装饰灯具类型等，根据现场尺寸深化石材排板。综合天花图应结合各专业提资图纸深化综合机电点位图，既要符合规范要求只要确保使用功能及整体美观，还要确保灯具、机电点位在石材板中。

2. 钢架施工：按照确认的施工图纸和深化排板图纸进行放线，在地面弹石材排板分割线。按照石材排板图要求，进行钢架的焊接安装。

3. 机电安装：根据各单位会签综合天花图，各专业单位进行消防主／支管、强弱电桥架、机电管线布设及空调设备安装等施工作业。

4. 隐蔽验收：喷淋、空调等设备宜在石材安装前完成安装；检查吊顶内的水、电、暖等设备管线是否按设计要求安装完毕，并验收合格。

5. 面层安装：将蜂窝石材按照排板图编号并进行安装，调整蜂窝石材的位置和高度，确保吊顶的平整度和美观度。

▶ 质量通病与预防

通病现象	预防措施
钢架焊接点的焊缝和焊渣处理、操作防护均不符合规范要求。潮湿区域的镀锌干挂件后期易生锈	石材钢架基层必须牢固，挂件与钢架必须用螺栓连接固定；钢材必须双面焊接，严禁点焊，应及时清理焊渣并做好防锈处理，涂刷防锈漆前可制作"十"字防锈漆涂刷套框控制涂刷位置；沿海地区、潮湿区域必须使用不低于 304 的不锈钢干挂件
蜂窝石材面层安装不平整，缝隙不均匀，面层石材无防坠落措施	考虑天花蜂窝石材的安装方式和结构，确保安装的稳定性和质量。合理的设计可以减少安装过程中的问题和质量隐患。每块板都应该安装防坠链，防止石材坠落

▶ 实景照片

蜂窝石材　　　　　　　　蜂窝石材天花 1　　　　　　蜂窝石材天花 2

A7.2 防火板吊顶构造

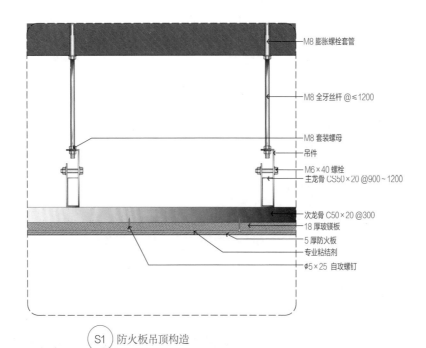

- M8 膨胀螺栓套管
- M8 全牙丝杆 @≤1200
- M8 套装螺母
- 吊件
- M6×40 螺栓
- 主龙骨 CS50×20 @900~1200
- 次龙骨 C50×20 @300
- 18 厚玻镁板
- 5 厚防火板
- 专业粘结剂
- φ5×25 自攻螺钉

S1 防火板吊顶构造

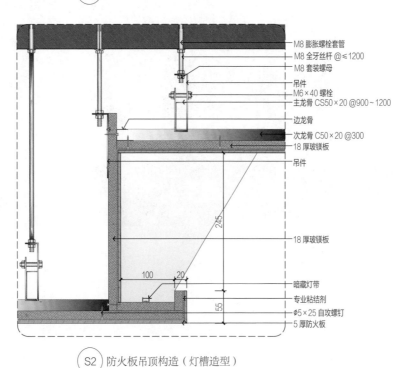

- M8 膨胀螺栓套管
- M8 全牙丝杆 @≤1200
- M8 套装螺母
- 吊件
- M6×40 螺栓
- 主龙骨 CS50×20 @900~1200
- 边龙骨
- 次龙骨 C50×20 @300
- 18 厚玻镁板
- 吊件
- 18 厚玻镁板
- 暗藏灯带
- 专业粘结剂
- φ5×25 自攻螺钉
- 5 厚防火板

245
100
20
55

S2 防火板吊顶构造（灯槽造型）

▶ 适用范围

防火板吊顶可用于各种不同的建筑物，如仓库、酒店、宾馆、写字楼、商场、学校、医院、厂房等场所。

➤ 工艺要求

1. 主龙骨吊点间距在 600 ~ 800 mm 之间，主龙骨间距在 800 mm 以内，主龙骨两端悬空距离不超过 300 mm。

2. 当吊筋与设备相遇时，应调整吊点结构或增设吊筋以保证质量。

3. 吊顶长度大于通长龙骨长度时，应采用龙骨连接件对接固定龙骨。

4. 次龙骨间距在 300 mm 左右，次龙骨与边龙骨之间均用铆钉连接固定。

5. 玻镁板基层与次龙骨连接需紧实平整。

6. 防火板安装应先从板的中间开始，向板的两端和周边延伸，不得多点同时施工。安装前依照纹路对防火板进行预拼装，避免出现乱纹影响美观。

➤ 施工步骤

1. 现场清理，根据设计标高在墙上弹出天花标高线。

2. 确定吊杆位置排布，在天花标记吊杆位置，安装吊杆。

3. 用吊挂件安装主龙骨，接长时应采取对接的方式，相邻龙骨的对接接头要相互错开，主龙骨挂好后应基本调平。

4. 安装次龙骨时，接头应错开，龙骨要检查校平。

5. 安装玻镁板基层。

6. 涂刷专用粘结剂，厚度为 1.5 ~ 3 mm。

7. 密拼防火板将其粘贴在玻镁板基层表面。

➤ 材料规格

装饰面材：5 mm 厚防火板。

基层材料：主龙骨 CS50×20 mm、边龙骨、次龙骨 C50×20 mm、M8 全牙丝杆、M8 膨胀螺栓套管、18 mm 厚玻镁板、吊件、M6×40 mm 螺栓、⌀5 mm×25 mm 自攻螺钉、水平连接件。

➤ 材料图片

主龙骨　　防火板　　玻镁板　　水平连接件

膨胀螺栓　　挂件　　全牙丝杆　　吊件

➤ 模拟构造

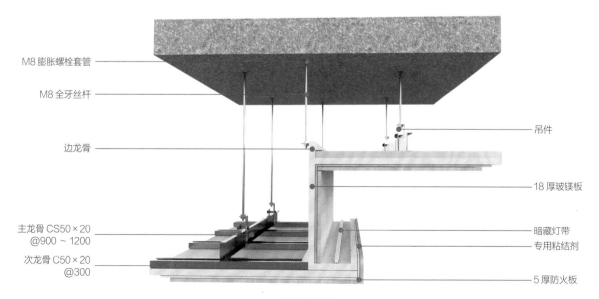

三维构造模型

M8 膨胀螺栓套管
M8 全牙丝杆
边龙骨
主龙骨 CS50×20 @900 ~ 1200
次龙骨 C50×20 @300
吊件
18 厚玻镁板
暗藏灯带
专用粘结剂
5 厚防火板

A7

A8　其他吊顶构造

A8.1　吊顶反支撑构造

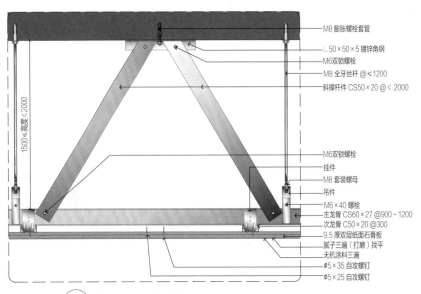

M8 膨胀螺栓套管
∟50×50×5 镀锌角钢
M6双锁螺栓
M8 全牙丝杆 @≤1200
斜撑杆件 CS50×20 @＜2000

M6双锁螺栓
挂件
M8 套装螺母
吊件
M6×40 螺栓
主龙骨 CS60×27 @900~1200
次龙骨 C50×20 @300
9.5 厚双层纸面石膏板
腻子三遍（打磨）找平
无机涂料三遍
φ5×35 自攻螺钉
φ5×25 自攻螺钉

1500≤高度＜2000

S1　吊顶反支撑构造（倒三角法）

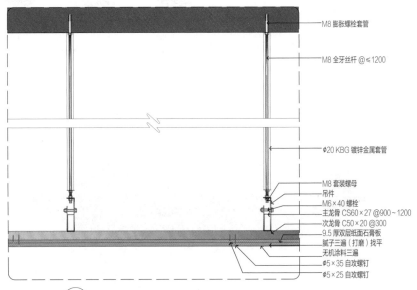

M8 膨胀螺栓套管

M8 全牙丝杆 @≤1200

φ20 KBG 镀锌金属套管

M8 套装螺母
吊件
M6×40 螺栓
主龙骨 CS60×27 @900~1200
次龙骨 C50×20 @300
9.5 厚双层纸面石膏板
腻子三遍（打磨）找平
无机涂料三遍
φ5×35 自攻螺钉
φ5×25 自攻螺钉

S2　吊顶反支撑构造（KBG 套管法）

▶ 适用范围

当吊杆长度大于 1500mm 时，需要设置反支撑，适用于经过计算承载力满足要求的各种室内吊顶工程的反向支撑体系。

A8

➤ 工艺要求

1. 反支撑杆件要具有一定的刚度。
2. 杆件需满足防火、防腐要求。
3. 设置数量依据承载力计算及构造要求。
4. 结合现场吊顶内设备及管道布置确定安装位置。
5. 布置反支撑时，不能使其在同一条直线上，应按梅花形分布，镀锌角钢杆件间距不大于 2 m。
6. 反支撑构件一般采用 CS60×27 mm×1.2 mm 轻钢龙骨、⌀20 mm KBG（扣压式薄壁钢）镀锌金属套管或镀锌型钢杆件。

➤ 施工步骤

1. 现场清理，根据设计标高在墙上弹出天花标高线。
2. 确定吊杆位置排布，在天花标记吊杆位置，安装吊杆。
3. 安装 KBG 镀锌金属套管（适用于 KBG 套管法）。
4. 用吊挂件安装 CS60 轻钢主龙骨，接长时应采取对接方式，相邻龙骨的对接接头要相互错开，主龙骨挂好后应基本调平。
5. 安装 CS60 轻钢龙骨斜撑杆件（适用于倒三角法）。
6. 安装次龙骨或横撑龙骨时，接头应错开，龙骨要检查校平。
7. 封双层 9.5 mm 厚石膏板，石膏板的包封边垂直于次龙骨。
8. 用腻子填充石膏板自然留缝，并粘贴纸胶带加固。

9. 阴阳角处用 PVC 护角条加固，刮三遍腻子并进行打磨找平。
10. 刷涂料三遍。

➤ 材料规格

装饰面材：涂料（如无机涂料、艺术涂料等）。
基层材料：L 50 mm×50 mm×5 mm 镀锌角钢、M8 膨胀螺栓套管、M8 全牙丝杆、吊件、⌀20 mm KBG 镀锌金属套管、主龙骨 CS60×27 mm、次龙骨 C50×20 mm、横撑龙骨 C50×20 mm、9.5 mm 厚纸面石膏板、M6×40 mm 螺栓、M6 双锁螺栓、⌀5 mm×35 mm 自攻螺钉、⌀5 mm×25 mm 自攻螺钉。

➤ 材料图片

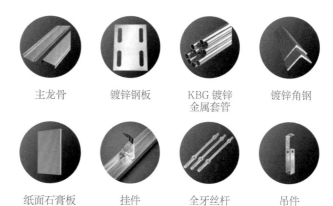

主龙骨　　镀锌钢板　　KBG 镀锌金属套管　　镀锌角钢

纸面石膏板　　挂件　　全牙丝杆　　吊件

➤ 模拟构造

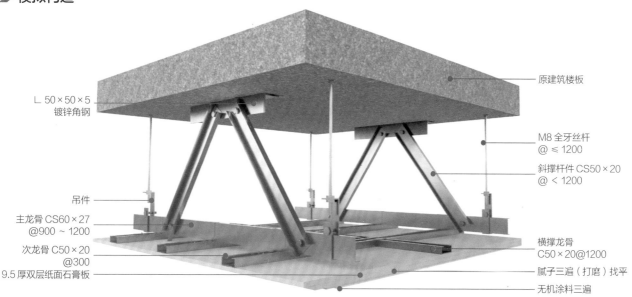

三维构造模型（倒三角吊顶反支撑构造）

L 50×50×5 镀锌角钢
原建筑楼板
M8 全牙丝杆 @ ≤ 1200
斜撑杆件 CS50×20 @ < 1200
吊件
主龙骨 CS60×27 @900~1200
次龙骨 C50×20 @300
9.5厚双层纸面石膏板
横撑龙骨 C50×20@1200
腻子三遍（打磨）找平
无机涂料三遍

A8

深化与施工要点

➤ 深化要点与管控

深化要点

1. 确定吊顶标高、造型、尺寸和起拱是否符合设计深化标准。

2. 深化天花造型定位图，确定天花标高与造型对应关系。

3. 根据现场尺寸深化天花反支撑排布及轻钢主龙骨排布图。

4. 深化综合天花定位图，确认喷淋点位以及空调风口、灯具及设备带定位。

深化管控

1. 资料签收：检查各专业提资图纸是否已收集完毕。

2. 图纸深化：根据图纸设计要求和现场尺寸，配合灯具、烟感器、喷淋头、风口等设备的位置深化反支撑加固排布方案，避免影响设备的安装和使用；保证综合天花点位横平竖直、均分美观。

3. 机电配合：将装饰专业施工图纸与其他专业图纸进行叠图，检查点位是否缺失、隐蔽工程管路排布是否影响吊顶标高，根据吊顶标高推出机电控制标高；根据反支撑和龙骨排布来确定喷淋点位以及空调风口、设备带等的定位。

4. 现场管控：检查现场反支撑吊顶标高、排布、空调风口及机电点位定位是否符合图纸要求，若现场不满足要求，则要及时提出整改意见。

➤ 工序策划

图纸深化 → 设备安装 → 龙骨安装 → 反支撑安装 → 隐蔽验收 → 面层安装

1. 图纸深化：综合天花图是进行天花图纸深化的基础；需要先确定天花的造型，包括确定标高、材质、装饰灯具类型等。结合各专业提资图纸深化综合机电点位，符合规范要求确保使用功能及整体美观；天花龙骨排布应结合机电设备与管线路由进行排板。

2. 设备安装：根据各单位会签综合天花图，各专业单位进行消防主管 / 支管、强弱电桥架、机电管线布设及空调设备安装等施工作业。

3. 龙骨安装：根据吊顶标高安装 L 形边龙骨，主龙骨、吊筋（长度 > 1.5 m）、反支撑杆件均应避开风管安装，以免震动影响吊顶稳定。

4.反支撑安装：反支撑安装方式应在专项施工方案、技术交底记录文件中作出规定，常见的安装方式有倒三角法和套管加固法。倒三角斜撑杆件与吊杆形成一个坚固的三角形，可以有效地防止吊顶在气压变化时往上变形，避免出现破损。

5.隐蔽验收：喷淋、喇叭等设备宜在罩面板安装前完成安装；检查吊顶内的水、电、风等设备管线是否按设计要求安装完毕，并验收合格。

6.面层安装：将罩面板按照设计要求固定在龙骨上，并调整罩面板的位置和高度，确保吊顶平整和美观度。

▶ 质量通病与预防

通病现象	预防措施
吊顶不平	检查各吊点的紧固程度，并拉通线检查标高与平整度是否符合设计要求
轻钢骨架局部节点构造不合理	轻钢骨架在留洞、灯具口、通风口等处，应按图纸上的相应节点构造设置龙骨及连接件，使构造符合图纸上的要求，保证吊挂的刚度
轻钢骨架吊固不牢	轻钢骨架应吊在主体结构上，并应拧紧吊杆螺母，斜撑与龙骨锚固连接要紧实并保持在同一水平，以控制固定设计标高；顶棚内的管线、设备件不得吊固在轻钢骨架上

▶ 实景照片

反支撑龙骨安装

天花龙骨基层安装

A8.2　吊顶检修马道构造（一）

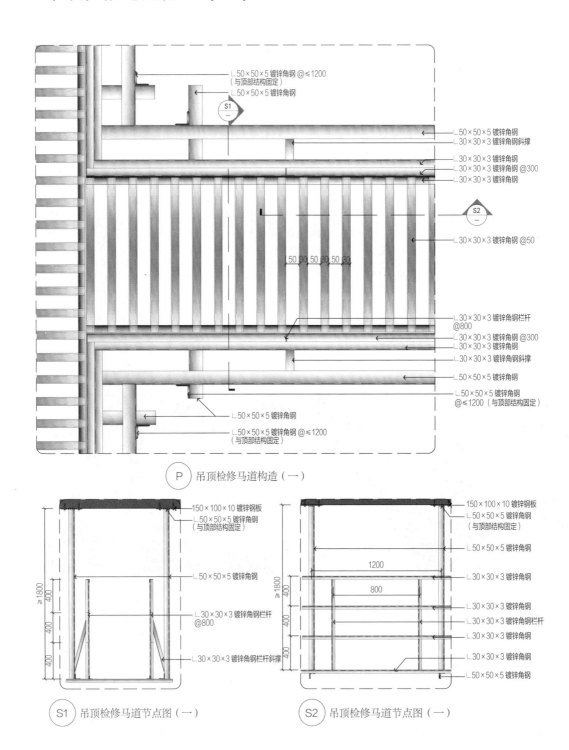

∟50×50×5 镀锌角钢 @≤1200
（与顶部结构固定）
∟50×50×5 镀锌角钢
∟50×50×5 镀锌角钢
∟30×30×3 镀锌角钢斜撑
∟30×30×3 镀锌角钢
∟30×30×3 镀锌角钢 @300
∟30×30×3 镀锌角钢
∟30×30×3 镀锌角钢 @50
50 30 50 30 50 30
∟30×30×3 镀锌角钢栏杆 @800
∟30×30×3 镀锌角钢 @300
∟30×30×3 镀锌角钢
∟30×30×3 镀锌角钢斜撑
∟50×50×5 镀锌角钢
∟50×50×5 镀锌角钢 @≤1200（与顶部结构固定）
∟50×50×5 镀锌角钢
∟50×50×5 镀锌角钢 @≤1200（与顶部结构固定）

P　吊顶检修马道构造（一）

150×100×10 镀锌钢板
∟50×50×5 镀锌角钢（与顶部结构固定）
∟50×50×5 镀锌角钢
∟30×30×3 镀锌角钢栏杆 @800
∟30×30×3 镀锌角钢栏杆斜撑

S1　吊顶检修马道节点图（一）

150×100×10 镀锌钢板
∟50×50×5 镀锌角钢（与顶部结构固定）
∟50×50×5 镀锌角钢
1200
800
∟30×30×3 镀锌角钢
∟30×30×3 镀锌角钢栏杆
∟30×30×3 镀锌角钢
∟30×30×3 镀锌角钢
∟50×50×5 镀锌角钢

S2　吊顶检修马道节点图（一）

➤ 适用范围

　　装饰吊顶空间较高，或者当吊顶上有大型灯具等设备需要检修时，需预留检修马道，方便后期检修。

➤ 工艺要求

　　1. 检修马道的净宽度应保证两个成年人可以正常通行，通常在 800 ~ 1200 mm 之间。

　　2. 根据吊顶内施工条件和人体工程学原理，检修马道高度一般在 1800 ~ 2200 mm 之间。

　　3. 检修马道材料要选用防滑、耐磨的建筑材料，如用镀锌角钢拼装成型。

　　4. 检修马道应设置护栏，避免人员误碰设备或跌落。

　　5. 做防滑设计，防止检修人员滑倒。

　　6. 应增设照明设备，便于检修人员观察马道及吊顶内情况。

　　7. 设置规范的电气接口和插座，方便维护和检修设备。

➤ 施工步骤

　　1. 现场清理，根据设计标高在墙上弹出天花标高线。

　　2. 在地面确定检修马道位置并弹线。

　　3. 依据检修马道位置排布，在天花标记固定位置，打孔安装膨胀螺栓，安装镀锌钢板。

　　4. 镀锌角钢吊杆上部用镀锌角钢件与镀锌钢板焊接，吊杆下部与马道镀锌角钢平台垂直焊接。

　　5. 焊接安装马道镀锌角钢平台及马道镀锌钢架护栏。

　　6. 所有焊接处敲除焊渣，并刷防锈漆三遍。

　　7. 铺设检修马道机电管线。

　　8. 铺装钢筋网。

　　9. 安装照明 LED 灯具及维修插座。

➤ 材料规格

　　装饰面材：镀锌角钢。

　　基层材料：M8 膨胀螺栓、L 50 mm×50 mm×5 mm 镀锌角钢、L 30 mm×30 mm×3 mm 镀锌角钢、150 mm×100 mm×10 mm 镀锌钢板。

➤ 材料图片

镀锌钢板　　　　镀锌角钢　　　　膨胀螺栓

➤ 模拟构造

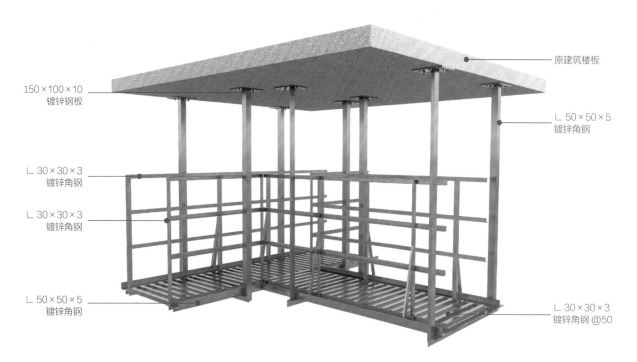

150×100×10
镀锌钢板

L 30×30×3
镀锌角钢

L 30×30×3
镀锌角钢

L 50×50×5
镀锌角钢

原建筑楼板

L 50×50×5
镀锌角钢

L 30×30×3
镀锌角钢 @50

三维构造模型

A8

A8.3 吊顶检修马道构造（二）

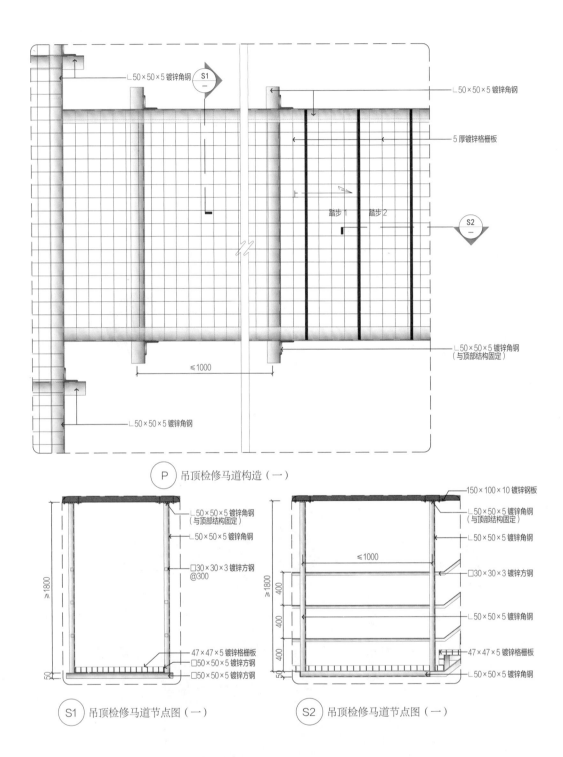

L50×50×5镀锌角钢 S1

L50×50×5镀锌角钢

5厚镀锌格栅板

踏步1 踏步2 S2

≤1000

L50×50×5镀锌角钢

L50×50×5镀锌角钢（与顶部结构固定）

P 吊顶检修马道构造（一）

L50×50×5镀锌角钢（与顶部结构固定）

L50×50×5镀锌角钢

□30×30×3镀锌方钢@300

≥1800

47×47×5镀锌格栅板
□50×50×5镀锌方钢
50
□50×50×5镀锌方钢

S1 吊顶检修马道节点图（一）

150×100×10镀锌钢板

L50×50×5镀锌角钢（与顶部结构固定）

L50×50×5镀锌角钢

≤1000

□30×30×3镀锌方钢

≥1800
400 400 400 400

L50×50×5镀锌角钢

47×47×5镀锌格栅板

50

L50×50×5镀锌角钢

S2 吊顶检修马道节点图（一）

▶ 适用范围

　　本检修马道适用于高空接近屋顶处的大型中庭区域、大型公共建筑（如购物中心、机场等）的吊顶内部通道，以及仓库、工业厂房等大型室内空间。

➤ 工艺要求

1. 检修马道的净宽度应保证两个成年人可以正常通行，通常在 1000～1500 mm 之间。

2. 根据吊顶内施工条件和人体工程学原理，检修马道高度一般在 1800～2200 mm 之间。

3. 检修马道材料要选用防滑、耐磨、易清洁的建筑材料，如用镀锌角钢及镀锌格栅板拼装成型。

4. 检修马道应设置护栏，避免人员误碰设备或跌落。

5. 做防滑设计，防止检修人员滑倒。

6. 应增设照明设备，便于检修人员观察马道及吊顶内情况。

7. 设置规范的电气接口和插座，方便维护和检修设备。Ø8 mm 圆钢与等电位联结，以防止意外来电对检修人员造成电击伤害，检修马道需要做接地措施。

➤ 施工步骤

1. 现场清理，根据设计标高在墙上弹出天花标高线。

2. 根据机电管线走向，确定马道位置。

3. 依据检修马道位置排布，在天花标记固定位置，打孔安装膨胀螺栓，安装镀锌钢板。

4. 镀锌角钢吊杆上部用镀锌角钢件与镀锌钢板焊接，吊杆下部与马道镀锌角钢平台垂直焊接。

5. 焊接安装马道镀锌角钢平台及马道镀锌钢架护栏。

6. 所有焊接处敲除焊渣，并刷防锈漆三遍。

7. 铺设马道机电管线。

8. 铺装镀锌格栅板。

9. 安装照明 LED 灯具及维修插座。

➤ 材料规格

装饰面材：镀锌角钢。

基层材料：L 50 mm×50 mm×5 mm 镀锌角钢、□ 30mm×30mm×3 mm 镀锌方钢、150 mm×100 mm×10mm 镀锌钢板、□ 50mm×50mm×5 mm 镀锌方钢、47 mm×47 mm×5 mm 镀锌格栅板、M8 膨胀螺栓。

➤ 材料图片

镀锌钢板　　　镀锌角钢　　　镀锌方钢　　　镀锌格栅板

➤ 模拟构造

150×100×10
镀锌钢板

L 50×50×5
镀锌角钢

□ 30×30×3
镀锌方钢

□ 30×30×3
镀锌方钢 @300

47×47×5
镀锌格栅板

三维构造模型

—— 深化与施工要点 ——

➤ 深化要点与管控

深化要点

1. 确定检修马道规格尺寸、配套杆件、间距、连接方式及造型。

2. 深化检修马道定位排布图，确定安装位置、标高与造型对应关系。

3. 根据现场尺寸深化检修马道平台型钢排布。

4. 深化检修马道与综合天花管置图，确认消防、暖通空调、照明及给水排水等设备管路与检修马道路线定位。

深化管控

1. 资料签收：检查各专业提资图纸是否已收集完毕。

2. 图纸深化：根据图纸设计要求和现场尺寸，结合各专业提资图纸对照需检修及维护的设备点位，深化检修马道走向定位及造型方案与安装方式。

3. 机电配合：将装饰专业施工图纸与其他专业图纸进行叠图，检查点位是否缺失、隐蔽工程管路排布是否影响吊顶标高，根据吊顶标高推出机电控制标高；根据天花管综路由来确定检修马道安装方式及尺寸定位。

4. 现场管控：现场检查检修马道吊顶标高、排布、管综定位是否符合图纸要求，若现场不满足要求，则要及时提出整改意见。

➤ 工序策划

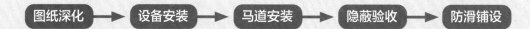

图纸深化 → 设备安装 → 马道安装 → 隐蔽验收 → 防滑铺设

1. 图纸深化：永久性马道需先计算承载力，深化时应考虑将检修马道吊挂在建筑承重结构上，注意马道宽度、高度、护栏及马道照明的设置，应符合规范要求并确保使用功能及整体美观；马道入口应设置在隐蔽位置，检修马道的端头应设置防护栏杆。

2. 设备安装：根据各单位会签综合天花图，各专业单位进行消防主管／支管、强弱电桥架、机电管线布设及空调设备安装等施工作业。

3. 马道安装：根据检修马道深化图，分组预制检修马道镀锌角钢平台，预制件应满焊并做三遍防锈处理；马道应设置在方便检修和维护的位置，并与主体结构连接，不得直接铺在吊顶龙骨上。马道吊挂件不得作为管线或设备的吊架，管线和设备的吊架不得吊挂马道吊顶。

4.隐蔽验收：喷淋、喇叭等设备及检修马道宜在吊顶封板前安装完成安装；检查吊顶内的水、电、风等设备管线是否按设计要求安装完毕，并验收合格。

5.防滑铺设：将镀锌格栅片或镀锌钢筋网按照设计要求固定在马道平台钢架上，确保其平整度和美观度。

▶ 质量通病与预防

通病现象	预防措施
马道宽度不足	检修马道的宽度应保证两个检修人员能够同时通过，以便进行设备的检查和维护，设置宽度不宜小于800 mm
马道两侧缺乏防护栏杆	为了保障检修人员的安全，马道两侧应设置防护栏杆，防止检修人员跌落。栏杆高度不应小于1200 mm

▶ 实景照片

检修马道

A8.4 吊顶钢架转换层构造

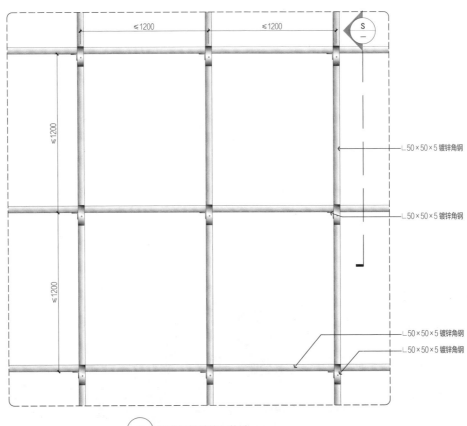

≤1200   ≤1200

≤1200

≤1200

└50×50×5 镀锌角钢

└50×50×5 镀锌角钢

└50×50×5 镀锌角钢
└50×50×5 镀锌角钢

P 吊顶钢架转换层构造

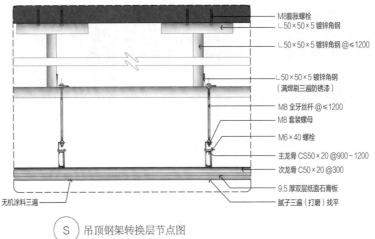

M8膨胀螺栓
└50×50×5 镀锌角钢
└50×50×5 镀锌角钢 @≤1200
└50×50×5 镀锌角钢
（满焊刷三遍防锈漆）
M8 全牙丝杆 @≤1200
M8 套装螺母
M6×40 螺栓
主龙骨 CS50×20 @900~1200
次龙骨 C50×20 @300
9.5 厚双层纸面石膏板
腻子三遍（打磨）找平

无机料涂料三遍

S 吊顶钢架转换层节点图

➤ 适用范围

商场、超市、大型室内活动场所通常需要安装大型装饰板或者天花，而转换层可以作为连接装饰板和天花的承重结构，可提高整体装饰效果和承重能力。

➤ 工艺要求

1. 吊顶内部空间大于3 m时,应设置型钢结构转换层。

2. 可采用方钢、角钢、槽钢等作为转换层的竖杆刚性构件,竖杆端头一侧与楼板底面可靠连接,吊杆间距为1200 mm。

3. 水平网架一般由镀锌角钢组成,间距为1200 mm,以井字框架体系来增加整体结构的刚度。

4. 所有钢构连接处均应在满焊后,去除焊渣并涂刷三遍"十"字防锈漆防护。

5. 转换层水平网架安装前,需在后场加工时做好吊点钻孔预开工序,吊杆与水平网架连接应用双锁螺帽紧固牢靠。

➤ 施工步骤

1. 现场清理,根据设计标高在墙上弹出天花标高线。

2. 确定转换层标高及机电设备的位置。

3. 确定转换层竖杆位置排布,在天花标记竖杆位置。

4. 打膨胀螺栓孔,预埋膨胀螺栓用于安装镀锌角钢竖杆。

5. 排布水平方向网架的镀锌角钢,注意角钢间距。

➤ 材料规格

装饰面材:涂料(如无机涂料、艺术涂料等)。

基层材料:M8膨胀螺栓、L 50 mm×50 mm×5 mm镀锌角钢、主龙骨 CS50×20 mm、M8 全牙丝杆、9.5 mm 厚纸面石膏板、吊件、M6 × 40 mm 螺栓、∅5 mm×25 mm自攻螺钉、∅5 mm×35 mm自攻螺钉、次龙骨 C50×20 mm、水平连接件。

➤ 材料图片

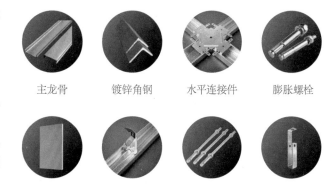

| 主龙骨 | 镀锌角钢 | 水平连接件 | 膨胀螺栓 |

| 纸面石膏板 | 挂件 | 全牙丝杆 | 吊件 |

➤ 模拟构造

M8 膨胀螺栓

L 50×50×5 镀锌角钢

L 50×50×5 镀锌角钢(满焊刷三遍防锈漆)

M8 全牙丝杆 @ ≤ 1200

M8 套装螺母

主龙骨 CS50×20 @900 ~ 1200
次龙骨 C50×20 @300

9.5 厚双层纸面石膏板

腻子三遍(打磨)找平

无机涂料三遍

三维构造模型

A8.5 桁架结构钢架转换层构造

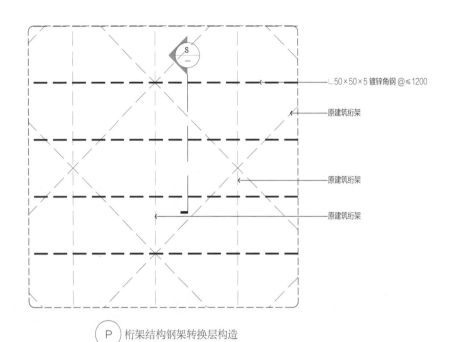

∟50×50×5 镀锌角钢 @≤1200

原建筑桁架

原建筑桁架

原建筑桁架

Ⓟ 桁架结构钢架转换层构造

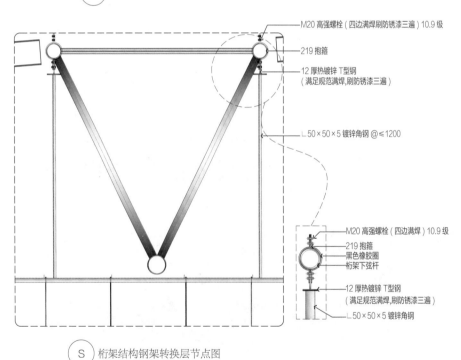

M20 高强螺栓（四边满焊刷防锈漆三遍）10.9 级

219 抱箍

12 厚热镀锌 T型钢
（满足规范满焊,刷防锈漆三遍）

∟50×50×5 镀锌角钢 @≤1200

M20 高强螺栓（四边满焊）10.9 级
219 抱箍
黑色橡胶圈
桁架下弦杆

12 厚热镀锌 T型钢
（满足规范满焊,刷防锈漆三遍）

∟50×50×5 镀锌角钢

Ⓢ 桁架结构钢架转换层节点图

▶ 适用范围

　　桁架结构钢架转换层通常被用于大型公共建筑和商业建筑中，如机场、车站、展览馆、体育馆、商场等。这些建筑通常具有大跨度、高层或超高层的特点，需要承受较大的荷载和满足复杂的功能需求。

➤ 工艺要求

1. 桁架结构屋面吊顶时，天花吊杆无法按照规范间距排布，为了提供连接挂点，应设置钢架转换层。转换层与桁架结构连接，应设置抱箍。

2. 可将方钢、角钢等作为转换层的竖杆刚性构件，竖杆端头一侧与桁架弦杆可靠连接，竖杆间距不大于1200 mm。

3. 水平网架一般由镀锌角钢组成，间距不大于1200 mm，以井字框架体系来增加整体结构的刚度。

4. 所有钢构连接处均应满焊后去除焊渣，并涂刷三遍"十"字防锈漆防护。

5. 转换层水平网架安装前，需在后场加工时做好吊点钻孔预开工序，吊杆与水平网架连接应用双锁螺帽紧固牢靠。

➤ 施工步骤

1. 现场清理，根据设计标高在墙上弹出天花标高线。

2. 确定转换层的标高。

3. 排布钢架竖杆间距。

4. 安装 219 抱箍及黑色橡胶圈，紧固焊接 12 mm

厚热镀锌 T 型钢。

5. 焊接钢架竖杆，竖杆上端与 T 型钢焊接，下端与钢架转换层水平杆网连接。

6. 满焊钢架水平杆框架，刷防锈漆三遍。

7. 确定吊杆位置排布，在天花标记吊杆位置，安装吊杆。

➤ 材料规格

装饰面材：涂料（如无机涂料、艺术涂料等）。

基层材料：L 50 mm×50 mm×5 mm 镀锌角钢、M20 高强螺栓、219 抱箍、黑色橡胶圈、12 mm 厚热镀锌 T 型钢、M8 全牙丝杆、桁架下弦杆、主龙骨 CS60×27 mm。

➤ 材料图片

主龙骨　　　　镀锌角钢　　　　全牙丝杆

➤ 模拟构造

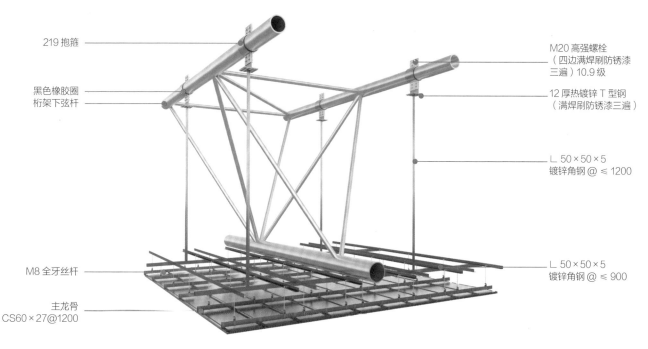

三维构造模型

深化与施工要点

➤ 深化要点与管控

深化要点

1. 确定转换层型钢规格尺寸、材质厚度、固定方式。

2. 深化天花造型定位图，确定钢架转换层与天花标高及造型的对应关系。

3. 根据现场尺寸深化钢架转化层排布及轻钢主龙骨排布图。

4. 深化综合天花定位图，确认喷淋点位及空调风口、灯具及设备管综定位。

深化管控

1. 资料签收：检查各专业提资图纸是否已收集完毕。

2. 图纸深化：根据项目设计要求和现场尺寸，结合设备管综分布情况，深化钢架转换层排布，此时应注意避让风管、电缆桥架及大型设备，禁止风管、桥架及其他设备共用吊杆或承载基座。

3. 机电配合：将装饰专业施工图纸与其他专业图纸进行叠图，检查点位是否缺失、隐蔽工程管路排布是否影响吊顶标高，根据吊顶标高推出机电控制标高；根据钢架转换层排布来确定喷淋点位及空调风口、设备带等的定位。

4. 现场管控：现场检查钢架转换层吊顶标高、排布、定位是否符合图纸要求，检查钢架转换层焊接处是否满焊及做防锈处理，若现场不满足要求，则要及时提出整改意见。

➤ 工序策划

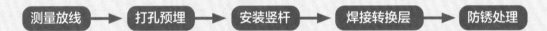

测量放线 ➡ 打孔预埋 ➡ 安装竖杆 ➡ 焊接转换层 ➡ 防锈处理

1. 测量放线：现场清理，复测轴线、标高线、控制线，依据吊顶钢架转换层深化图纸并进行弹线定位，吊点间距不大于1200 mm。

2. 打孔预埋：定位后电钻打孔，清理钻孔预埋膨胀螺栓。

3. 安装竖杆：开孔镀锌角码长度宜为150 mm，镀锌角钢竖杆一段与镀锌角码满焊连接，镀锌角码端和预埋膨胀螺栓连接。当竖杆间跨度较大或转换层高度较大时，应设置三角反支撑点加固焊接，竖杆下端与钢架转换层水平网架满焊连接。

4.焊接转换层:转换层水平网架由镀锌角钢组成,间距不大于 1200 mm,在网架边缘部分距墙 200 mm 处设置角钢边框,走廊等狭窄空间转换层必须形成井字框架体系以增加整体刚度。

5.防锈处理:涂刷"十"字防锈漆,分三遍涂刷。

➤ 质量通病与预防

通病现象	预防措施
焊接处焊渣未清理,出现焊瘤现象	发现后及时安排操作工人对其进行清理,不到位之处应重新焊接,并刷防锈漆
转换层钢架点焊	实施全员交底,加强现场的管控力度,发现问题立即制止并纠正;钢架接头处应满焊,焊渣要及时清理,刷"十"字防锈漆三遍

➤ 实景照片

钢架转换层 1

钢架转换层 2

A8

A8.6　吊顶挡烟垂壁构造

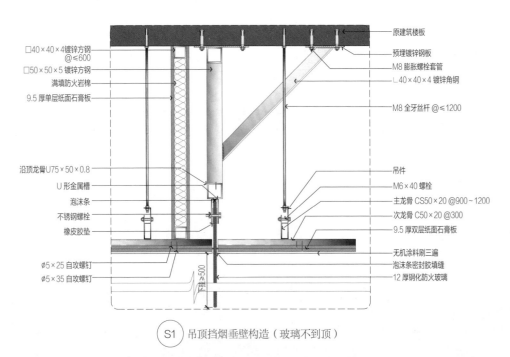

□40×40×4镀锌方钢@≤600
□50×50×5镀锌方钢
满填防火岩棉
9.5厚单层纸面石膏板

沿顶龙骨U75×50×0.8
U形金属槽
泡沫条
不锈钢螺栓
橡皮胶垫

ø5×25自攻螺钉
ø5×35自攻螺钉

原建筑楼板
预埋镀锌钢板
M8膨胀螺栓套管
∟40×40×4镀锌角钢
M8全牙丝杆@≤1200

吊件
M6×40螺栓
主龙骨CS50×20@900~1200
次龙骨C50×20@300
9.5厚双层纸面石膏板
无机涂料刷三遍
泡沫条密封胶填缝
12厚钢化防火玻璃

下挂≥500

S1　吊顶挡烟垂壁构造（玻璃不到顶）

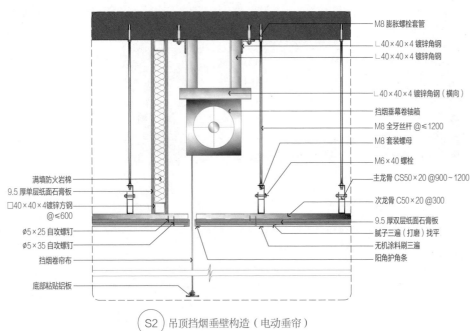

满填防火岩棉
9.5厚单层纸面石膏板
□40×40×4镀锌方钢@≤600

ø5×25自攻螺钉
ø5×35自攻螺钉
挡烟卷帘布
底部粘贴铝板

M8膨胀螺栓套管
∟40×40×4镀锌角钢
∟40×40×4镀锌角钢
∟40×40×4镀锌角钢（横向）
挡烟垂幕卷轴箱
M8全牙丝杆@≤1200
M8套装螺母
M6×40螺栓
主龙骨CS50×20@900~1200
次龙骨C50×20@300
9.5厚双层纸面石膏板
腻子三遍（打磨）找平
无机涂料刷三遍
阳角护角条

S2　吊顶挡烟垂壁构造（电动垂帘）

▶ 适用范围

　　吊顶挡烟垂壁常被用于工程建筑内部区划室内空间的防烟分区，例如购物商场内部的店面，由于面积较大，需要按照技术标准必须在吊顶设置防烟分区。

➤ 工艺要求

1. 挡烟垂壁的有效下降高度不应小于 500 mm。

2. 卷帘式挡烟垂壁的单节宽度不应大于 6000 mm。

3. 挡烟垂壁应与相应的感烟火灾探测器联动，当探测器报警后，挡烟垂壁应能自动运行至挡烟工作位置。

4. 当在防火分区内需要通过挡烟垂壁将大空间分隔成小空间时，需在垂壁两侧各安装一个感烟火灾探测器。

5. 玻璃挡烟垂壁挂设方式宜采用悬挂式，施工时需按设计要求预埋连接件。

➤ 施工步骤

1. 现场清理，根据设计标高在墙上弹出天花标高线。

2. 根据深化图纸确认挡烟垂壁的位置及高度。

3. 焊接挡烟垂壁处钢架，刷三遍防锈漆。

4. 确定吊杆位置排布，在天花标记吊杆位置，安装吊杆。用吊挂件安装主龙骨，接长时应采取对接方式，安装次龙骨，接头应错开，龙骨要检查校平。

5. 顶面采用钢架龙骨，内部满填防火岩棉，两侧封石膏板做封堵。

6. 玻璃挡烟垂壁固定 U 形金属槽，电动挡烟垂幕固定卷轴箱。

7. 根据天花高度安装挡烟垂壁。

8. 安装石膏板，并且在预留凹槽位置断开石膏板安装铝嵌条。

9. 用腻子填充石膏板自然留缝，并粘贴纸胶带加固。

10. 阴阳角处用成品 PVC 护角条加固，刮三遍腻子并进行打磨找平。

11. 刷涂料三遍。

12. 安装卷帘铝板底托。

➤ 材料规格

装饰面材：涂料（如无机涂料、艺术涂料等）。

基层材料：∟40 mm×40 mm×4 mm 镀锌角钢、M8 膨胀螺栓、阳角护角条、铝板底托、主龙骨 CS50×20 mm、M8 全牙丝杆、9.5 mm 厚纸面石膏板、吊件、⌀5 mm×25 mm 自攻螺钉、⌀5 mm×35 mm 自攻螺钉、镀锌钢板、M6×40 mm 螺栓、电动挡烟垂帘、次龙骨 C50×20 mm、□50 mm×50 mm×5 mm 镀锌方钢、□40 mm×40 mm×4 mm 镀锌方钢、防火岩棉、贯穿龙骨 U38×12 mm×1.2 mm、沿顶龙骨 U75×50 mm×0.8 mm、U 形金属槽、泡沫条、橡皮胶垫、12 mm 厚钢化防火玻璃。

➤ 材料图片

主龙骨

电动挡烟垂帘

防火玻璃

镀锌角钢

纸面石膏板

次龙骨

全牙丝杆

吊件

➤ 模拟构造

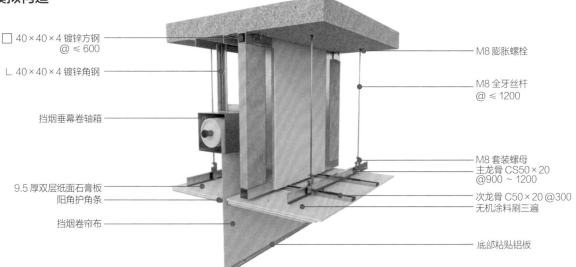

□ 40×40×4 镀锌方钢 @ ≤ 600

∟ 40×40×4 镀锌角钢

挡烟垂幕卷轴箱

9.5 厚双层纸面石膏板
阳角护角条

挡烟卷帘布

M8 膨胀螺栓

M8 全牙丝杆 @ ≤ 1200

M8 套装螺母
主龙骨 CS50×20 @900 ~ 1200

次龙骨 C50×20 @300
无机涂料刷三遍

底部粘贴铝板

三维构造模型（吊顶电动垂帘挡烟垂壁构造）

A8.7 防火卷帘构造

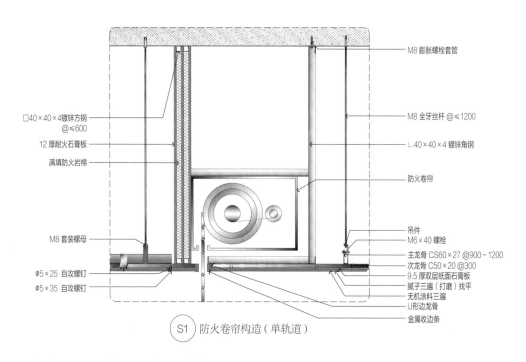

□40×40×4镀锌方钢 @≤600

12 厚耐火石膏板

满填防火岩棉

M8 套装螺母

φ5×25 自攻螺钉

φ5×35 自攻螺钉

M8 膨胀螺栓套管

M8 全牙丝杆 @≤1200

∟40×40×4 镀锌角钢

防火卷帘

吊件

M6×40 螺栓

主龙骨 CS60×27 @900~1200

次龙骨 C50×20 @300

9.5 厚双层纸面石膏板

腻子三遍（打磨）找平

无机涂料三遍

U形边龙骨

金属收边条

(S1) 防火卷帘构造（单轨道）

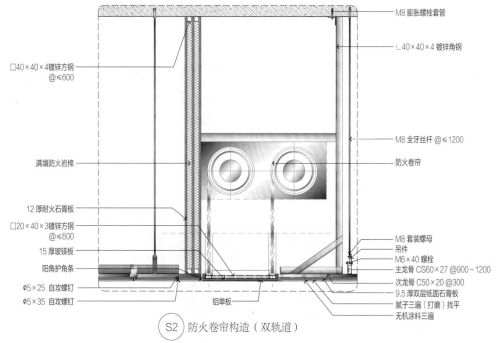

□40×40×4镀锌方钢 @≤600

满填防火岩棉

12 厚耐火石膏板

□20×40×3镀锌方钢 @≤600

15 厚玻镁板

阳角护角条

φ5×25 自攻螺钉

φ5×35 自攻螺钉

铝单板

M8 膨胀螺栓套管

∟40×40×4 镀锌角钢

M8 全牙丝杆 @≤1200

防火卷帘

M8 套装螺母

吊件

M6×40 螺栓

主龙骨 CS60×27 @900~1200

次龙骨 C50×20 @300

9.5 厚双层纸面石膏板

腻子三遍（打磨）找平

无机涂料三遍

(S2) 防火卷帘构造（双轨道）

▶ 适用范围

　　防火卷帘主要适用于大型超市、大型商场、大型展馆、厂房仓库。人防工程中与地下一、二层中庭相通的过厅或通道等处，需要设置甲级防火门或耐火极限不低于 3 h 的防火卷帘，防火门或防火卷帘应能在火灾发生时自动关闭或降落。

▶ 工艺要求

1. 防火卷帘箱体两侧宜采用镀锌角钢制作独立转换结构，用于防火卷帘底托两侧吊顶延边龙骨的固定连接。

2. 防火卷帘两侧吊顶主龙骨的吊杆也需直接与顶板连接，不可与独立转换结构共用承重基座。

3. 防火卷帘底托装饰面应采用具有 A 级不燃性能的材料制作。

▶ 施工步骤

1. 现场清理，根据设计标高在墙上弹出天花标高线。

2. 安装消防卷帘钢架，用角码与楼板固定，刷防锈漆三遍，安装防火卷帘箱。

3. 顶面采用钢架龙骨，内部满填防火岩板，两侧封耐火石膏板做防火封堵。

4. 用吊挂件安装上人型主龙骨，接长时应采取对接方式，相邻龙骨的对接接头要相互错开，主龙骨挂好后应基本调平，安装次龙骨，接头应错开，龙骨要检查校平。

5. 安装石膏板。

6. 安装防火卷帘底托镀锌方钢骨架并封单层玻镁板基层。

7. 阴阳角处用成品 PVC 护角条加固，刮三遍腻子并进行打磨找平。

8. 防火卷帘底部安装铝单板。子并进行打磨找平。

9. 刷无机涂料三遍。

10. 卷帘底托安装饰面铝单板。

▶ 材料规格

装饰面材：涂料（如无机涂料、艺术涂料等）、铝单板。

基层材料：∟40 mm×40 mm×4 mm 镀锌角钢、□20 mm×40 mm×3 mm 镀锌方钢、□20 mm×40 mm×3 mm 镀锌方钢、M8 膨胀螺栓、套管、防火卷帘、M8 全牙丝杆、吊件、M6×40 mm 螺栓、ϕ5 mm×25 mm 自攻螺钉、ϕ5 mm×35 mm 自攻螺钉、镀锌角码、主龙骨 CS60×27 mm、次龙骨 C50×20 mm、9.5 mm 厚纸面石膏板、U 形边龙骨、1.2 mm 厚不锈钢收边条、15 mm 厚玻镁板。

▶ 材料图片

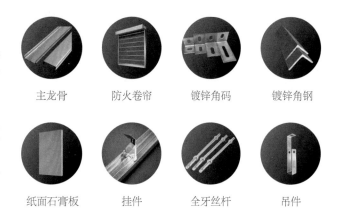

主龙骨	防火卷帘	镀锌角码	镀锌角钢
纸面石膏板	挂件	全牙丝杆	吊件

▶ 模拟构造

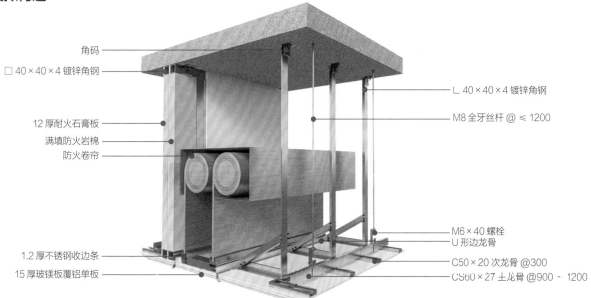

角码
□40×40×4 镀锌角钢
12 厚耐火石膏板
满填防火岩棉
防火卷帘
1.2 厚不锈钢收边条
15 厚玻镁板覆铝单板

∟40×40×4 镀锌角钢
M8 全牙丝杆 @ ≤ 1200
M6×40 螺栓
U 形边龙骨
C50×20 次龙骨 @300
CS60×27 主龙骨 @900 - 1200

三维构造模型（双轨道防火卷帘构造）

深化与施工要点

➤ 深化要点与管控

深化要点

1. 根据建筑防火分区划分要求，确定防火卷帘的具体安装位置。

2. 深化天花造型定位图与防火卷帘底部收口方式，确定天花标高与造型对应关系。

3. 根据现场情况结合墙面装饰造型确定按钮盒和控制箱的位置。

4. 深化综合天花定位图，确认喷淋点位及空调风口、灯具和设备带定位。

深化管控

1. 资料签收：检查各专业提资图纸是否已收集完毕。

2. 图纸深化：深化防火卷帘底部装饰材料与天花关系，深化墙面装饰材料与轨道收口节点处理，应根据项目设计要求和现场尺寸，深化天花造型定位图，确定顶部防火卷帘及墙面轨道定位尺寸。

3. 现场管控：根据深化图纸对防火卷帘及轨道进行强制定位，检查现场防火卷帘安装定位是否符合图纸要求，若现场不满足要求，则要及时提出整改意见。

➤ 工序策划

图纸深化 ➡ 设备安装 ➡ 龙骨安装 ➡ 隐蔽验收 ➡ 面层安装

1. 图纸深化：图纸深化：深化综合天花图，结合各专业提资图纸进行叠图，复核建筑图纸确保挡烟垂壁与防火卷帘符合规范要求，结合天花造型优化底部收口节点，确保收口美观实用。

2. 设备安装：根据各单位会签综合天花各专业单位进行挡烟垂壁、防火卷帘设备及轨道安装等施工作业。

3. 龙骨安装：根据吊顶标高施工挡烟垂壁、防火卷帘的钢架龙骨，其次安装主龙骨与次龙骨，随时检查骨的平整度；天花悬挑设计较多时需要用钢架进行加固，避免防火卷帘使用时破坏顶部天花。

4. 隐蔽验收：检查吊顶内的水、电、暖等机电设备管线是否按设计要求安装完毕，并验收合格。

5. 面层安装：安装防火卷帘底部面层材料，并调整卷帘的位置和高度，确保平整度和美观度。

➤ 质量通病与预防

通病现象	预防措施
焊接处焊渣未清理，出现焊瘤现象	发现后及时安排操作工人对其进行清理，不到位之处应重新焊接，并刷防锈漆
转化层钢架点焊	实施全员交底，加强现场的管控力度，发现问题立即制止并纠正；钢架接头处应满焊，及时清理焊渣，并刷"十"字防锈漆三遍

➤ 实景照片

电动挡烟垂壁

防火卷帘基层

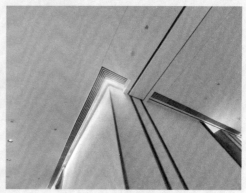
防火卷帘面层

A8

A8.8　石膏板吊顶风口构造

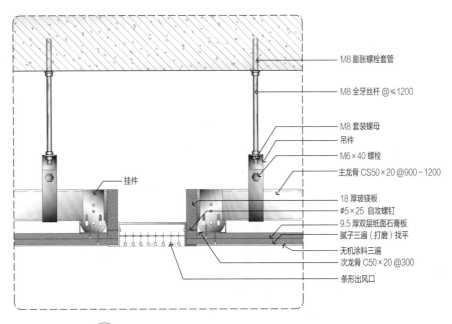

M8 膨胀螺栓套管

M8 全牙丝杆 @≤1200

M8 套装螺母
吊件
M6×40 螺栓
主龙骨 CS50×20 @900~1200
18 厚玻镁板
φ5×25 自攻螺钉
9.5 厚双层纸面石膏板
腻子三遍（打磨）找平
无机涂料三遍
次龙骨 C50×20 @300
条形出风口

挂件

S1　石膏板吊顶风口构造（条形风口）

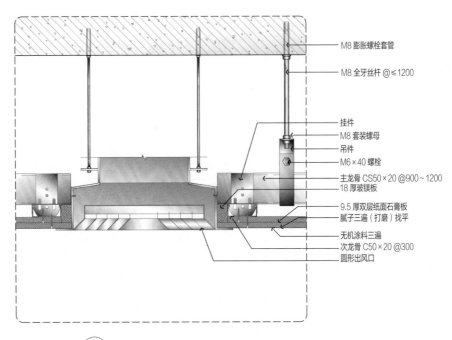

M8 膨胀螺栓套管

M8 全牙丝杆 @≤1200

挂件
M8 套装螺母
吊件
M6×40 螺栓
主龙骨 CS50×20 @900~1200
18 厚玻镁板
9.5 厚双层纸面石膏板
腻子三遍（打磨）找平
无机涂料三遍
次龙骨 C50×20 @300
圆形出风口

S2　石膏板吊顶风口构造（圆形风口）

➤ 适用范围

风口主要用于需要进行通风换气的场所，如商业办公楼、购物中心、酒店等。

➤ 工艺要求

1. 根据设计图纸和标高要求，确定风口的安装高度和位置。

2. 使用合适的固定件（如螺钉、膨胀螺栓等）将风口安装在墙壁或风管末端。

3. 确保风口安装牢固，与周围结构密封连接。

4. 条形风口上的装饰封堵内壁宜用黑色涂料进行喷黑处理。

➤ 施工步骤

1. 在地面确定风口、检修口、灯具的位置并弹线。

2. 确定吊杆位置排布，在天花标记吊杆位置，安装吊杆。

3. 用吊挂件安装主龙骨，接长应采取对接，相邻龙骨的对接接头要相互错开，主龙骨挂好后应基本调平。

4. 安装次龙骨时，接头应错开，龙骨要检查校平。

5. 安装风口基层加固边框，注意对装饰封堵内壁进行喷黑处理。

6. 安装第一层石膏板。

7. 错缝安装第二层石膏板，并且在预留凹槽位置断开石膏板安装铝嵌条。

8. 安装成品风口。

9. 用腻子填充石膏板自然留缝，并粘贴纸胶带加固。

10. 阴阳角处用 PVC 护角条加固，刮三遍腻子且进行打磨找平。

11. 刷涂料三遍。

➤ 材料规格

装饰面材：成品风口。

基层材料：主龙骨 CS50×20 mm、M8 膨胀螺栓套管、M8 全牙丝杆、9.5 mm 厚纸面石膏板、M6×40 mm 螺栓、18 mm 厚玻镁板、次龙骨 C50×20 mm、挂件、∅5 mm×25 mm 自攻螺钉、∅5 mm×35 mm 自攻螺钉、吊件。

➤ 材料图片

主龙骨　　条形风口　　圆形风口　　玻镁板

纸面石膏板　　挂件　　全牙丝杆　　吊件

➤ 模拟构造

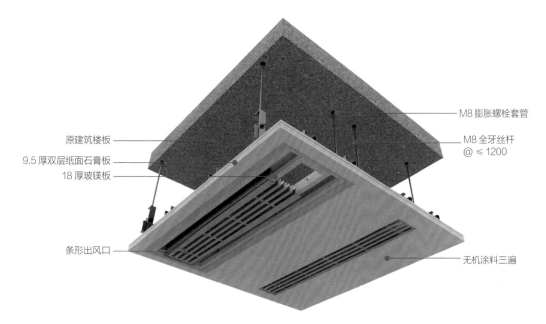

原建筑楼板
9.5 厚双层纸面石膏板
18 厚玻镁板
条形出风口
M8 膨胀螺栓套管
M8 全牙丝杆 @ ≤ 1200
无机涂料三遍

三维构造模型（石膏板吊顶条形风口构造）

A8.9 轻钢龙骨吊顶检修口构造

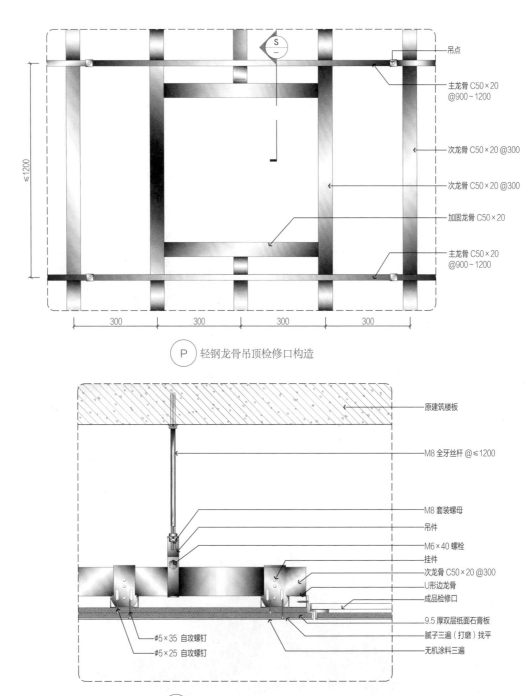

P 轻钢龙骨吊顶检修口构造

吊点

主龙骨 C50×20 @900~1200

次龙骨 C50×20 @300

次龙骨 C50×20 @300

加固龙骨 C50×20

主龙骨 C50×20 @900~1200

原建筑楼板

M8 全牙丝杆 @≤1200

M8 套装螺母

吊件

M6×40 螺栓

挂件

次龙骨 C50×20 @300

U形边龙骨

成品检修口

9.5 厚双层纸面石膏板

腻子三遍（打磨）找平

无机涂料三遍

φ5×35 自攻螺钉

φ5×25 自攻螺钉

S 轻钢龙骨吊顶检修口节点图

➤ 适用范围

轻钢龙骨吊顶检修口主要用于一些需要进行设备检修或更新的场所，如工业厂房、商场、酒店等大型建筑物。

➤ 工艺要求

1. 纸面石膏板吊顶和铝格栅吊顶都要开检修口，明龙骨矿棉板吊顶可以不开检修口。

2. 检修口应尽量选用成品，自制检修口必须在吊顶表面用金属压条收口，此项工作必须提前与相关人员沟通协商，避免完成顶面后再开口，既费工又费时。

3. 尽量把龙骨预留工作做在前面，减少后期开口带来的不必要的损失。

4. 若无特殊要求，一般选用成品隐框式石膏检修口或成品明框式的铝合金检修口。不得现场制作检修口。

➤ 施工步骤

1. 在地面确定风口、检修口、灯具的位置并弹线。

2. 确定吊杆位置排布，在天花标记吊杆位置，安装吊杆。

3. 用吊挂件安装主龙骨，接长时应采取对接的方式，相邻龙骨的对接接头要相互错开，主龙骨挂好后应基本调平。

4. 根据检修口尺寸，在检修口四周用次龙骨进行加固。

5. 安装成品检修口。

➤ 材料规格

装饰面材：涂料（如无机涂料、艺术涂料等）。

基层材料：主龙骨 C50×20 mm、M8 膨胀螺栓套管、M8 全牙丝杆、吊件、M6×40 mm 螺栓、次龙骨 C50×20 mm、加固龙骨 C50×20 mm、9.5 mm 厚纸面石膏板、定制 GRG 板检修口、⌀5 mm×25 mm 自攻螺钉、⌀5 mm×35 mm 自攻螺钉、水平连接件。

➤ 材料图片

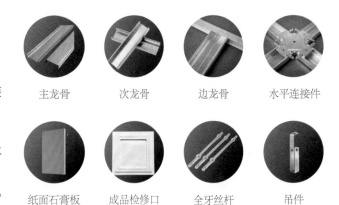

主龙骨　　次龙骨　　边龙骨　　水平连接件

纸面石膏板　成品检修口　全牙丝杆　　吊件

➤ 模拟构造

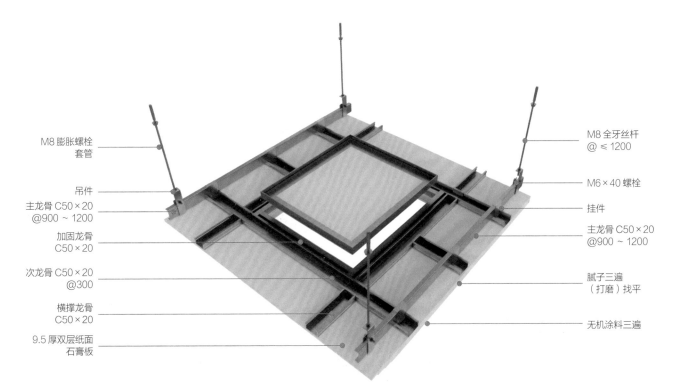

M8 膨胀螺栓套管

吊件

主龙骨 C50×20 @900～1200

加固龙骨 C50×20

次龙骨 C50×20 @300

横撑龙骨 C50×20

9.5 厚双层纸面石膏板

M8 全牙丝杆 @≤1200

M6×40 螺栓

挂件

主龙骨 C50×20 @900～1200

腻子三遍（打磨）找平

无机涂料三遍

三维构造模型

深化与施工要点

➤ 深化要点与管控

深化要点

1. 明确检修口与风口材质、开启方式、尺寸大小及加固方式。

2. 深化综合天花定位图，确定检修口与风口位置、数量等，出具位置示意图。

3. 根据现场尺寸及检修口与风口位置深化天花轻钢主龙骨排布图。

深化管控

1. 资料签收：检查各专业提资图纸是否已收集完毕。

2. 图纸深化：根据检修需求和天花布局，确定检修口的位置。通常检修口应设置在易于观察与操作且不影响美观的地方，如靠近空调、检修阀门等设备附近，确保检修口的尺寸适合未来维护的需要，同时考虑检修口盖板的样式与周围天花材料相匹配。深化天花检修口位置，与天花灯具、喷淋、烟感等机电点位设置在同一条线上；满足综合天花点位横平竖直、均分美观原则。

3. 机电配合：将装饰专业施工图纸与其他专业图纸进行叠图，检查点位是否缺失，初步确定检修口与风口定位方案，通过工程洽商会议明确下来。

4. 现场管控：检查现场检修口与风口定位是否符合图纸要求，若现场不满足要求，则要及时提出整改意见。

➤ 工序策划

图纸深化 → 设备安装 → 龙骨安装 → 隐蔽验收 → 面层安装

1. 图纸深化：综合天花图是进行天花图纸深化的基础；根据各专业图纸与各单位沟通协商后，绘制天花检修口及风口的安装位置、尺寸及造型。

2. 设备安装：根据各单位会签综合天花图，各专业单位进行消防主管／支管、强弱电桥架、机电管线布设及空调设备安装等施工作业。

3. 龙骨安装：在标记的检修口周边，根据实际情况可能需要增设附加吊杆或龙骨，以确保检修口的承重和稳定性。使用膨胀螺栓或专用固定件将吊杆固定在楼板或原有龙骨上。

4. 隐蔽验收：在封板前进行隐蔽工程验收，检查吊顶内的水、电、暖等设备管线是否按设计要求安装完毕，并验收合格。

5. 面层安装：将检修口与风口按照设计要求固定在龙骨上，确保平整度和美观度。

➤ 质量通病与预防

通病现象	预防措施
现场制作的检修口四周油漆处理粗糙，崩角、油漆脱落现象严重，四周留缝不匀	定制成品 GRG 板活动检修口，造型和色泽与天花的一致
检修口四周乳胶漆出裂缝，后期维修时检修口基层变形导致面层开裂	检修口四周需用次龙骨与主龙骨双层加固，以保证整体牢固。吊顶上人维修时避免踩在次龙骨上，以免基层变形引起面层开裂

➤ 实景照片

风口基层处理

侧出风风口

检修口安装

地面构造工艺

B1　石材地面构造

B1.1　石材干铺地面构造

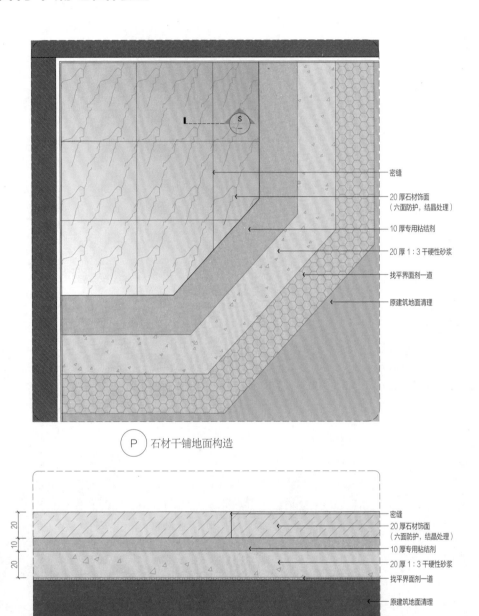

密缝

20 厚石材饰面
（六面防护，结晶处理）

10 厚专用粘结剂

20 厚 1∶3 干硬性砂浆

找平界面剂一道

原建筑地面清理

P　石材干铺地面构造

密缝
20 厚石材饰面
（六面防护，结晶处理）
10 厚专用粘结剂
20 厚 1∶3 干硬性砂浆
找平界面剂一道
原建筑地面清理

S　石材干铺节点图

▶ 适用范围

　　石材干铺地面适用于各种对美观、耐磨、易清洁要求较高的高档场所，如餐厅、商场、办公室、酒店、艺术馆、机场、医院等。

➤ 工艺要求

1. 依据签字确认的石材小样，严格把控下单石材的材质、加工质量、纹路、尺寸、六面防护等标准，超大板块石材必须进行加固处理。

2. 按照石材使用部位和安装顺序进行编号，选择较为平整的场地做预排，检查石材板块是否有色差和是否满足现场尺寸要求。

3. 干硬性水泥砂浆找平前，基层地面涂刷界面剂一道，以增加两者之间牢固度，找平层厚度不宜小于20 mm。

4. 石材铺贴应选用专用粘结剂，铺贴前对石材板块按编号进行试拼。

5. 完成石材铺贴后，为了增加美观度及满足耐久适用要求，需进行缝隙处理、面层结晶养护或镜面处理。

➤ 施工步骤

1. 现场清理，根据 1 m 标高线在墙上弹出地面完成标高线。

2. 根据石材大板和出材率进行排板。

3. 进行石材预拼排板。

4. 在地面弹出石材排布控制线，并确定地排风、伸缩缝、地灯等位置定位线。

5. 涂刷界面剂一道（100～150 g/m²）。

6. 灰饼及标筋定位后平铺 20 mm 厚 1：3 干硬性砂浆找平。

7. 在石材背面抹 10 mm 厚专用粘结剂。

8. 铺装 20 mm 厚石材（六面防护，结晶镜面处理）。

➤ 材料规格

装饰面材：20 mm 厚石材饰面。

基层材料：界面剂、1：3 干硬性水泥砂浆、石材专用粘结剂。

➤ 材料图片

石材饰面　　石材专用粘结剂　　界面剂

➤ 模拟构造

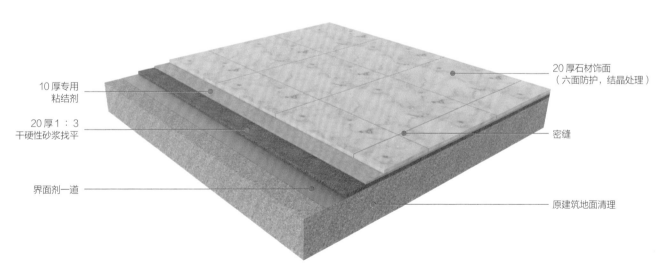

10 厚专用粘结剂

20 厚 1：3 干硬性砂浆找平

界面剂一道

20 厚石材饰面（六面防护，结晶处理）

密缝

原建筑地面清理

三维构造模型

B1.2 石材防水湿铺地面构造

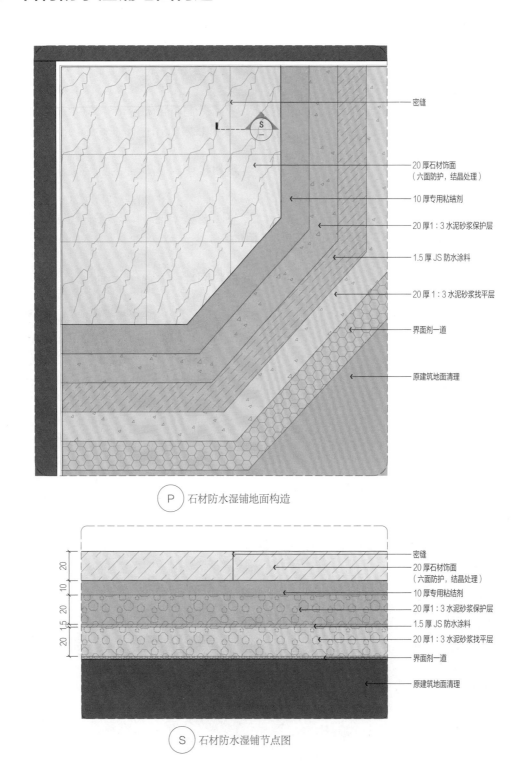

密缝

20 厚石材饰面
（六面防护，结晶处理）

10 厚专用粘结剂

20 厚1：3 水泥砂浆保护层

1.5 厚 JS 防水涂料

20 厚 1：3 水泥砂浆找平层

界面剂一道

原建筑地面清理

(P) 石材防水湿铺地面构造

密缝

20 厚石材饰面
（六面防护，结晶处理）

10 厚专用粘结剂

20 厚1：3 水泥砂浆保护层

1.5 厚 JS 防水涂料

20 厚1：3 水泥砂浆找平层

界面剂一道

原建筑地面清理

(S) 石材防水湿铺节点图

➤ 适用范围

石材防水湿铺地面适用于防水、防滑、易清洁和耐用的场所，如浴室、淋浴房、卫生间、厨房、涉水环境的医疗保健场所、游泳馆等。

➤ 工艺要求

1. 基层地面涂刷界面剂一道，灰饼打点进行水泥砂浆找平，厚度不宜小于 20 mm。为了延长防水层使用寿命，用水泥砂浆做 15 ~ 20 mm 厚保护层，通常在防水层完成两天后施工，作业前可在未干透的防水层撒上适量的中粗砂，这样可增加保护层的结构稳定性。

2. 将 1.5 mm 厚 JS 防水涂料（聚合物水泥防水涂料）分三道涂刷，每道施工都要等上一道干后才能进行。

3. 墙根阴角处需做圆角处理，对排水管根处及地漏处等接缝渗水风险较大的位置，进行细部防水处理。

4. 止水反坎采用水泥砂浆加防水进行施工，控制反坎宽度略窄于门垛，高度低于完成面 25 ~ 30 mm。在反坎周边外刷不小于 200 mm 宽的防水。

5. 石材铺贴应选用专用粘结剂，铺贴前对石材板块按编号进行试拼。

6. 完成石材地面后，为了增加美观度及满足耐久适用要求，需进行缝隙处理、面层结晶养护或镜面处理。

➤ 施工步骤

1. 现场清理，根据 1 m 标高线在墙上弹出地面完成标高线。

2. 涂刷界面剂一道（100 ~ 150 g/m²）。

3. 灰饼及标筋定位后平铺 20 mm 厚 1：3 水泥砂浆找平。

4. 将 1.5 mm 厚 JS 防水涂料分三道涂刷。

5. 灰饼及标筋定位后平铺 20 mm 厚 1：3 水泥砂浆保护。

6. 进行石材预拼排板，弹出石材排布控制线。

7. 在石材背面抹 10 mm 厚专用粘结剂。

8. 铺装 20 mm 厚石材，并进行六面防护和结晶镜面处理。

➤ 材料规格

装饰面材：20 mm 厚石材饰面。

基层材料：界面剂、1：3 水泥砂浆、JS 防水涂料、石材专用粘结剂。

➤ 材料图片

石材饰面　　石材专用粘结剂　　界面剂　　JS 防水涂料

➤ 模拟构造

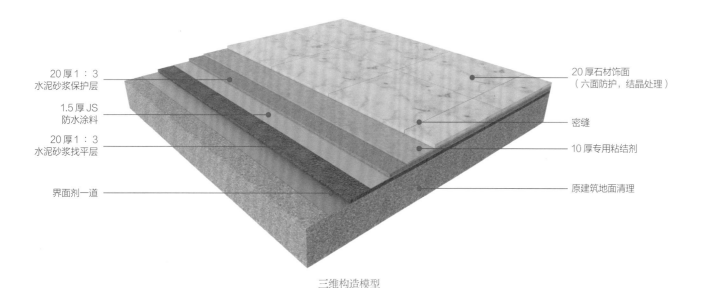

20 厚 1：3 水泥砂浆保护层

1.5 厚 JS 防水涂料

20 厚 1：3 水泥砂浆找平层

界面剂一道

20 厚石材饰面（六面防护，结晶处理）

密缝

10 厚专用粘结剂

原建筑地面清理

三维构造模型

B1.3 石材水地暖地面构造

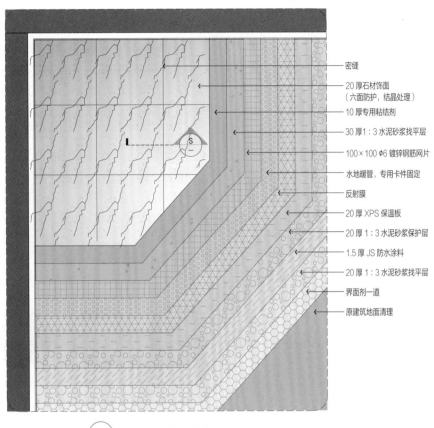

密缝

20 厚石材饰面
（六面防护，结晶处理）

10 厚专用粘结剂

30 厚1：3 水泥砂浆找平层

100×100 φ6 镀锌钢筋网片

水地暖管，专用卡件固定

反射膜

20 厚 XPS 保温板

20 厚 1：3 水泥砂浆保护层

1.5 厚 JS 防水涂料

20 厚 1：3 水泥砂浆找平层

界面剂一道

原建筑地面清理

P 石材水地暖地面构造

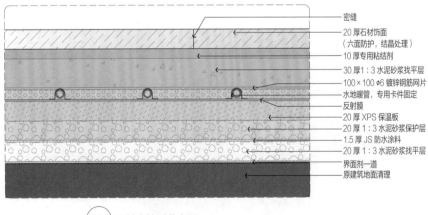

密缝

20 厚石材饰面
（六面防护，结晶处理）

10 厚专用粘结剂

30 厚1：3 水泥砂浆找平层
100×100 φ6 镀锌钢筋网片
水地暖管，专用卡件固定
反射膜
20 厚 XPS 保温板
20 厚 1：3 水泥砂浆保护层
1.5 厚 JS 防水涂料
20 厚 1：3 水泥砂浆找平层

界面剂一道

原建筑地面清理

S 石材水地暖节点图

➤ 适用范围

石材水地暖地面适用于寒冷地区住宅、办公室、商业场所、医疗机构、学校、酒店和休闲场所等。

➤ 工艺要求

1. 在地暖施工前，需要对地面进行检验和找平，确定温控器、分集水器、壁挂炉以及壁挂炉烟道孔等的位置。

2. 地暖施工过程中需要安装分集水器，铺设隔热板和边界膨胀带，以及地暖反射膜、盘管等。

3. 加热管直管段固定点的间距为 70 ~ 100 mm，弯曲管段固定点的间距为 20 ~ 30 mm，弯曲半径不小于 6 倍管外径。大于 90° 的弯曲管段的两端和中点均应固定。埋设的加热管禁止有接头。

4. 地暖施工完成后，需要进行连接主管、连接分水器、设置过门伸缩缝等工作，并进行中间试压和最终试压。

5. 当边长超过 6 m 或地面面积超过 30 m² 时，应设置伸缩缝，伸缩缝的宽度为 5 ~ 8 mm。

➤ 施工步骤

1. 现场清理，根据 1 m 标高线在墙上弹出地面完成标高线。

2. 涂刷界面剂一道（100 ~ 150 g/m³）。

3. 灰饼定位后平铺 20 mm 厚 1：3 水泥砂浆找平。

4. 1.5 mm 厚 JS 防水涂料分三道涂刷。

5. 灰饼定位后平铺 20 mm 厚 1：3 水泥砂浆保护。

6. 铺装 20 mm 厚 XPS 保温板（挤塑式聚苯乙烯隔热保温板），并平铺反射膜。

7. 用专用卡件固定盘布的水暖加热管。

8. 铺设 100 mm×100 mmØ6 mm 镀锌钢筋网片。

9. 灰饼及定位后平铺 30 mm 厚 1：3 水泥砂浆找平。

10. 进行石材预拼排板，并弹出石材排布控制线。

11. 在石材背面抹 10 mm 厚专用粘结剂。

12. 铺装 20 mm 厚石材并进行六面防护和结晶镜面处理。

➤ 材料规格

装饰面材：20 mm 厚石材饰面。

基层材料：界面剂、石材专用粘结剂、JS 防水涂料、20 mm 厚 XPS 保温板、反射膜、水地暖管、100 mm×100 mmØ6 mm 镀锌钢筋网片、水泥砂浆。

➤ 材料图片

石材饰面　　水地暖管　　反射膜　　XPS 保温板

镀锌钢筋网片　石材专用粘结剂　界面剂　JS 防水涂料

➤ 模拟构造

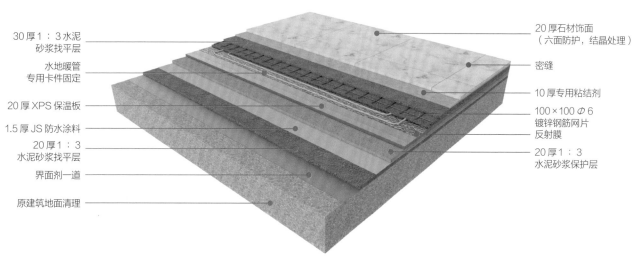

30 厚 1：3 水泥砂浆找平层
水地暖管专用卡件固定
20 厚 XPS 保温板
1.5 厚 JS 防水涂料
20 厚 1：3 水泥砂浆找平层
界面剂一道
原建筑地面清理

20 厚石材饰面（六面防护，结晶处理）
密缝
10 厚专用粘结剂
100×100 Ø6 镀锌钢筋网片
反射膜
20 厚 1：3 水泥砂浆保护层

三维构造模型

B1

深化与施工要点

➤ 深化要点与管控

深化要点

1. 确定地面石材小样及石材大板规格与石材纹理样式。

2. 根据现场尺寸及石材板幅深化石材排板图。

3. 深化地面石材铺贴节点做法及排布图。

4. 深化地面暖通、给水排水、机电等末端点位定位。

深化管控

1. 材料送样：根据送样石材小样确认石材大板规格与石材纹理是否需要对纹。

2. 图纸深化：根据图纸设计要求和现场尺寸，结合材料规格进行预排板，在原设计方案基础上优化损耗最小的石材分割方案，深化石材排板图，向厂家人员交底并提出石材加工要求；选择合理的加工方法，提前解决石材搭接处与其他材料的收口关系；与墙面交界的石材伸入墙内。

3. 机电配合：将装饰专业施工图纸与其他专业图纸进行叠图，检查点位是否缺失、隐蔽工程管路排布是否影响地面标高；根据石材排板来确定给排水、机电等设备的末端定位，依据末端定位布置预埋底盒及隐蔽构件等。

4. 现场管控 检查现场石材地面标高、排板、点位等是否符合图纸要求,若现场不满足要求,则要及时提出整改意见。

➤ 工序策划

图纸深化 ➡ **水电施工** ➡ **防水工程** ➡ **面层安装** ➡ **结晶养护**

1. 图纸深化：石材排板下单过程中，现场完成面线尺寸要精确、完整，排板方案应结合各专业提资图纸深化综合机电点位，在符合规范要求的同时要确保使用功能及整体美观；预先确定石材收口做法，做好边缘加工，注意墙面压地面；涉及开孔的必须有依据，满足粘结条件的石材应要求加工厂家做好开孔。

2. 水电施工：根据各单位会签地面管综布置图，各专业单位进行消防疏散指示、给水排水点与管路、地插、机电管线的布设及暖通地出风安装、隐蔽加固、水地暖安装等施工作业。

3. 防水工程：在地面防水施工中需要严格控制施工工艺，包括防水涂料的涂刷厚度和均匀性、卷材的铺贴和热熔等工艺要求。同时，还需要注意温度、湿度等环境因素对施工质量的影响。防水层必须进行闭水试验，试验时间不少于 24 h，待甲方及监理检查通过验收后，对防水层涂膜铺设水泥砂浆保护层，以防后续施工人员对防水层的破坏。

4. 面层安装：将地面石材按照排板图编号进行安装，确保平整和缝隙均匀，避免出现色差、爆边、断裂等缺陷的石材上墙。

5. 结晶养护：石材铺贴完后将其表面清洁干净，去除表面的灰尘、油渍、污垢等杂质，在安装墙面踢脚前使用打磨机对石材表面进行打磨，使其光滑平整，将专业的结晶剂均匀地涂布在石材表面上，并用高速旋转的结晶机进行结晶处理。

➤ 质量通病与预防

通病现象	预防措施
墙面石材与地面石材对角不通缝	进行精确现场测量，找出应该对缝的部位的尺寸偏差；针对现场尺寸偏差进行精确排板和加工；施工过程中优先控制关键点位的对缝，确保外观质量
地面大理石出现裂缝，时间久了会高低不平	石材地面一般在 8 ~ 10 m 合理设置伸缩缝；石材铺贴时基层应平整、无空鼓的现象，采用石材专用粘结剂镘刀铺贴，防止后期石材开裂；石材需做六面防护，防止水分进入石材导致裂缝扩大

➤ 实景照片

石材铺贴

石材地面

B1

B2 瓷砖地面构造

B2.1 瓷砖干铺地面构造

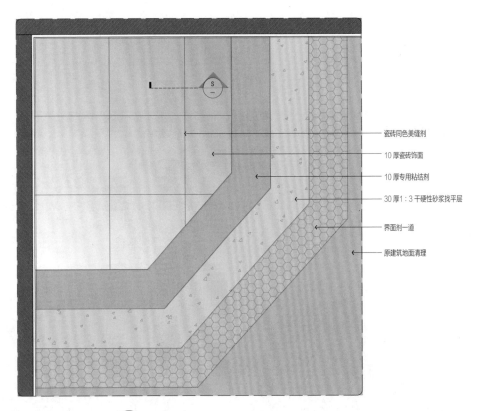

瓷砖同色美缝剂

10 厚瓷砖饰面

10 厚专用粘结剂

30 厚1:3 干硬性砂浆找平层

界面剂一道

原建筑地面清理

P 瓷砖干铺地面构造

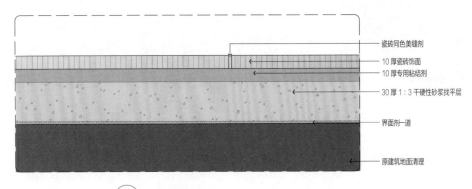

瓷砖同色美缝剂

10 厚瓷砖饰面

10 厚专用粘结剂

30 厚1:3 干硬性砂浆找平层

界面剂一道

原建筑地面清理

S 瓷砖干铺节点图

➤ 适用范围

瓷砖干铺地面适用于各种美观、耐磨、易清洁和需要高档感的场所，如住宅、办公室、商场、图书馆、医院等。

▶ 工艺要求

1. 依据签字确认的材料小样，严格检查瓷砖是否有孔洞、缺釉、裂纹等缺陷，以便进行修补或替换。

2. 干硬性水泥砂浆找平前，基层地面涂刷界面剂一道，以增加两者之间牢固度，找平层厚度不宜小于 20 mm。

3. 保证干硬性水泥砂浆的水泥与砂的配比为 1：3，以确保基层的平整度和牢固度。

4. 瓷砖铺贴应选用专用粘结剂，铺贴前对瓷砖板块按顺纹方向进行试拼。

5. 去除瓷砖之间的灰尘、杂物，用瓷砖美缝剂填满缝隙，并擦缝。

▶ 施工步骤

1. 现场清理，根据 1 m 标高线在墙上弹出地面完成标高线。

2. 瓷砖预拼排板。

3. 在地面弹出瓷砖排布控制线，并确定地排风、伸缩缝、地灯等位置定位线。

4. 涂刷界面剂一道（100 ~ 150 g/m³）。

5. 灰饼及标筋定位后平铺 30 mm 厚 1：3 干硬性砂浆找平。

6. 在瓷砖背面抹 10 mm 厚专用粘结剂。

7. 铺装 10 mm 厚瓷砖（美缝、擦缝）。

▶ 材料规格

装饰面材：10 mm 厚瓷砖饰面。

基层材料：界面剂、瓷砖专用粘结剂、瓷砖同色美缝剂、1：3 干硬性砂浆。

▶ 材料图片

瓷砖饰面　　瓷砖专用粘结剂　　界面剂　　瓷砖同色美缝剂

▶ 模拟构造

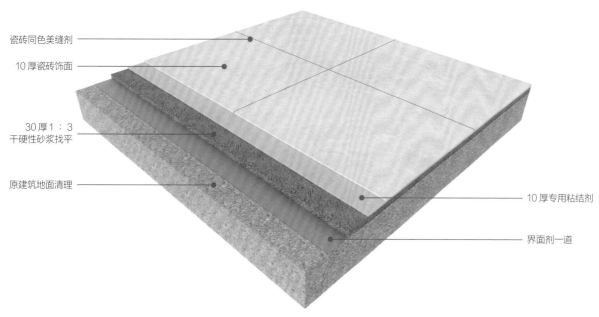

瓷砖同色美缝剂

10 厚瓷砖饰面

30 厚 1：3 干硬性砂浆找平

原建筑地面清理

10 厚专用粘结剂

界面剂一道

三维构造模型

B2

B2.2 瓷砖防水湿铺地面构造

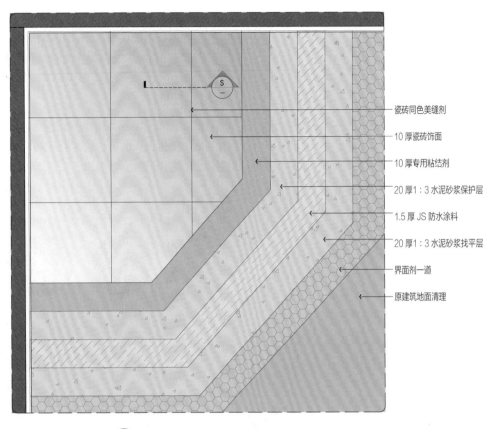

瓷砖同色美缝剂

10 厚瓷砖饰面

10 厚专用粘结剂

20 厚1:3 水泥砂浆保护层

1.5 厚 JS 防水涂料

20 厚1:3 水泥砂浆找平层

界面剂一道

原建筑地面清理

(P) 瓷砖防水湿铺地面构造

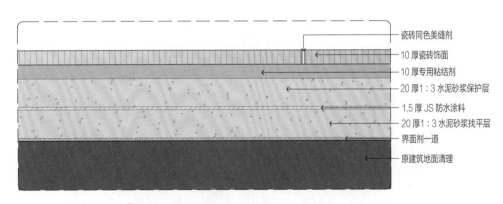

瓷砖同色美缝剂

10 厚瓷砖饰面

10 厚专用粘结剂

20 厚1:3 水泥砂浆保护层

1.5 厚 JS 防水涂料

20 厚1:3 水泥砂浆找平层

界面剂一道

原建筑地面清理

(S) 瓷砖防水湿铺节点图

➤ 适用范围

瓷砖防水湿铺地面适用于防水、防滑、易清洁和耐用的场所，如卫生间、涉水环境的医疗保健场所等。

➤ 工艺要求

1. 基层地面涂刷界面剂一道,灰饼打点进行水泥砂浆找平,厚度不宜小于 20 mm。为了延长防水层使用寿命,用水泥砂浆做 15 ~ 20 mm 保护层,通常在防水层完成两天后施工,作业前可在未干透的防水层撒上适量的中粗砂,以增加保护层的结构稳定性。

2. 将 1.5 mm 厚 JS 防水层分三道涂刷,每道施工要等上一道干后才能进行。

3. 对墙根阴角处、排水管根处及地漏处等接缝渗水风险较大处进行 300 mm 范围的二次涂刷处理。

4. 止水反坎采用水泥砂浆加防水进行施工,控制反坎宽度略窄于门垛,高度低于完成面 25 ~ 30 mm。在反坎周边外刷不小于 200 mm 宽的防水。

5. 瓷砖铺贴应选用专用粘结剂,铺贴前对瓷砖板块按顺纹方向进行试拼。

6. 用瓷砖美缝剂填满缝隙,并擦缝。

➤ 施工步骤

1. 现场清理,根据 1 m 标高线在墙上弹出地面完成标高线。

2. 涂刷界面剂一道（100 ~ 150 g/m³）。

3. 灰饼及标筋定位后平铺 20 mm 厚 1 : 3 水泥砂浆找平。

4. 将 1.5 mm 厚 JS 防水层分三道涂刷。

5. 灰饼及标筋定位后平铺 20 mm 厚 1 : 3 水泥砂浆保护。

6. 进行瓷砖预拼排板,弹出瓷砖排布控制线。

7. 在瓷砖背面抹 10 mm 厚专用粘结剂。

8. 铺装 10 mm 厚瓷砖（美缝、擦缝）。

➤ 材料规格

装饰面材: 10 mm 厚瓷砖饰面。

基层材料: 界面剂、瓷砖专用粘结剂、JS 防水涂料、瓷砖同色美缝剂、1 : 3 水泥砂浆。

➤ 材料图片

瓷砖饰面　　瓷砖专用粘结剂　　界面剂　　瓷砖同色美缝剂

➤ 模拟构造

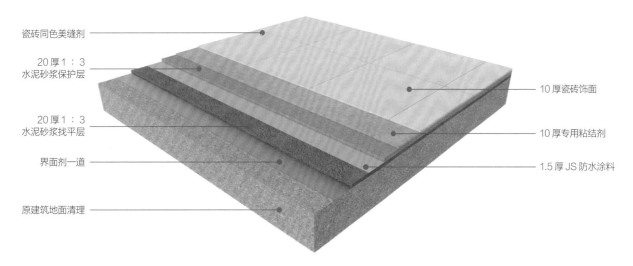

瓷砖同色美缝剂

20 厚 1 : 3 水泥砂浆保护层

20 厚 1 : 3 水泥砂浆找平层

界面剂一道

原建筑地面清理

10 厚瓷砖饰面

10 厚专用粘结剂

1.5 厚 JS 防水涂料

三维构造模型

B2.3　瓷砖水地暖地面构造

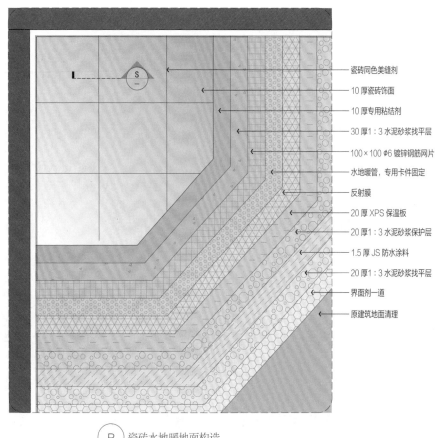

瓷砖同色美缝剂
10 厚瓷砖饰面
10 厚专用粘结剂
30 厚 1:3 水泥砂浆找平层
100×100 φ6 镀锌钢筋网片
水地暖管，专用卡件固定
反射膜
20 厚 XPS 保温板
20 厚 1:3 水泥砂浆保护层
1.5 厚 JS 防水涂料
20 厚 1:3 水泥砂浆找平层
界面剂一道
原建筑地面清理

P　瓷砖水地暖地面构造

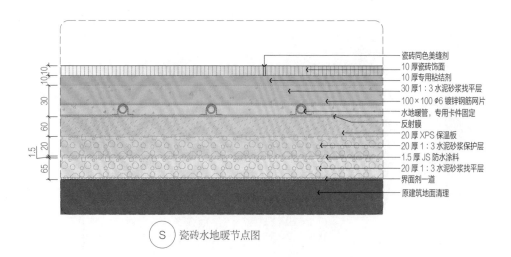

瓷砖同色美缝剂
10 厚瓷砖饰面
10 厚专用粘结剂
30 厚 1:3 水泥砂浆找平层
100×100 φ6 镀锌钢筋网片
水地暖管，专用卡件固定
反射膜
20 厚 XPS 保温板
20 厚 1:3 水泥砂浆保护层
1.5 厚 JS 防水涂料
20 厚 1:3 水泥砂浆找平层
界面剂一道
原建筑地面清理

S　瓷砖水地暖节点图

➤ 适用范围

　　瓷砖水地暖地面适用于寒冷地区住宅、办公室、商业场所、医疗机构、学校、酒店和休闲场所等。

➤ 工艺要求

1. 在地暖施工前，需要对地面进行检验和找平，确定温控器、分集水器、壁挂炉以及壁挂炉烟道孔等的位置。

2. 在地暖施工过程中需要安装分集水器、铺设绝热板和边界膨胀带、铺设地暖反射膜、铺设盘管等。

3. 加热管直管段固定点的间距为 70 ~ 100 mm，弯曲管段固定点的间距为 20 ~ 30 mm，弯曲半径不小于 6 倍管外径。大于 90° 的弯曲管段的两端和中点均应固定。埋设的加热管禁止有接头。

4. 地暖施工完成后，需要进行连接主管、连接分水器、设置过门伸缩缝等工作，并进行中间试压和最终试压。

5. 当边长超过 6 m 或地面面积超过 30 m² 时，应设置伸缩缝，伸缩缝的宽度为 5 ~ 8 mm。

➤ 施工步骤

1. 现场清理，根据 1 m 标高线在墙上弹出地面完成标高线。

2. 涂刷界面剂一道（100 ~ 150 g/m³）。

3. 灰饼定位后平铺 20 mm 厚 1：3 水泥砂浆找平。

4. 将 1.5 mm 厚 JS 防水层分三道涂刷。

5. 灰饼定位后平铺 20 mm 厚 1：3 水泥砂浆保护。

6. 铺装 20 mm 厚 XPS 保温板，并平铺反射膜。

7. 用专用卡件固定盘布的水暖加热管。

8. 铺设 100 mm × 100 mm ∅6 镀锌钢筋网片。

9. 灰饼及定位后平铺 20 mm 厚 1：3 水泥砂浆找平。

10. 进行瓷砖预拼排板，弹出瓷砖排布控制线。

11. 在瓷砖背面抹 10 mm 厚专用粘结剂。

12. 铺装 10 mm 厚瓷砖（美缝、擦缝）。

➤ 材料规格

装饰面材：瓷砖饰面。

基层材料：界面剂、JS 防水涂料、瓷砖专用粘结剂、20 mm 厚 XPS 保温板、反射膜、水地暖管、100 mm × 100 mm ∅6 mm 镀锌钢筋网片、瓷砖同色美缝剂、1：3 水泥砂浆。

➤ 材料图片

瓷砖饰面　　水地暖管　　反射膜　　XPS 保温板

镀锌钢筋网片　　石材专用粘结剂　　界面剂　　JS 防水涂料

➤ 模拟构造

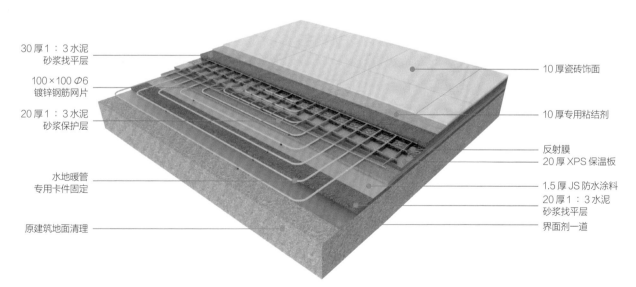

30 厚 1：3 水泥砂浆找平层
100×100 ∅6 镀锌钢筋网片
20 厚 1：3 水泥砂浆保护层
水地暖管专用卡件固定
原建筑地面清理

10 厚瓷砖饰面
10 厚专用粘结剂
反射膜
20 厚 XPS 保温板
1.5 厚 JS 防水涂料
20 厚 1：3 水泥砂浆找平层
界面剂一道

三维构造模型

B2

深化与施工要点

➤ 深化要点与管控

深化要点

1. 根据材料小样确定瓷砖规格与瓷砖纹理样式。

2. 根据现场尺寸及瓷砖板幅深化瓷砖排板图。

3. 深化地面瓷砖铺贴节点做法及地面材质收口。

4. 深化地面插座、消防疏散指示、空调出回风口、给水排水点位等末端定位。

深化管控

1. 材料送样：根据送样瓷砖小样确认瓷砖规格与瓷砖纹理是否需要对纹。

2. 图纸深化：根据图纸设计要求和现场尺寸，结合材料规格进行预排板，在原设计方案基础上将其优化为损耗最小的瓷砖分割方案；深化瓷砖排板图，整合瓷砖加工尺寸，安排专业加工厂家进行瓷砖预切割；提前解决瓷砖与其他材料搭接处的收口；与墙面交界的瓷砖要伸入墙内。

3. 机电配合：将装饰专业施工图纸与其他专业图纸进行叠图，检查点位是否缺失、隐蔽工程管路排布是否影响地面标高；根据瓷砖排板来确定地面插座、消防疏散指示、空调出回风口、给水排水点位等末端定位，依据末端定位布置预埋底盒及隐蔽构件等。

4. 现场管控：检查现场瓷砖地面标高、排板、机电点位等定位是否符合图纸要求，若现场不满足要求，则要及时提出整改意见。

➤ 工序策划

图纸深化 ➡ 水电施工 ➡ 防水工程 ➡ 隐蔽验收 ➡ 面层安装

1. 图纸深化：瓷砖排板下单过程中，现场完成面线尺寸要精确、完整，排板方案应结合各专业提资图纸深化综合机电点位，在符合规范要求的同时要确保使用功能及整体美观；预先确定瓷砖收口做法，做好边缘加工，注意墙面压地面；涉及开孔的必须有依据，对于满足粘结条件的瓷砖要求加工厂家做好开孔。

2. 水电施工：根据各单位会签地面管综布置图，各专业单位进行消防安全、给水排水点与管路、强弱电插座、机电管线的布设及暖通地出风安装、隐蔽加固、水地暖安装等施工作业。

3. 防水工程：在地面防水施工中需要严格控制施工工艺，包括防水涂料的涂刷厚度和均匀性、卷材的铺贴和热熔等工艺要求。同时，还需要注意温度、湿度等环境因素对施工质量的影响。

4. 隐蔽验收：除水地暖安装外所有隐蔽管线管路布设宜在水泥砂浆找平前完成；检查地面的水、电、风等设备管线是否按设计要求安装完毕，并验收合格。防水层必须进行闭水试验，试验时间不少于 24 h，待甲方及监理检查通过验收后，对防水层涂膜铺设水泥砂浆保护层，以防后续施工人员对防水层的破坏。

5. 面层安装：将地面瓷砖按照签字确认的排板图进行安装，确保平整和缝隙均匀，避免使用有色差、爆边、断裂等缺陷的瓷砖。

➤ 质量通病与预防

通病现象	预防措施
地面瓷砖用空鼓锤敲击后有空鼓声音，且空鼓面积超过总面积的5%	瓷砖背面清理干净用界面剂涂刷并晾干；采用瓷砖专用粘结剂施工，粘结剂按使用说明书进行配料，瓷砖之间留缝不宜小于1.5 mm，用瓷砖同色美缝剂填缝；当边长超过6 m或地面面积超过30 m^{2}时，应设置伸缩缝，伸缩缝的宽度为5～8 mm，用瓷砖同色美缝剂填缝；靠墙、靠柱应留宽10 mm以上的缝隙，用踢脚线遮盖；铺贴后应做好成品保护，完全凝固前禁止上人

➤ 实景照片

水地暖基层

瓷砖面层

B3 地板地面构造

B3.1 实木复合地板地面构造

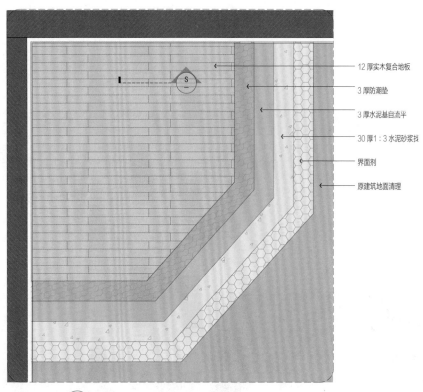

12 厚实木复合地板

3 厚防潮垫

3 厚水泥基自流平

30 厚1:3 水泥砂浆找

界面剂

原建筑地面清理

P 实木复合地板地面构造

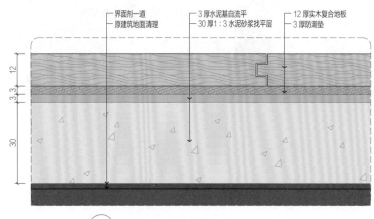

界面剂一道
原建筑地面清理

3 厚水泥基自流平
30 厚1:3 水泥砂浆找平层

12 厚实木复合地板
3 厚防潮垫

S 实木复合地板节点图

➤ 适用范围

实木复合地板适用于各种需要体现装修档次,同时又受装修预算限制,还要求便于维护保养的装修项目,如会所、咖啡厅、茶社、家庭装修等。

➤ 工艺要求

1. 在实木复合地板上铺设双层防潮膜，背面的防潮膜用来防潮，正面的防潮膜一方面可以防潮，另一方面还可以提升复合实木地板的舒适度。

2. 根据设计图纸确定实木复合地板的位置，画出中心线和边线。

3. 在两块地板的接口处，涂上地板固定专用的胶水，同时从侧面对地板进行敲打，这可以让地板之间的接缝变得更小。除对地板之间的接缝有要求之外，对地板与墙面之间的接缝也有很严格的要求，一般要求在 8 ~ 10 mm 之间。

4. 水泥基自流平平整度不应大于 3 mm，施工厚度不应小于 3 mm，抗压强度不应小于 20 MPa。

5. 坡度不大于 1.5% 的地面可使用水泥基自流平地面，坡度在 1.5% ~ 5% 的地面先进行环氧底涂撒砂处理，并调整水泥基自流平稠度；坡度大于 5% 的地面不允许使用水泥基自流平。

➤ 施工步骤

1. 现场清理，根据 1 m 标高线在墙上弹出地面完成标高线。

2. 涂刷界面剂一道（100 ~ 150 g/m³）。

3. 灰饼及标筋定位后平铺 30 mm 厚 1 : 3 水泥砂浆找平。

4. 铺设 3 mm 厚水泥基自流平。

5. 铺设 3 mm 厚防潮垫。

6. 安装 12 mm 厚实木复合地板。

➤ 材料规格

装饰面材：12 mm 厚实木复合地板。

基层材料：界面剂、3 mm 厚水泥基自流平、3 mm 厚防潮垫、1 : 3 水泥砂浆。

➤ 材料图片

实木复合地板　　　防潮垫　　　　界面剂

➤ 模拟构造

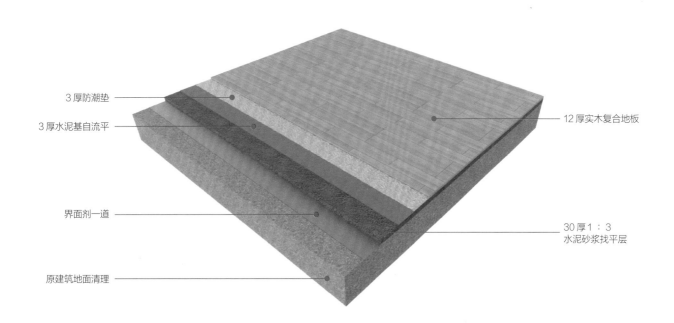

3 厚防潮垫

3 厚水泥基自流平

界面剂一道

原建筑地面清理

12 厚实木复合地板

30 厚 1 : 3 水泥砂浆找平层

三维构造模型

B3.2 实木地板地面构造

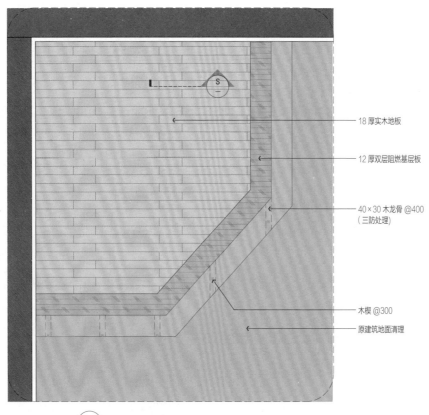

18 厚实木地板

12 厚双层阻燃基层板

40×30 木龙骨 @400（三防处理）

木楔 @300

原建筑地面清理

P 实木地板地面构造

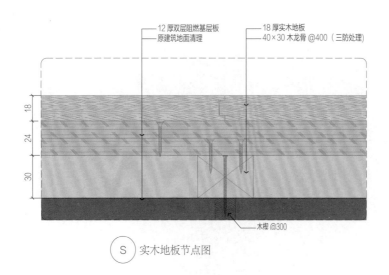

12 厚双层阻燃基层板
原建筑地面清理

18 厚实木地板
40×30 木龙骨 @400（三防处理）

木楔 @300

S 实木地板节点图

▶ **适用范围**

实木地板适用于住宅空间的卧室、客厅、书房，还适用于高档办公室、托儿所、舞蹈室等。

➤ 工艺要求

1. 实木地板分为条材、块材或拼花等，可采用龙骨铺装法、悬浮铺装法、高架铺装法，将实木地板铺装在垫层上，或采用粘胶直铺法将实木地板铺装在基层上。

2. 面层铺装前应对地板材料进行选配，铺装方向、拼图图案均应符合设计要求。

3. 当地板面层与任何垂直的墙面相交时，必须预留8～12 mm 宽伸缩缝。

4. 企口拼装的实木地板，固定时应从凸榫处以30°～45°斜向钉入；实木地板应先钻孔，孔径应略小于地板钉直径，地板钉长度宜为板厚的 2.5 倍，钉帽应砸扁，冲入板内。

5. 在龙骨上铺装实木地板时，相邻板块接头应相互错开，纵向拼装宜相互排紧。

6. 设计无要求时，地板沿长度所搁置的每根龙骨上应有一个固定点，板的端头凸榫处应各加钉一个钉固定。

➤ 施工步骤

1. 现场清理，根据 1 m 标高线在墙上弹出地面完成标高线。

2. 楼板钻孔，嵌入木楔，木楔间距为 300 mm。

3. 安装固定 30 mm×40 mm 木龙骨（三防处理）。

4. 铺设双层 12 mm 厚阻燃基层板。

5. 安装 18 mm 厚实木地板。

➤ 材料规格

装饰面材：18 mm 厚实木地板。

基层材料：30 mm×40 mm 木龙骨、12 mm 厚阻燃基层板、木楔。

➤ 材料图片

实木地板　　　阻燃基层板　　　木龙骨

➤ 模拟构造

12 厚双层阻燃基层板

40×30 木龙骨
@400（三防处理）

木楔 @ 300

18 厚实木地板

原建筑地面清理

三维构造模型

B3.3　实木复合地板水地暖地面构造

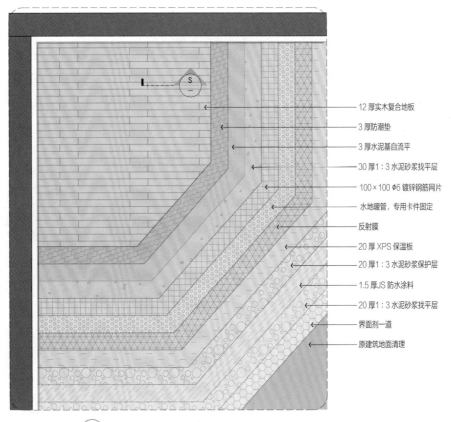

12 厚实木复合地板
3 厚防潮垫
3 厚水泥基自流平
30 厚1:3 水泥砂浆找平层
100×100 φ6 镀锌钢筋网片
水地暖管，专用卡件固定
反射膜
20 厚 XPS 保温板
20 厚1:3 水泥砂浆保护层
1.5 厚JS 防水涂料
20 厚1:3 水泥砂浆找平层
界面剂一道
原建筑地面清理

（P）实木复合地板水地暖地面构造

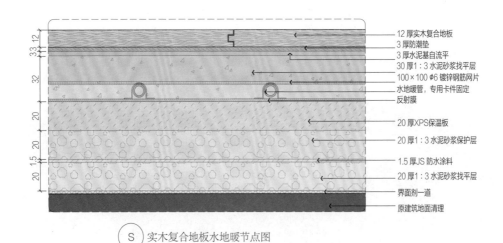

12 厚实木复合地板
3 厚防潮垫
3 厚水泥基自流平
30 厚1:3 水泥砂浆找平层
100×100 φ6 镀锌钢筋网片
水地暖管，专用卡件固定
反射膜
20 厚XPS保温板
20 厚1:3 水泥砂浆保护层
1.5 厚JS 防水涂料
20 厚1:3 水泥砂浆找平层
界面剂一道
原建筑地面清理

（S）实木复合地板水地暖节点图

➤ 适用范围

实木复合地板水地暖地面适用于寒冷地区对水地暖有需要，同时又受装修预算限制，还要求便于维护保养的装修项目，如会所、咖啡厅、茶社、家庭装修等。

➤ 工艺要求

1. 在地暖施工前，需要对地面进行检验和找平，确定温控器、分集水器、壁挂炉以及壁挂炉烟道孔等的位置。

2. 加热管直管段固定点的间距为 70 ~ 100 mm，弯曲管段固定点的间距为 20 ~ 30 mm，弯曲半径不小于 6 倍管外径。大于 90° 的弯曲管段的两端和中点均应固定。埋设的加热管禁止有接头。

3. 当边长超过 6m 或地面面积超过 30 m² 时，应设置伸缩缝，伸缩缝的宽度为 5 ~ 8 mm。

4. 水泥基自流平平整度不应大于 3 mm，施工厚度不应小于 3 mm，抗压强度不应小于 20 MPa。

5. 坡度不大于 1.5% 的地面可使用水泥基自流平地面，坡度在 1.5% ~ 5% 的地面先进行环氧底涂撒砂处理，并调整水泥基自流平稠度；坡度大于 5% 的地面不允许使用水泥基自流平。

➤ 施工步骤

1. 现场清理，根据 1 m 标高线在墙上弹出地面完成标高线。

2. 涂刷界面剂一道（100 ~ 150 g/m³）。

3. 灰饼定位后平铺 20 mm 厚 1：3 水泥砂浆找平。

4. 将 1.5 mm 厚 JS 防水涂料分三道涂刷。

5. 灰饼定位后平铺 20 mm 厚 1：3 水泥砂浆保护。

6. 铺装 20 mm 厚 XPS 保温板，并平铺反射膜。

7. 用专用卡件固定盘布的水暖加热管。

8. 铺设 100 mm×100 mm Ø6 mm 镀锌钢筋网片。

9. 灰饼及定位后平铺 30 mm 厚 1：3 水泥砂浆找平。

10. 铺设 3 mm 厚水泥基自流平。

11. 铺设 3 mm 厚防潮垫。

12. 铺装 12 mm 厚实木复合地板。

➤ 材料规格

装饰面材：12 mm 厚实木复合地板。

基层材料：界面剂、3 mm 厚防潮垫、水泥基自流平、100 mm×100 mm Ø6 mm 镀锌钢筋网片、水地暖管、反射膜、20 mm 厚 XPS 保温板、1：3 水泥砂浆、JS 防水涂料。

➤ 材料图片

实木地板　　水地暖管　　反射膜　　防潮垫

XPS 保温板　　镀锌钢筋网片　　界面剂　　JS 防水涂料

➤ 模拟构造

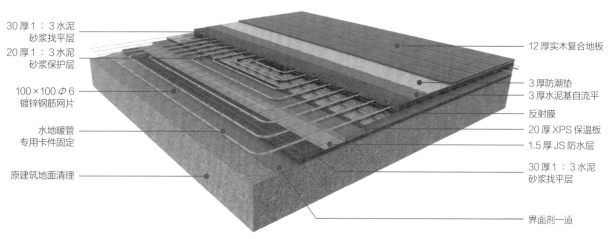

30 厚 1：3 水泥砂浆找平层
20 厚 1：3 水泥砂浆保护层
100×100 Ø6 镀锌钢筋网片
水地暖管专用卡件固定
原建筑地面清理

12 厚实木复合地板
3 厚防潮垫
3 厚水泥基自流平
反射膜
20 厚 XPS 保温板
1.5 厚 JS 防水层
30 厚 1：3 水泥砂浆找平层
界面剂一道

三维构造模型

B3.4 防腐木地面构造

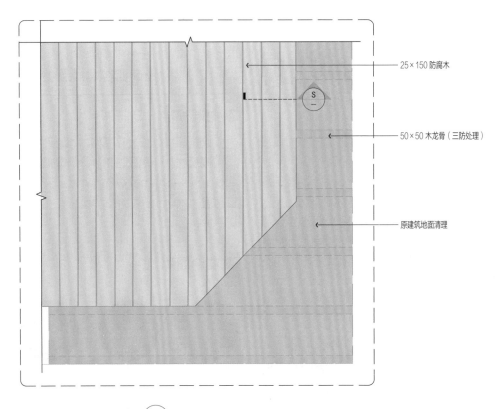

25×150 防腐木

50×50 木龙骨（三防处理）

原建筑地面清理

（P）防腐木地面构造

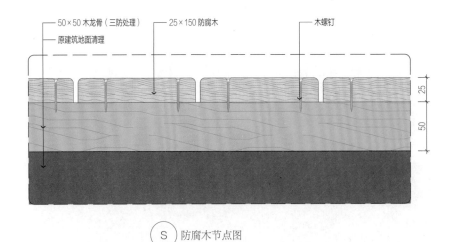

50×50 木龙骨（三防处理)　25×150 防腐木　　　木螺钉

原建筑地面清理

25

50

（S）防腐木节点图

▶ 适用范围

防腐木在住宅装修中常被使用，常用于阳台地面、花园地台及道路、梯步、公园亭台楼榭、桥梁、花坛花箱、树池、路边休闲桌椅等的制作和装修。

➤ 工艺要求

1. 防腐木应选择具有防腐、耐用、防虫等特点的木材，如北欧赤松、俄罗斯樟子松、老美松、黄松等。

2. 木材应进行高压真空防腐处理，防腐剂采用以铜化物及氯化烷基铵为主要成分的防腐剂，防腐剂载药量不少于 6.5 kg/m³。

3. 每罐木材应从上、中、下位置各钻取一个样品，取样应距木材端头 30 cm 以上处锯切或钻孔，钻孔取样深度不应小于 25 mm，用显色法检查防腐剂侵入木材的深度，钻取木芯后，洞孔应用相同种类的防腐木栓堵紧。

4. 户外木材应在户外阴干到与外界环境的湿度大体相同的程度再施工，以避免安装后出现较大的变形和开裂。

5. 每块板与龙骨接触处需用两颗钉连接，所有连接应使用镀锌连接件或不锈钢连接件及五金制品，以抗腐蚀，不能使用不同金属件，否则很快就会生锈。尽可能使用防腐木材现有尺寸，若需现场加工，应使用相应的防腐剂充分涂刷所有切口及孔洞，以保证防腐木材的使用寿命。

➤ 施工步骤

1. 现场清理，根据 1 m 标高线在墙上弹出地面完成标高线。

2. 安装 50 mm×50 mm 木龙骨，进行防火、防腐、防蛀处理。

3. 安装 25 mm 厚防腐木。

➤ 材料规格

装饰面材：25 mm×150 mm 防腐木。

基层材料：50 mm×50 mm 木龙骨、木螺钉。

➤ 材料图片

防腐木　　　　　木龙骨

➤ 模拟构造

50×50 木龙骨
（三防处理）

木螺钉

原建筑地面清理

25×150
防腐木

三维构造模型

B3

深化与施工要点

➤ 深化要点与管控

深化要点

1. 根据设计图纸，对木地板的细部尺寸、材质、颜色、纹理等进行详细设计。

2. 根据实际施工环境和使用需求，对设计方案进行调整和优化。

3. 根据设计方案，明确木地板的施工工艺流程和方法。

4. 在进行木地板深化设计时，应考虑与其他专业的配合，如建筑、结构、给水排水、电气等专业，确保木地板施工不会影响其他专业的施工。

深化管控

1. 资料签收：检查各专业提资图纸是否已收集完毕。

2. 排板深化：木地板铺装需要按照设计要求进行铺装排板，包括地板的纹理、颜色、大小、拼装图案等方面。

3. 机电配合：将装饰专业施工图纸与其他专业图纸进行叠图，检查点位是否缺失、隐蔽工程管路排布是否影响地面标高；根据木地板排板来确定地面插座、消防疏散指示、空调出回风口、给水排水点位等末端定位，依据末端定位布置预埋底盒及隐蔽构件等。

4. 现场管控：检查现场地板地面标高、排板、机电点位等定位是否符合图纸要求，若现场不满足要求，则要及时提出整改意见。

➤ 工序策划

方案深化 ➡ 隐蔽施工 ➡ 隐蔽验收 ➡ 水泥基自流平 ➡ 面层安装

1. 方案深化：根据设计图纸要求，对木地板的施工工艺进行严格把控，包括地面处理、龙骨安装、地板铺设等环节。要确保施工工艺符合规范和设计要求，保证施工质量。

2. 隐蔽施工：根据各单位会签地面管综布置图，各专业单位进行消防安全、给水排水点与管路、强弱电插座、机电管线的布设及暖通地出风安装、隐蔽加固、水地暖安装等施工作业。

3. 隐蔽验收：除水地暖安装外所有隐蔽管线管路布设宜在水泥砂浆找平前完成；检查地面的水、电、风等设备管线是否按设计要求安装完毕，并验收合格。

4. 水泥基自流平：自流平地面必须连续施工，中间不得停歇；加水后使用时间为 20 ~ 30 min，超过后自流平砂浆将逐渐凝固。浇筑宽度通常不超过 10 m，过宽的地面需用海绵条分隔成小块施工。

5. 面层安装：为了避免潮气侵蚀木地板，在铺设木地板前，需满铺一层 3 mm 厚防潮垫层。在铺好第一排地板之后，应该拉平行直线来测量地板铺得是否平整，也可以拿把直尺竖在地板上，看看地板之间有无缝隙，一定要确保平整。如果发现有不平整的地方，必须立刻调整，否则会影响后期使用体验。

➤ 质量通病与预防

通病现象	预防措施
用胶粘法铺贴的木地板起拱，行走时能感觉出胶与地面间粘连、脱胶	1. 实木地板或实木复合地板铺设在水泥类基层上时，基层表面应坚硬、平整、洁净不起砂，表面含水率不应大于 8%；必要时表面应涂刷界面剂。 2. 实木地板的含水率应符合下列条件：7.0% 至我国各使用地区的木材平衡含水率；实木复合地板的含水率应符合下列条件：5.0% ~ 14.0%。 3. 木地板铺帖时，实木地板与墙、柱间应预留 8 ~ 12 mm 宽的伸缩缝，实木复合地板与墙、柱间应预留 10 mm 宽的伸缩缝；可采用粘结强度高、变形性能好的聚氨酯类粘结剂铺设木地板

➤ 实景照片

实木复合地板安装

实木复合地板地面

B4　地毯地面构造

B4.1　块毯地面构造

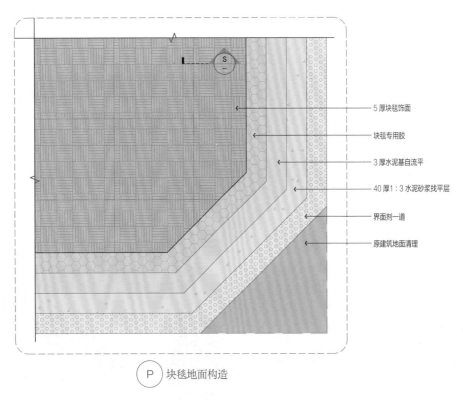

5厚块毯饰面

块毯专用胶

3厚水泥基自流平

40厚1:3水泥砂浆找平层

界面剂一道

原建筑地面清理

P　块毯地面构造

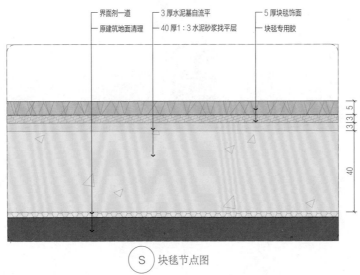

界面剂一道　　3厚水泥基自流平　　5厚块毯饰面

原建筑地面清理　40厚1:3水泥砂浆找平层　块毯专用胶

S　块毯节点图

➤ 适用范围

块毯可以铺设在办公室、会议室等空间，可提高室内的安静度和舒适度，同时还可以起到防尘、吸声的效果。块毯还可以用于一些特殊场所，如展览馆、博物馆等展示空间，需要铺设地毯来保护展品，同时增加室内的温暖感和舒适度。

➤ 工艺要求

1. 在安装块毯之前，需要对地面进行处理，使地面平整、干燥、无油污等，以确保块毯的安装质量。

2. 块毯的材质一般为聚酯、尼龙、聚丙烯等合成材料，宜选择质量好、耐磨、耐污、易清洁的材料。

3. 块毯的规格一般为 600 mm×600 mm、600 mm×1200 mm、900 mm×900 mm 等，需要根据实际使用情况选择合适的规格。

4. 块毯厚度一般为 4 ~ 12 mm，需要根据实际使用情况选择合适的厚度，在地面找平前要根据材料实物小样测量块毯实际厚度，精准预留好块毯安装空间。

5. 块毯的颜色、纹理多种多样，根据空间特点选择适合款式，也可以根据设计要求定制有特定纹理图案的地毯。

6. 块毯的安装工艺需要严格按照厂家提供的安装说明进行，确保安装质量。

➤ 施工步骤

1. 现场清理，根据 1 m 标高线在墙上弹出地面完成标高线。

2. 涂刷界面剂一道（100 ~ 150 g/m³）。

3. 灰饼及标筋定位后平铺 40 mm 厚 1 ：3 水泥砂浆找平。

4. 铺设 3 mm 厚水泥基自流平。

5. 涂刷块毯专用胶。

6. 铺装 5 mm 厚块毯。

➤ 材料规格

装饰面材：5 mm 厚块毯饰面。

基层材料：界面剂、1 ：3 水泥砂浆、3 mm 厚水泥基自流平、块毯专用胶。

➤ 材料图片

块毯饰面　　　　块毯专用胶　　　　界面剂

➤ 模拟构造

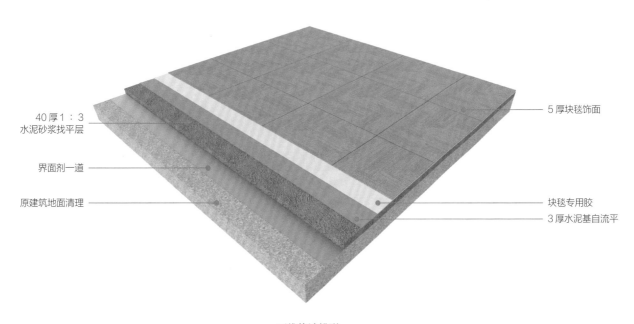

40 厚 1 ：3 水泥砂浆找平层

界面剂一道

原建筑地面清理

5 厚块毯饰面

块毯专用胶

3 厚水泥基自流平

三维构造模型

B4

B4.2　满铺地毯地面构造

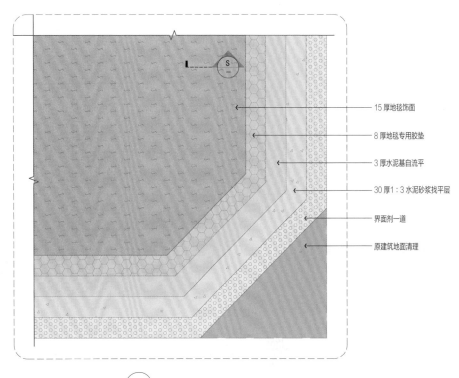

15 厚地毯饰面

8 厚地毯专用胶垫

3 厚水泥基自流平

30 厚1：3 水泥砂浆找平层

界面剂一道

原建筑地面清理

P　满铺地毯地面构造

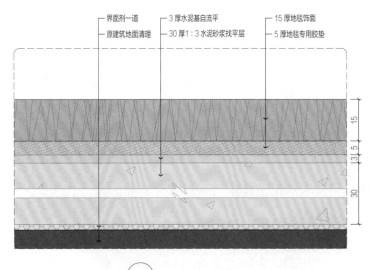

界面剂一道　　3 厚水泥基自流平　　15 厚地毯饰面
原建筑地面清理　30 厚1：3 水泥砂浆找平层　5 厚地毯专用胶垫

S　满铺地毯节点图

➤ 适用范围

　　地毯有各种各样的颜色、图案和材质可供选择，可以根据业主喜好和装饰风格来选择合适的地毯，以增强房间的装饰效果和个性化。地毯可以铺设在住宅、宾馆、酒店、会议室、娱乐场所等空间，地毯具有良好的吸声效果，可以减少噪声的传播，创造一个安静的生活或工作环境；同时可以增加房间的舒适感和美观度，还能提供柔软的脚感，改善室内环境。

➤ 工艺要求

1. 在地面找平前要根据材料实物小样测量地毯实际厚度，精准预留好地毯安装空间。在铺装前必须进行实量，测量墙角是否规方，准确记录各角角度。根据计算下料的尺寸在地毯背面弹线、裁割。

2. 接缝处应用胶带在地毯背面将两块地毯粘贴在一起，要先将接缝处不齐的绒毛修齐，并反复揉搓接缝处绒毛，直至表面看不出接缝痕迹为止。

3. 粘结铺设时刮胶后晾置 5 ~ 10 min，待胶液变得干粘时铺设。地毯铺平后用毡辊压出气泡。

4. 将多余的地毯边裁去，清理拉掉的纤维。

5. 裁割地毯时应沿地毯经纱裁割，只割断纬纱，不割经纱，对于有背衬的地毯，应从正面分开绒毛，找出经纱、纬纱后裁割。

6. 地毯铺装对基层地面的要求较高，地面必须平整、洁净，含水率不得大于 8%，并已安装好踢脚板，踢脚板下沿至地面间隙应比地毯厚度大 2 ~ 3 mm。

➤ 施工步骤

1. 现场清理，根据 1 m 标高线在墙上弹出地面完成标高线。

2. 涂刷界面剂一道（100 ~ 150 g/m³）。

3. 灰饼及标筋定位后平铺 30 mm 厚 1 ：3 水泥砂浆找平。

4. 铺设 3 mm 厚水泥基自流平。

5. 铺设 5 mm 厚地毯专用胶垫。

6. 铺装 15 mm 厚地毯。

➤ 材料规格

装饰面材：15 mm 厚地毯饰面。

基层材料：界面剂、1 ：3 水泥砂浆、3 mm 厚水泥基自流平、5 mm 厚地毯专用胶垫。

➤ 材料图片

地毯饰面　　　　地毯专用胶　　　　界面剂

➤ 模拟构造

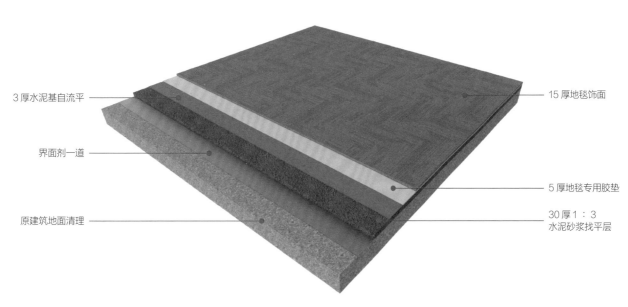

3 厚水泥基自流平　　　　　　　　　　　　　　　　15 厚地毯饰面

界面剂一道

5 厚地毯专用胶垫

原建筑地面清理　　　　　　　　　　　　　　30 厚 1 ：3 水泥砂浆找平层

三维构造模型

B4.3　防尘地毯地面构造

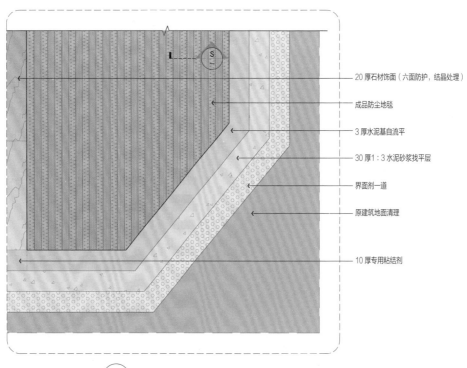

20 厚石材饰面（六面防护，结晶处理）

成品防尘地毯

3 厚水泥基自流平

30 厚 1 : 3 水泥砂浆找平层

界面剂一道

原建筑地面清理

10 厚专用粘结剂

P　防尘地毯地面构造

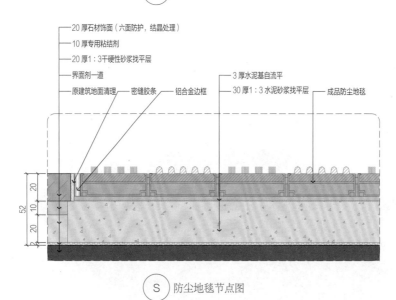

20 厚石材饰面（六面防护，结晶处理）

10 厚专用粘结剂

20 厚 1 : 3 干硬性砂浆找平层

界面剂一道

原建筑地面清理　密缝胶条　铝合金边框

3 厚水泥基自流平

30 厚 1 : 3 水泥砂浆找平层　成品防尘地毯

S　防尘地毯节点图

➤ 适用范围

防尘地毯的适用场所有以下三种：一是，商业场所，防尘地毯常用于商场、超市、酒店、办公楼、展览馆等公共场所的入口处，它可以有效防止人们脚底的尘土进入室内，保持室内的清洁卫生；二是，医疗机构，医院、诊所、实验室等医疗机构需要保持高度的卫生，防尘地毯可以阻止细菌、灰尘和其他污染物进入敏感区域，减少交叉感染的风险；三是，工业环境，在一些需要高度清洁的工业环境中，如电子制造厂、洁净室等，防尘地毯可以减少灰尘和静电的产生。

➤ 工艺要求

1. 防尘地毯一般采用聚酯、尼龙、聚丙烯等合成材料，宜选择质量好、耐磨、易清洁、防静电的材料。

2. 防尘地毯的厚度一般为 10 ~ 20 mm，需要根据实际使用情况选择合适的厚度。在地面找平前要根据材料实物小样测量防尘地毯实际厚度，精准预留好地毯安装空间。

3. 防尘地毯的尺寸一般为 1 m×1 m、2 m×3 m、3 m×3 m 等，需要根据实际使用情况选择合适的尺寸。

4. 防尘地毯的固定方式一般有胶贴式、钉子式、扣板式等，需要根据实际使用情况选择合适的固定方式。

5. 防尘地毯的防尘性能需要符合相关标准，如 EN 13501-1 等。

➤ 施工步骤

1. 现场清理，根据 1 m 标高线在墙上弹出地面完成标高线。

2. 涂刷界面剂一道（100 ~ 150 g/m²）。

3. 灰饼及标筋定位后平铺 30 mm 厚 1 ：3 水泥砂浆找平。

4. 铺设 3 mm 厚水泥基自流平。

5. 涂刷防尘地毯专用胶。

6. 铺装成品防尘地毯。

➤ 材料规格

装饰面材：成品防尘地毯、铝合金边框。

基层材料：界面剂、3 mm 厚水泥基自流平、1 ：3 水泥砂浆、专用粘结剂、密封胶条。

➤ 材料图片

成品防尘地毯　　界面剂　　铝合金边框　　密封胶条

➤ 模拟构造

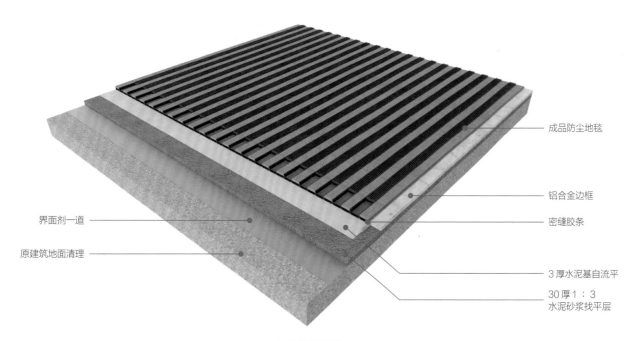

界面剂一道

原建筑地面清理

成品防尘地毯

铝合金边框

密缝胶条

3 厚水泥基自流平

30 厚 1 ：3 水泥砂浆找平层

三维构造模型

深化与施工要点

➤ 深化要点与管控

深化要点

1. 根据设计要求和实际情况选择合适的地毯材料，包括地毯的厚度、密度、弹性、耐磨性等。

2. 准确测量房间尺寸和计算下料尺寸，以免造成浪费。

3. 地毯的铺装方式包括铺装方向、铺装顺序、铺装起点等，需要根据实际情况进行选择。

4. 地毯铺装的高度应该符合设计要求和实际情况，同时要考虑地毯的拉伸和收缩问题。

深化管控

1. 材料送样：根据送样地毯小样确定地毯规格与地毯纹理是否需要对纹。

2. 排板深化：地毯铺装需要按照设计要求进行铺装排板，包括地毯的花纹、颜色、大小等方面。

3. 机电配合：将装饰专业施工图纸与其他专业图纸进行叠图，检查点位是否缺失、隐蔽工程管路排布是否影响地面标高；根据地毯排板来确定地面插座、消防疏散指示、空调出回风口、给水排水点位等末端定位，依据末端定位布置预埋底盒及隐蔽构件等。

4. 现场管控：检查现场地毯地面标高、排板、机电点位等定位是否符合图纸要求，若现场不满足要求，则要及时提出整改意见。

➤ 工序策划

方案深化 ➡ 隐蔽施工 ➡ 隐蔽验收 ➡ 水泥基自流平 ➡ 面层安装

1. 方案深化：地毯铺装方式包括铺装方向、铺装顺序、铺装起点等，需要根据实际情况进行选择。地毯铺装工艺包括铺装前的地面处理、地毯铺装、固定方式、修剪等，需要严格按照施工工艺要求进行操作。

2. 隐蔽施工：根据各单位会签地面管综布置图，各专业单位进行消防安全、给水排水点与管路、强弱电插座、机电管线等的布设及暖通地出风安装、隐蔽加固、水地暖安装等施工作业。

3. 隐蔽验收：除水地暖安装外所有隐蔽管线管路布设宜在水泥砂浆找平前完成；检查地面的水、电、风等设备管线是否按设计要求安装完毕，并验收合格。

4. 水泥基自流平：自流平地面必须连续施工，中间不得停歇；加水后的使用时间为 20 ~ 30 min，超过后自流平砂浆将逐渐凝固。浇筑宽度通常不超过 10 m，过宽的地面需用海绵条分隔成小块施工。

5. 面层安装：地毯与基层固定必须牢固，无卷边、翻起现象；在地毯固定后，需要对地毯边缘进行修剪，以保证地毯与墙角、门口等部位的贴合度和平整度。

➤ 质量通病与预防

通病现象	预防措施
踢脚线与地毯收口出现缝隙	铺设地毯的地面面层（或基层）应坚实、平整、洁净、干燥，无凹坑、麻面、起砂、裂缝，且不得有油污、钉头及其他凸出物；掌握地毯厚度后，确定踢脚线安装高度；地毯面层的周边应塞入卡条和踢脚线下
满铺地毯有起拱现象	使用专用地毯张紧器将两头绷紧拉直定位，铺设时，地毯的表面层宜张拉适度，四周应采用卡条固定，门口处宜用金属压条或双面胶带等固定
地毯与石材拼接处存在高低差	施工前了解地毯及垫层的高度，确保地毯绒高高出石材完成面 3 ~ 4 mm

➤ 实景照片

地毯基层

地毯面层

B5 其他材料地面构造

B5.1 防静电地板地面构造

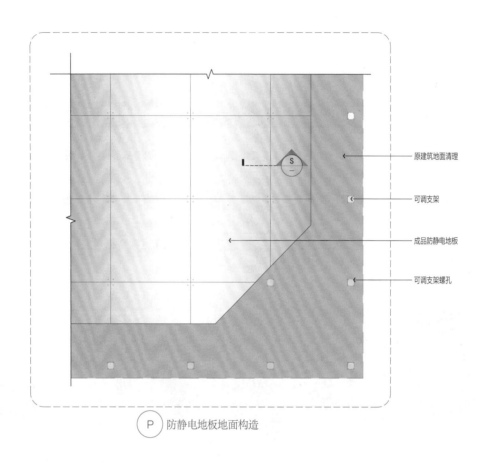

P 防静电地板地面构造

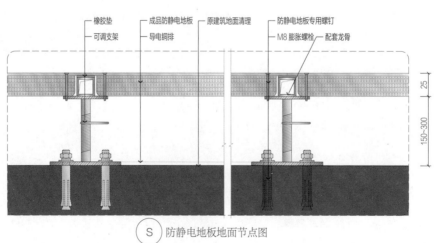

S 防静电地板地面节点图

➤ 适用范围

防静电地板是一种具有防静电功能的地板材料，常用于电子、计算机、通信、医疗等领域的地面工程。

▶ 工艺要求

1. 防静电地板支撑腿间距需要根据防静电地板的规格、安装场所的承重能力、地面的平整度等因素来确定。常见防静电地板支撑腿间距为 600 ~ 800 mm，但具体数值需要根据实际情况进行确定。

2. 根据设计要求，安装防静电地板。安装顺序为从房间的中心线开始，逐渐向两侧安装。安装过程中需要注意防静电地板的拼接，尽量减少拼接缝，同时保证地板表面平整。

3. 安装地板配件，如地板边角线条、踢脚线等。

4. 防静电地板的静电接地是保证其防静电功能的关键。在铺装完成后，需要对地板进行静电接地处理，确保地板表面的静电能够迅速地释放到地面，避免静电积聚。

▶ 施工步骤

1. 现场清理，根据 1 m 标高线在墙上弹出地面完成标高线。

2. 楼板开孔，预埋 M8 不锈钢膨胀螺栓。

3. 安装防静电地板可调支架，支架间距按地板尺寸排布，紧固预埋螺栓。

4. 铺设导电铜排。

5. 安装配套龙骨及橡胶垫。

6. 铺装成品防静电地板。

7. 紧固防静电地板专用螺钉。

▶ 材料规格

装饰面材：防静电地板。

基层材料：可调支架、导电铜排、M8 不锈钢膨胀螺栓、配套龙骨、橡胶垫、防静电地板专用螺钉。

▶ 材料图片

成品防静电地板　　导电铜排　　膨胀螺栓　　橡胶垫

▶ 模拟构造

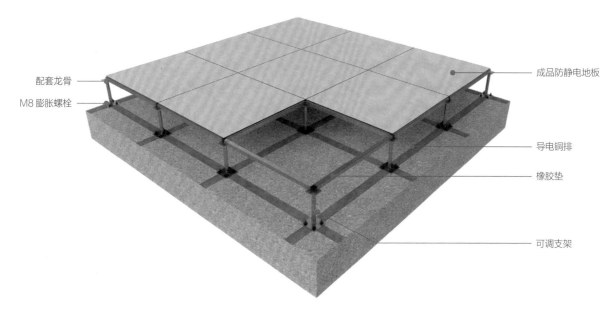

配套龙骨　　　　　　　　　　　　　　成品防静电地板

M8 膨胀螺栓　　　　　　　　　　　　导电铜排

橡胶垫

可调支架

三维构造模型

B5

B5.2　PVC 地板、环氧地坪地面构造

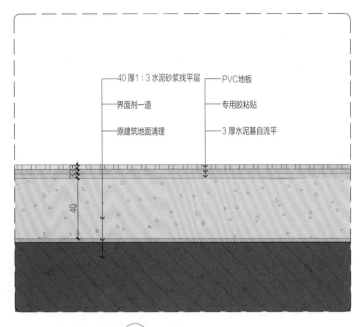

40厚1:3水泥砂浆找平层　　PVC地板

界面剂一道　　专用胶粘贴

原建筑地面清理　　3厚水泥基自流平

S1　PVC 地板地面构造

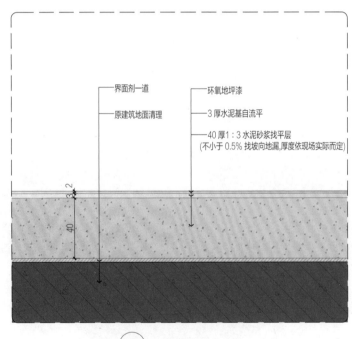

界面剂一道　　环氧地坪漆

原建筑地面清理　　3厚水泥基自流平

40厚1:3水泥砂浆找平层
(不小于 0.5% 找坡向地漏,厚度依现场实际而定)

S2　环氧地坪漆地面构造

➤ 适用范围

　　PVC 地板、环氧地坪地面具有耐磨、耐刮擦、防滑、高弹性和超强抗冲击、防水、吸声等特性,常用于计算机、通信、医疗等领域的地面工程。

➤ 工艺要求

1. PVC 地板具有一定的耐磨性、耐划伤性、防滑性、耐污染性等性能。常用的材料包括 PVC、橡胶、TPR（热塑性橡胶）等。

2. 在铺装过程中，应注意地面的平整度和坡度，避免出现凹凸不平和倾斜的情况。

3. 环氧地坪的材料应具有良好的附着力、耐磨性、耐化学性和耐腐蚀性等性能。常用的材料包括环氧树脂、固化剂、溶剂等。

4. 环氧地坪的施工厚度应根据具体情况而定，一般来说，施工厚度在 1～5 mm 之间。如果采用自流平工艺，则可以选用较薄的 2 mm 厚环氧涂层。

➤ 施工步骤

1. 现场清理，根据设计标高在墙上弹出地面完成标高线。

2. 涂刷界面剂一道（100～150 g/m²）。

3. 灰饼及标筋定位后平铺 40 mm 厚 1∶3 水泥砂浆找平。

4. 铺设 3 mm 厚水泥基自流平。

5. 铺设 3 mm 厚 PVC 地板或 2 mm 厚环氧地坪漆。

➤ 材料规格

装饰面材：PVC 地板、环氧地坪漆。
基层材料：界面剂、3 mm 厚水泥基自流平。

➤ 材料图片

PVC 地板　　　环氧地坪漆　　　界面剂

➤ 模拟构造

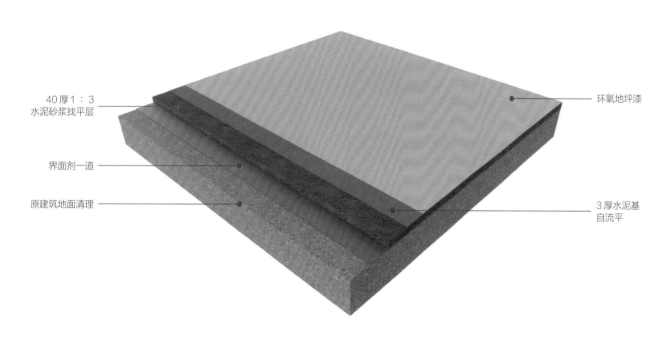

40 厚 1∶3
水泥砂浆找平层

界面剂一道

原建筑地面清理

环氧地坪漆

3 厚水泥基
自流平

三维构造模型（环氧地坪漆地面构造）

B5.3　地面伸缩缝、沉降缝构造

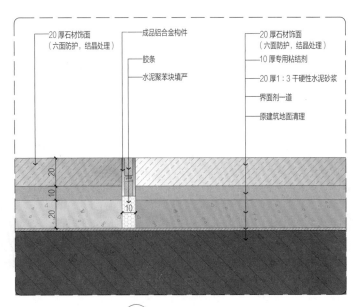

20 厚石材饰面
（六面防护，结晶处理）

成品铝合金构件

胶条

水泥聚苯块填严

20 厚石材饰面
（六面防护，结晶处理）

10 厚专用粘结剂

20 厚1:3 干硬性水泥砂浆

界面剂一道

原建筑地面清理

S1　地面伸缩缝构造

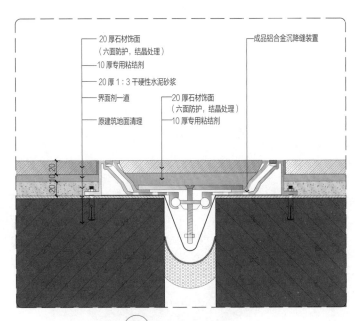

20 厚石材饰面
（六面防护，结晶处理）

10 厚专用粘结剂

20 厚1:3 干硬性水泥砂浆

界面剂一道

原建筑地面清理

成品铝合金沉降缝装置

20 厚石材饰面
（六面防护，结晶处理）

10 厚专用粘结剂

S2　地面沉降缝构造

▶ 适用范围

　　地面伸缩缝是用于解决地面变形和膨胀收缩问题的一种构造措施，在较大空间，如大堂、走道区域铺贴石材或瓷砖时需合理预留伸缩缝防止变形。

　　地面沉降缝是为了防止建筑物各部分由于地基不均匀沉降而设置的垂直缝隙，沉降缝除了要断开屋顶、楼板、墙身，还要断开基础部分，使相邻部分能够自由沉降，互不牵制。沉降缝也可防止由于气候温度变化（热胀、冷缩）而导致的结构裂缝。

➤ 工艺要求

1. 伸缩缝的设计应考虑地面的变形和膨胀收缩情况,根据实际情况选择合适的伸缩缝类型和尺寸,并进行合理布置。

2. 伸缩缝材料应具有一定的弹性和耐久性,能够承受地面的变形和膨胀收缩,并具有一定的防水、防腐和防尘性能。

3. 成品铝合金沉降缝装置一般由铝合金材料制作,常用的规格尺寸包括 30 mm、50 mm、80 mm、100 mm 等,形状可以为直线形、V 形、U 形等,以满足不同的安装需求。

4. 沉降缝装置的接缝处应采用硅酮密封胶或其他防水材料进行处理,保证密封性和防水性能。

5. 伸缩缝胶条需根据地面饰面层材料颜色选择颜色相近的,沉降缝面层可以铺贴同地面同种材质的饰面,保证地面整体效果美观。

➤ 施工步骤

1. 现场清理,根据深化图纸及现场确定地面伸缩缝、沉降缝位置。

2. 涂刷界面剂一道(100 ～ 150 g/m²)。

3. 灰饼及标筋定位后平铺 20 mm 厚 1 ： 3 干硬性水泥砂浆找平。

4. 安装成品铝合金沉降变形缝装置(或成品铝合金构件)。

5. 涂抹 10 mm 厚石材专用粘结剂。

6. 铺贴 20 mm 厚石材(六面防护,结晶镜面处理)。

➤ 材料规格

装饰面材:成品铝合金沉降变形缝装置、石材饰面。

基层材料:界面剂、石材专用粘结剂、1 ： 3 干硬性水泥砂浆、水泥聚苯块、成品铝合金构件。

➤ 材料图片

水泥聚苯块　　成品铝合金构件　　铝合金沉降缝装置　　石材饰面

➤ 模拟构造

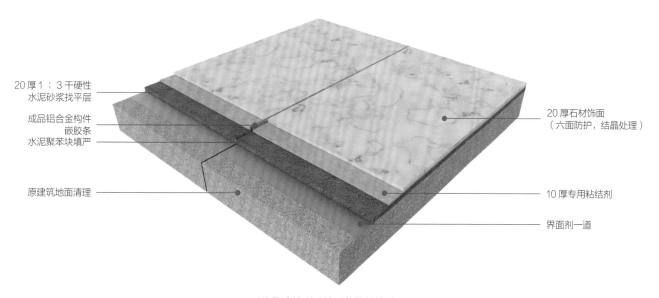

20 厚 1 ： 3 干硬性水泥砂浆找平层

成品铝合金构件嵌胶条

水泥聚苯块填严

原建筑地面清理

20 厚石材饰面(六面防护,结晶处理)

10 厚专用粘结剂

界面剂一道

三维构造模型(地面伸缩缝构造)

深化与施工要点

➤ 深化要点与管控

深化要点

1. 伸缩缝、沉降缝的设置应符合设计要求，并在施工前对其位置进行确认和标记。

2. 伸缩缝、沉降缝的施工应在基层或结构变形的影响范围内设置，并根据实际情况确定伸缩缝、沉降缝的类型、宽度和深度等参数。

3. 伸缩缝、沉降缝的施工方法应根据实际情况选择，包括伸缩缝、沉降缝的施工工艺、安装方式、固定方法等。

4. 深化制定详细的施工方案和施工图纸，包括具体尺寸、形状、材料、施工工艺和施工要求等内容。

深化管控

1. 材料送样：根据送样伸缩缝、沉降缝成品铝合金小样确认材质、规格及形状。

2. 图纸深化：根据设计要求和现场情况，确定伸缩缝的布置图，包括伸缩缝的位置、数量、间距等。

3. 机电配合：依据装饰专业施工图纸与其他专业图纸进行叠图，以确保伸缩缝、沉降缝的施工不会影响其他专业正常安装。

4. 现场管控：检查现场伸缩缝与沉降缝地面标高、位置及机电点位定位是否按照图纸要求施工，若现场不满足要求及时提出整改意见。

➤ 工序策划

图纸深化 ➡ 隐蔽施工 ➡ 隐蔽验收 ➡ 变形装置 ➡ 面层安装

1. 图纸深化：根据设计方案，深化伸缩缝、沉降缝的平面图、剖面图、加工图等。

2. 隐蔽施工：根据各单位会签地面管综布置图，各专业单位进行消防安全、给水排水点与管路、强弱电插座、机电管线等的布设及暖通地出风安装、隐蔽加固、水地暖安装等施工作业。

3. 隐蔽验收：所有隐蔽管线管路布设宜在水泥砂浆找平前完成；检查地面的水、电、风等设备管线是否按设计要求安装完毕，并验收合格。

4. 变形装置：安装伸缩缝、沉降缝变形装置，包括锚固件的安装、螺栓的拧紧、密封胶的填充等。

5. 面层安装：将地面面层按照设计图纸及深化图纸进行安装，确保平整度和美观度。

▶ 质量通病与预防

通病现象	预防措施
接缝不平、高低差过大	精确现场测量，找出对缝部位的尺寸偏差，并针对现场尺寸进行调整
沉降断裂	在施工过程中对伸缩缝进行保护，避免水流到伸缩缝处腐蚀构件，同时采用合适的伸缩缝处理技术
伸缩缝缝隙不均匀	在施工过程中进行严格的尺寸控制，确保石材的尺寸一致；使用合适的工具和材料进行石材的安装，确保缝隙的均匀性；在施工过程中进行严格的质量控制，确保石材的安装符合规范要求

▶ 实景照片

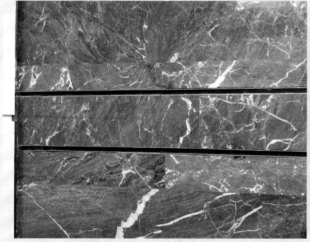

地面沉降缝

地面伸缩缝

B6 卫生间地面构造

B6.1 同层排水（暗地漏）地面构造

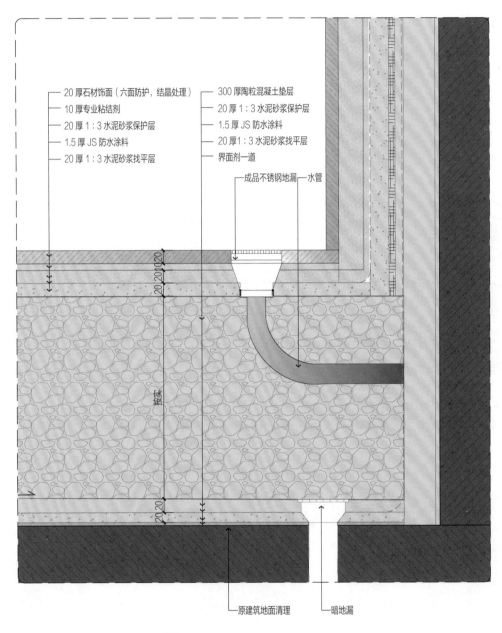

20 厚石材饰面（六面防护，结晶处理）
10 厚专业粘结剂
20 厚 1:3 水泥砂浆保护层
1.5 厚 JS 防水涂料
20 厚 1:3 水泥砂浆找平层

300 厚陶粒混凝土垫层
20 厚 1:3 水泥砂浆保护层
1.5 厚 JS 防水涂料
20 厚 1:3 水泥砂浆找平层
界面剂一道

成品不锈钢地漏 — 水管

按实

原建筑地面清理 — 暗地漏

Ⓢ 同层排水（暗地漏）地面构造

▶ 适用范围

同层排水适用于沉箱结构的卫生间，如高档餐厅的联排包厢卫生间、宿舍楼的联排寝室等。

➤ 工艺要求

1. 同层排水可以分为墙排零降板同层排水和微降板同层排水两种方式。

2. 暗地漏排水管不能和卫生间原下水管相连，以避免积水回流到沉箱内。

3. 暗地漏排水管需要单独设置，可以将其接在卫生间主下水管上。

4. 在地面敷设时，管道的走线应注意不能跨过门或交通路线，一般宜靠墙布置。

5. 在施工过程中，需要预留暗地漏，可以先在沉箱底的水泥砂浆找平层预留排水口，并向预留排水口方向找坡，再进行防水和填充。

➤ 施工步骤

1. 现场清理，根据 1m 标高线在墙上弹出地面完成标高线。

2. 据地面管综图进行管路、水点定位。

3. 依据定位位置进行楼板开孔。

4. 布设管路，用堵漏宝密封下水管管壁周边。

5. 涂刷界面剂一道（100 ～ 150 g/m²）。

6. 灰饼及标筋定位后平铺 20 mm 厚 1：3 水泥砂浆找平。

7. 涂刷 JS 防水涂料（厚度不小于 1.5 mm），分三次施工，涂刷至下水管内壁 30 mm 处，墙角翻边至完成面上不小于 300 mm 处。

8. 灰饼及标筋定位后平铺 20 mm 厚 1：3 水泥砂浆保护。

9. 安装暗地漏。

10. 吊模回填陶粒混凝土两次，第一次吊模回填至

2/3，第二次填满回填层。

11. 灰饼及标筋定位后平铺 20 mm 厚 1：3 水泥砂浆找平。

12. 涂刷 JS 防水涂料（厚度不小于 1.5 mm），分三次施工，涂刷至下水管内壁 30 mm 处，墙角翻边至完成面上不小于 300mm 处，门槛处防水外延 300 mm。

13. 灰饼及标筋定位后平铺 20 mm 厚 1：3 水泥砂浆保护。

14. 涂刷 10 mm 厚专用粘结剂。

15. 铺装 20 mm 厚石材(六面防护，结晶镜面处理)。

16. 安装不锈钢地漏。

➤ 材料规格

装饰面材：石材、不锈钢地漏。

基层材料：界面剂、JS 防水涂料、陶粒混凝土、石材专用粘结剂、1：3 水泥砂浆。

➤ 材料图片

石材　　石材专用粘结剂　　暗装地漏

陶粒混凝土　　JS 防水涂料　　界面剂

➤ 模拟构造

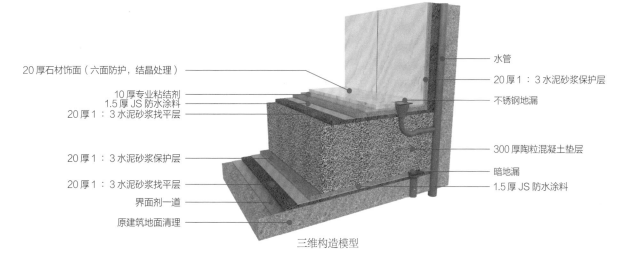

三维构造模型

B6.2 隐形地漏、暗地漏地面构造

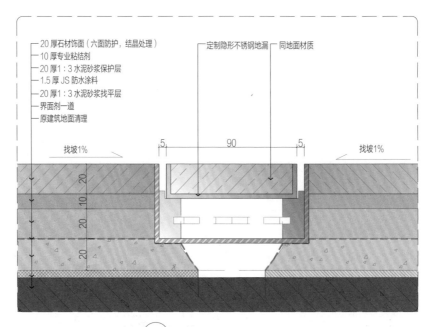

- 20 厚石材饰面（六面防护，结晶处理）
- 10 厚专业粘结剂
- 20 厚1：3 水泥砂浆保护层
- 1.5 厚 JS 防水涂料
- 20 厚1：3 水泥砂浆找平层
- 界面剂一道
- 原建筑地面清理

定制隐形不锈钢地漏   同地面材质

找坡1%   5 90 5   找坡1%

$\left(S1\right)$ 隐形地漏地面构造

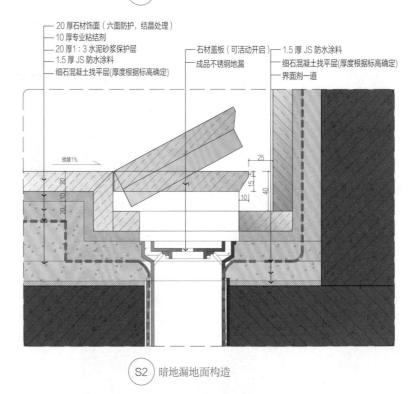

- 20 厚石材饰面（六面防护，结晶处理）
- 10 厚专业粘结剂
- 20 厚1：3 水泥砂浆保护层
- 1.5 厚 JS 防水涂料
- 细石混凝土找平层(厚度根据标高确定)

石材盖板（可活动开启）   1.5 厚 JS 防水涂料
成品不锈钢地漏   细石混凝土找平层(厚度根据标高确定)
界面剂一道

找坡1%   25 15 40 10

$\left(S2\right)$ 暗地漏地面构造

▶ 适用范围

　　隐形地漏可以用于酒店的浴室、卫生间等场所，能提高客人的使用满意度，也方便酒店的清洁工作。

B6

➤ 工艺要求

1. 地漏处原预留的排水管道口应切割平整，切割后管道不得高于钢筋混凝土结构层。

2. 找坡层向地漏找坡，坡度应为 1%（同一干湿区可直接按 10 mm 找坡），地漏周边半径 50 mm 范围内，坡度应提高为 5%（碗口状）。

3. 铸铁管道内壁应打磨除锈，PVC 管道内壁应打磨增糙。

4. 排水管道周边半径 150 mm 范围内应做附加防水处理，防水涂料内嵌 300 mm 宽无纺布或耐碱玻璃纤维网布。

5. 防水层应连续并伸入排水管道内壁不小于 30 mm。

➤ 施工步骤

1. 现场清理，根据 1 m 标高线在墙上弹出地面完成标高线。

2. 据地面管综图进行管路、水点定位。

3. 依据定位位置，进行楼板开孔。

4. 布设管路，用堵漏宝密封下水管管壁周边。

5. 涂刷界面剂一道（100 ~ 150 g/m²）。

6. 灰饼及标筋定位后平铺 20 mm 厚 1 ： 3 水泥砂浆找平。

7. 涂刷 JS 防水涂料（厚度不小于 1.5 mm），分三次施工，涂刷至下水管内壁 30 mm 处，墙角翻边至完成面上不小于 300 mm 处。

8. 灰饼及标筋定位后平铺 20 mm 厚 1 ： 3 水泥砂浆保护。

9. 涂刷 10 mm 厚专用粘结剂。

10. 铺装 20 mm 厚石材（六面防护，结晶镜面处理）。

11. 安装隐形不锈钢地漏。

➤ 材料规格

装饰面材：20 mm 厚石材饰面、隐形不锈钢地漏。

基层材料：界面剂、JS 防水涂料、石材专用粘结剂、1 ： 3 水泥砂浆。

➤ 材料图片

石材饰面　　石材专用粘结剂　　线型地漏

JS 防水涂料　　界面剂

➤ 模拟构造

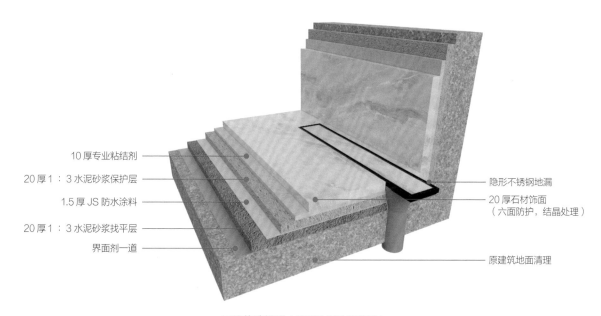

10 厚专业粘结剂
20 厚 1 ： 3 水泥砂浆保护层
1.5 厚 JS 防水涂料
20 厚 1 ： 3 水泥砂浆找平层
界面剂一道

隐形不锈钢地漏
20 厚石材饰面（六面防护，结晶处理）
原建筑地面清理

三维构造模型（隐形地漏地面构造）

B6.3　明地漏地面构造

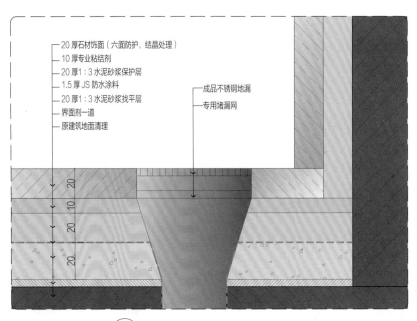

20 厚石材饰面（六面防护，结晶处理）
10 厚专业粘结剂
20 厚1：3 水泥砂浆保护层
1.5 厚 JS 防水涂料
20 厚1：3 水泥砂浆找平层
界面剂一道
原建筑地面清理

成品不锈钢地漏
专用堵漏网

S1　明地漏（无流水槽）地面构造

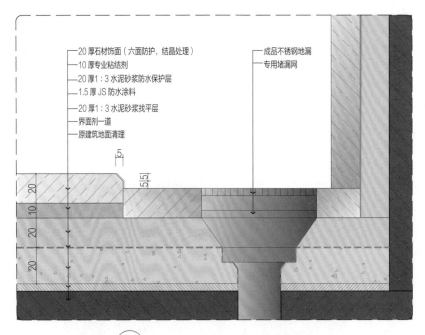

20 厚石材饰面（六面防护，结晶处理）
10 厚专业粘结剂
20 厚1：3 水泥砂浆防水保护层
1.5 厚 JS 防水涂料
20 厚1：3 水泥砂浆找平层
界面剂一道
原建筑地面清理

成品不锈钢地漏
专用堵漏网

S2　明地漏（有流水槽）地面构造

➤ 适用范围

地漏是一种常见的排水设备，适用于卫生间、厨房、洗衣房、泳池、地下室、商场超市等。

➤ 工艺要求

1. 地漏的连接方式分为 PVC 胶水连接、丝扣连接、承插连接、不锈钢胶圈抱箍连接。

2.PVC 地漏一般采用胶水连接；离壁墙、积水明沟铸铁地漏一般采用承插连接；铜质防爆地漏一般采用丝扣连接。

3. 地漏安装面板比完成面低 2 mm 为宜，且地坪的坡度要坡向地漏。

4.PVC 胶水连接的地漏，涂抹胶水应由里向外涂，粘结剂应涂抹均匀，并适量。粘结时，应将插口轻轻插入承口中，对准轴线将地漏迅速、均匀定位。

5. 对于采用承插连接方式的地漏，施工时禁止切削管口外径进行插接。

➤ 施工步骤

1. 现场清理，根据 1 m 标高线在墙上弹出地面完成面线及地面防水找平的控制线。

2. 据地面管综图进行管路、水点定位。

3. 依据定位位置进行楼板开孔。

4. 布设管路，用堵漏宝密封下水管管壁周边。

5. 涂刷界面剂一道（100 ~ 150 g/m²）。

6. 灰饼及标筋定位后平铺 20 mm 厚 1 ∶ 3 水泥砂浆找平。

7. 涂刷 JS 防水涂料（厚度不小于 1.5 mm），分三次施工，涂刷至下水管内壁 30 mm 处，墙角翻边至完成面上不小于 300 mm 处。

8. 灰饼及标筋定位后平铺 20 mm 厚 1 ∶ 3 水泥砂浆保护。

9. 涂刷 10 mm 厚专用粘结剂。

10. 铺装 20 mm 厚石材（六面防护，结晶镜面处理）。

11. 安装不锈钢地漏。

➤ 材料规格

装饰面材：20 mm 厚石材饰面、成品不锈钢地漏。

基层材料：界面剂、JS 防水涂料、石材专用粘结剂、1 ∶ 3 水泥砂浆。

➤ 材料图片

石材饰面　　石材专用粘结剂　　线型地漏

JS 防水涂料　　界面剂

➤ 模拟构造

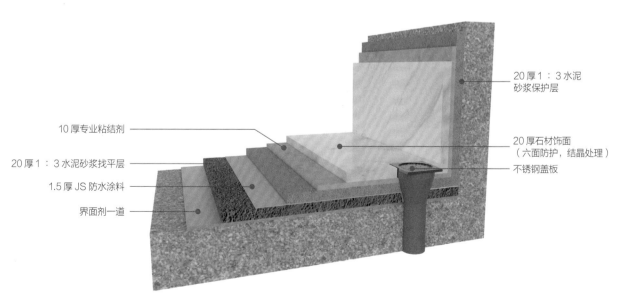

三维构造模型（明地漏无流水槽地面构造）

10 厚专业粘结剂
20 厚 1 ∶ 3 水泥砂浆找平层
1.5 厚 JS 防水涂料
界面剂一道

20 厚 1 ∶ 3 水泥砂浆保护层
20 厚石材饰面（六面防护，结晶处理）
不锈钢盖板

B6.4 浴缸构造

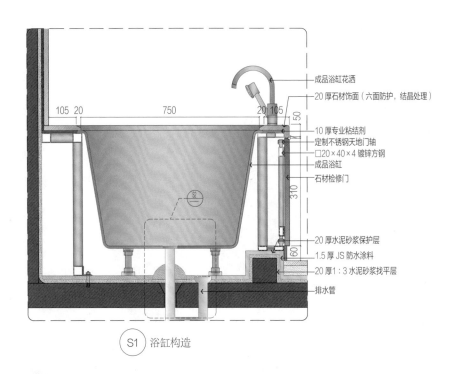

成品浴缸花洒
20厚石材饰面（六面防护，结晶处理）
10厚专业粘结剂
定制不锈钢天地门轴
□20×40×4镀锌方钢
成品浴缸
石材检修门

20厚水泥砂浆保护层
1.5厚JS防水涂料
20厚1：3水泥砂浆找平层
排水管

$\widehat{S1}$ 浴缸构造

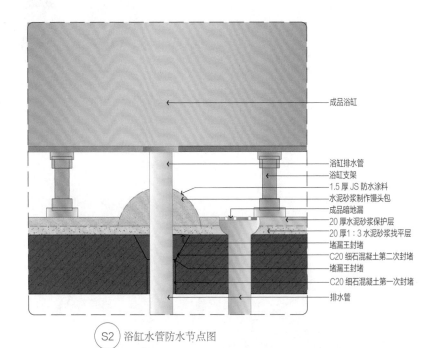

成品浴缸

浴缸排水管
浴缸支架
1.5厚JS防水涂料
水泥砂浆制作馒头包
成品暗地漏
20厚水泥砂浆保护层
20厚1：3水泥砂浆找平层
堵漏王封堵
C20细石混凝土第二次封堵
堵漏王封堵
C20细石混凝土第一次封堵
排水管

$\widehat{S2}$ 浴缸水管防水节点图

➤ 适用范围

　　浴缸的适用场所有很多，如大型浴室、主卫浴室、套房浴室等，还可以根据浪漫氛围需要将其放置在卧室、客厅等地方。

➤ 工艺要求

1. 管道铺设完成后，对开槽部分进行防水修补，并进行 24 小时储水测试，确保无泄漏。

2. 浴缸的高度通常在 600 mm 以内。然后连接上下水并保持畅通，再使用泡沫砖砌筑墙壁并抹灰。注意下水管相应位置的维护孔尺寸约为 250 mm×300 mm。

3. 在浴缸安装位置上，需要安装金属框架，以支撑浴缸。框架的大小和形状应该与浴缸的尺寸和形状相匹配。

4. 在浴缸安装完成后，需要将排水管和水龙头连接到浴缸上。排水管和水龙头的位置应该与浴缸的位置相匹配，并且需要用专用的连接件进行固定。

5. 使用硅胶密封浴缸与墙壁、地面和周围材料之间的接缝，以确保防水和美观。

➤ 施工步骤

1. 现场清理，根据 1 m 标高线在墙上弹出地面完成标高线。

2. 依据图纸定位浴缸及翻梁位置并弹出控制线。

3. 在楼板上开孔，布设排水管与进水管。

4. 排水管与楼板交界处的缝隙用 C20 混凝土吊模第一次封堵，浇筑堵漏王，待其凝固后，再用 C20 混凝土做第二次封堵，继续浇筑堵漏王填补缝隙。

5. 现浇钢筋混凝土翻梁。

6. 灰饼及标筋定位后平铺 20 mm 厚 1：3 水泥砂浆找平。

7. 安装方钢固定底座。

8. 浴缸下水管处用混凝土制作馒头包。

9. 涂刷 JS 防水涂料（厚度不小于 1.5 mm），分三次施工，涂刷至下水管内壁 30 mm 处，翻梁处满做防水。

10. 灰饼及标筋定位后平铺 20 mm 厚 1：3 水泥砂浆保护。

11. 焊接方钢支架系统，焊接处满焊并刷防锈漆三遍。

12. 放置浴缸，安装暗地漏。

13. 铺装 20 mm 厚石材（六面防护，结晶镜面处理），与浴缸搭接处沿边进行密封处理。

➤ 材料规格

装饰面材：20 mm 厚石材饰面、成品浴缸。

基层材料：□ 20 mm×40 mm×3 mm 镀锌方钢、1：3 水泥砂浆、堵漏王、JS 防水涂料、不锈钢天地门轴、石材专用粘结剂、界面剂、成品暗地漏。

➤ 材料图片

石材饰面　　石材专用粘结剂　　暗地漏　　浴缸

不锈钢天地门轴　　浴缸排水管　　JS 防水涂料　　界面剂

➤ 模拟构造

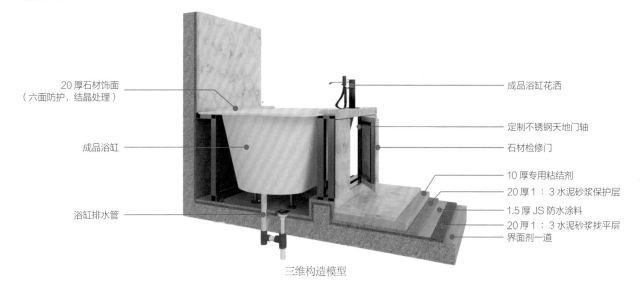

20 厚石材饰面（六面防护，结晶处理）
成品浴缸
浴缸排水管
成品浴缸花洒
定制不锈钢天地门轴
石材检修门
10 厚专用粘结剂
20 厚 1：3 水泥砂浆保护层
1.5 厚 JS 防水涂料
20 厚 1：3 水泥砂浆找平层
界面剂一道

三维构造模型

B6.5 卫生间、淋浴房门槛石构造

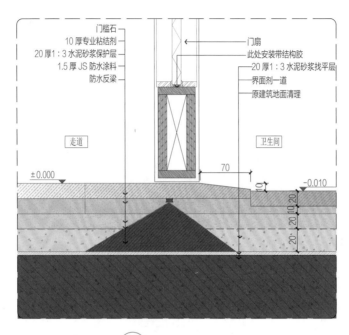

门槛石
10 厚专业粘结剂
20 厚1：3 水泥砂浆保护层
1.5 厚 JS 防水涂料
防水反梁

门扇
此处安装带结构胶
20 厚1：3 水泥砂浆找平层
界面剂一道
原建筑地面清理

走道

卫生间

± 0.000

70

10

−0.010

20 20 10 20

S1 卫生间门槛石构造

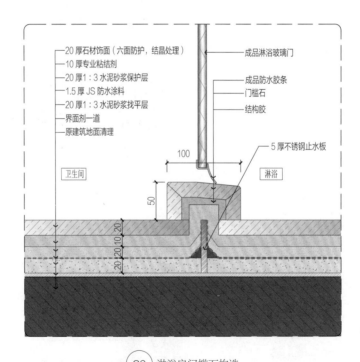

20 厚石材饰面（六面防护，结晶处理）
10 厚专业粘结剂
20 厚1：3 水泥砂浆保护层
1.5 厚 JS 防水涂料
20 厚1：3 水泥砂浆找平层
界面剂一道
原建筑地面清理

成品淋浴玻璃门
成品防水胶条
门槛石
结构胶

5 厚不锈钢止水板

卫生间

淋浴

100

50

20 20 10 20

S2 淋浴房门槛石构造

➤ 适用范围

此门槛石适用于家庭浴室、酒店客房、健身房淋浴间、游泳馆沐浴间等。

➤ 工艺要求

1.卫生间、淋浴房地面铺贴石材前必须先做止水坎，止水坎完成面高度低于石材地面30 mm，止水坎采用5 mm厚不锈钢止水板或用混凝土砂浆浇筑成斜坡边。

2.淋浴房防水施工必须先对止水坎阴角处进行柔性防水处理，待止水坎阴角防水干透后再进行大面防水施工。

3.为了避免门套受潮发霉，门套及门套线安装在门槛石上，门套根部留2～3 mm缝并用耐候胶（颜色与门套线同色或按设计要求）封闭。

4.门槛石长度应大于门框净宽50 mm，居中铺贴，门洞两边石材未覆盖处用湿浆抹平（与门槛石同时施工完成）；门槛石的宽度应与门套边对齐——凸口（如插口式）门套线对齐内边，平口（如与门套连体）门套线对齐外边。

➤ 施工步骤

1.现场清理，根据设计标高在墙上弹出地面完成标高线。

2.涂刷界面剂一道（100～150 g/m^2）。

3.确定止水板、止水坎位置，预埋止水板或浇筑止水坎。

4.灰饼及标筋定位后平铺20 mm厚1：3水泥砂浆找平。

5.涂刷JS防水涂料（厚度不小于1.5 mm），分三次施工，涂刷至下水管内壁30mm处，墙角翻边至完成面上不小于300 mm处。

6.灰饼及标筋定位后平铺20 mm厚1：3水泥砂浆保护。

7.涂刷10 mm厚专用粘结剂。

8.铺装20 mm厚石材（六面防护，结晶镜面处理）。

➤ 材料规格

装饰面材：20 mm厚石材饰面。

基层材料：界面剂、JS防水涂料、5 mm厚不锈钢止水板、石材专用粘结剂、门槛石、1：3水泥砂浆。

➤ 材料图片

石材饰面　　石材专用粘结剂　　JS防水涂料　　界面剂

➤ 模拟构造

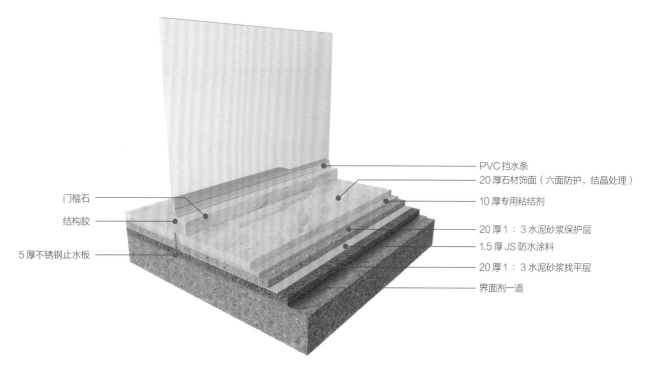

门槛石
结构胶
5厚不锈钢止水板

PVC挡水条
20厚石材饰面（六面防护，结晶处理）
10厚专用粘结剂
20厚1：3水泥砂浆保护层
1.5厚JS防水涂料
20厚1：3水泥砂浆找平层
界面剂一道

三维构造模型（淋浴房门槛石构造）

深化与施工要点

➤ 深化要点与管控

深化要点

1. 确定地漏、下水点的位置，一般情况下地漏应位于地面最低处，确保排水能力。

2. 根据地漏的位置和排水要求，安装排水管道。安装时要保证管道的坡度和排水畅通度。

3. 在有高差的涉水区，应设置止水坎来控制溢水流向，防止水流从基层下方贯通。

4. 在涂刷防水涂料时，一般涂刷三次，总厚度不小于 1.5 mm。防水涂料应选择高品质的产品，以保证防水效果和使用寿命。

深化管控

1. 资料签收：检查各专业提资图纸是否已收集完毕。

2. 图纸深化：地面找坡符合排水要求，找坡坡度为 3/1000 ~ 5/1000，地漏的顶面标高应低于地面 2 mm，地漏水封深度不应小于 50 mm。嵌入式浴缸一般最适宜的安装高度是 600 mm 左右，浴缸支撑钢架水平杆双排设置，设置时应结合浴缸选型控制尺寸，竖向立杆间距不大于 400 mm，为了方便后期检修，应提前规划好检修暗门安装方式及安装位置。

3. 机电配合：将装饰专业施工图纸与其他专业图纸进行叠图，检查点位是否缺失、隐蔽工程管路排布是否影响地面标高。

4. 现场管控：在防水工序完成后，进行闭水试验，确保管路排水畅通，没有防水渗漏现象。

➤ 工序策划

图纸深化 ➡ 隐蔽施工 ➡ 隐蔽安装 ➡ 防水工程 ➡ 面层安装

1. 图纸深化：平面定位图是深化的基础，需要先确定标高、材质、洁具类型、设备定位等。应结合各专业提资图纸深化综合布置点位，需符合规范要求并保证使用功能及整体美观性；地面图纸深化应该包地漏、马桶、洗手台、淋浴设施、给水管道、排水管道等的位置和安装高度，以及安装方式与施工顺序。

2. 隐蔽施工：根据各单位会签地面管综布置图，各专业单位进行消防安全、给水排水点与管路、强弱电插座、机电管线等的布设及暖通地出风安装、隐蔽加固、水地暖安装等施工作业。

3. 隐蔽验收：除水地暖安装外所有隐蔽管线管路布设宜在水泥砂浆找平前完成；检查地面的水、电、风等设备管线是否按设计要求安装完毕，并验收合格。

4.防水工程：地面防水施工需要严格控制施工工艺，包括防水涂料涂刷的厚度和均匀性、卷材的铺贴和热熔等。同时，还需要注意施工温度、湿度等环境因素对施工质量的影响。防水层必须进行闭水试验，试验时间不少于24 h，待甲方及监理检查通过验收后，对防水层涂膜铺设水泥砂浆保护层，以防后续施工人员对防水层的破坏。

5.面层安装：将地面石材按照排板图编号进行安装，确保平整和缝隙均匀，避免出现色差、爆边、断裂等缺陷的石材上墙。

➤ 质量通病与预防

通病现象	预防措施
防水层施工完成或闭水试验结束后，出现局部开裂、起皮、脱层现象	按照材料说明书要求，合理调配多组分防水涂料，禁止掺杂水或配合比以外的其他材料；多组分的防水涂料，使用前必须将液粉双料进行混合搅拌，要按照先加液后加粉的顺序并使用电动搅拌器操作，搅拌成均匀无料团和结块的液体才可以使用
JS 防水涂料涂刷成膜后，表面出现针孔状孔洞	在水性防水材料施工前需对基层进行充分的润湿，待表面明水消失后再进行防水材料的涂刷；尽量采用毛刷施工，毛刷往复涂刷会使防水材料与基层充分浸润；一次性施工不要太厚，做到薄刷多遍
防水施工过程中，因涂刷不均匀和防水涂料堆积，导致阴角、管根部位防水出现凝固应力引发的开裂现象	阴（阳）角部位应使用水泥砂浆制作直径不小于 50 mm 的圆弧角；阴（阳）角、管根、地漏等部位需制作防水附加层，搭接宽度不小于 200 mm，防水层必须延伸至地漏管壁内侧不小于 30 mm 处

➤ 实景照片

卫生间基层

嵌入式浴缸

淋浴房地面

B7　楼梯踏步构造

B7.1　石材楼梯踏步构造（混凝土楼梯灯带）

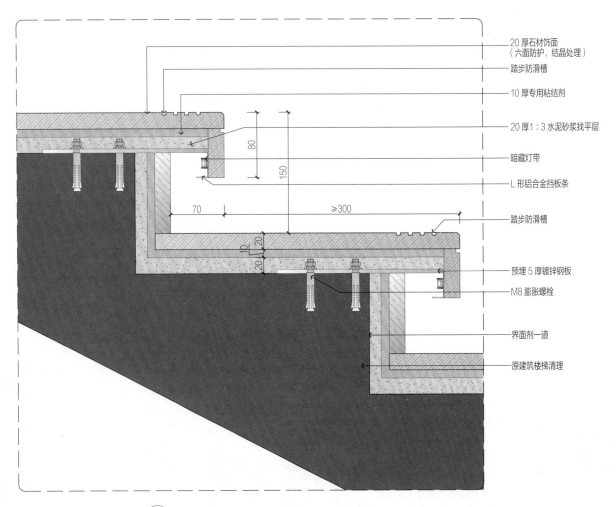

20 厚石材饰面
（六面防护，结晶处理）

踏步防滑槽

10 厚专用粘结剂

20 厚 1:3 水泥砂浆找平层

暗藏灯带

L 形铝合金挡板条

踏步防滑槽

预埋 5 厚镀锌钢板

M8 膨胀螺栓

界面剂一道

原建筑楼梯清理

⟨S⟩ 石材楼梯踏步构造（混凝土楼梯灯带）

➤ 适用范围

　　石材楼梯踏步（混凝土楼梯灯带）可广泛应用于酒店、会所、博物馆、住宅等高档建筑内部楼梯装饰；混凝土楼梯结构稳固且耐用，石材踏步提供了优良的触感和视觉美感。灯带通常嵌入踏步侧面或底部，巧妙隐藏的同时照亮踏步，可防止夜间行走时发生跌倒等意外情况，并能够通过灯光设计突出楼梯的线条美和立体感。

➤ 工艺要求

1. 依据签字确认的石材小样，严格把控下单石材的材质、加工质量、纹路、尺寸、六面防护等标准，且超大板块必须进行加固处理。

2. 石材楼梯踏步的尺寸应符合国家标准，一般为250 mm×125 mm、300 mm×150 mm 等，当踏板设置反光灯带时，踏步尺寸为 370 mm×150 mm，设计石材楼梯踏步时还应考虑到楼梯的坡度和踏步的高度，以确保行走的舒适性和安全性。

3. 水泥砂浆找平前，基层地面涂刷界面剂一道，以增加两者之间牢固度，找平层厚度不宜小于 20 mm。

4. 石材楼梯踏步应具有一定的防滑性能，可采用特殊的防滑处理方式，如预制防滑槽等。

5. 石材踏板悬挑边预埋 5 mm 厚镀锌钢板，宽度不小于 200 mm。

➤ 施工步骤

1. 现场清理，根据 1 m 标高线在墙上弹出地面完成标高线。

2. 石材预拼排板。

3. 在地面弹出石材排布控制线，并确定栏杆、灯带等位置定位线。

➤ 模拟构造

4. 涂刷界面剂一道（100 ~ 150 g/m²）。

5. 石材踏板悬挑处预埋 5mm 厚镀锌钢板，用 M8 不锈钢螺栓固定。

6. 灰饼及标筋定位后平铺 20 mm 厚 1：3 水泥砂浆找平。

7. 在石材背面抹 10 mm 厚专用粘结剂。

8. 铺装 20 mm 厚石材（六面防护，结晶镜面处理）。

9. 安装 LED 灯带及 L 形铝合金挡板条。

➤ 材料规格

装饰面材：20 mm 厚石材饰面。

基层材料：M8 不锈钢膨胀螺栓、5 mm 厚镀锌钢板、界面剂、石材专用粘结剂、LED 灯带、L 形铝合金挡板条。

➤ 材料图片

石材饰面　　石材专用粘结剂　　镀锌钢板　　界面剂

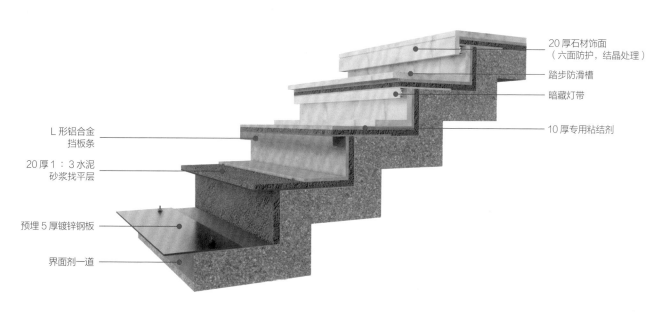

三维构造模型

20 厚石材饰面（六面防护，结晶处理）

踏步防滑槽

暗藏灯带

10 厚专用粘结剂

L 形铝合金挡板条

20 厚 1：3 水泥砂浆找平层

预埋 5 厚镀锌钢板

界面剂一道

B7.2　石材楼梯踏步构造（混凝土楼梯）

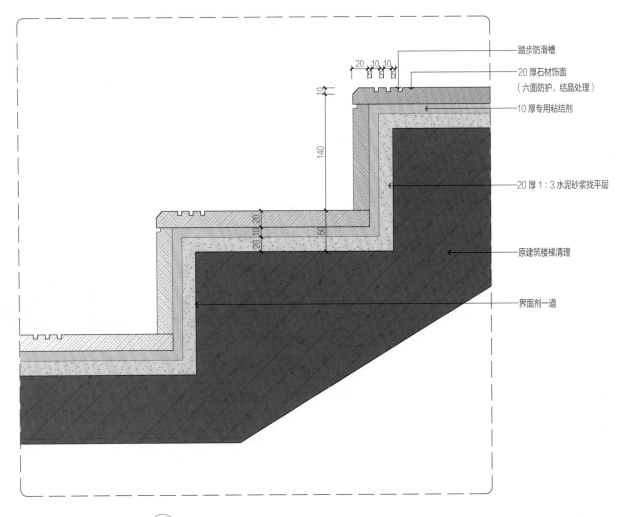

踏步防滑槽

20 厚石材饰面
（六面防护，结晶处理）

10 厚专用粘结剂

20 厚 1：3 水泥砂浆找平层

原建筑楼梯清理

界面剂一道

Ⓢ 石材楼梯踏步构造（混凝土楼梯）

➤ 适用范围

　　石材楼梯踏步（混凝土楼梯）是一种常见的建筑结构形式，其被广泛用于酒店、商场、餐厅、住宅、学校、图书馆等建筑的室内与室外楼梯装饰。石材踏步具有良好的耐磨性、抗压性、防水性和防火性，能够适应各种气候条件和环境，并且容易维护和清洁。因其结构稳固、耐用且装饰效果显著，成为众多建筑物内上下楼层连接设计的首选方案。

▶ 工艺要求

1. 依据签字确认的石材小样，严格把控下单石材的材质、加工质量、纹路、尺寸、六面防护等标准，且超大板块必须进行加固处理。

2. 石材楼梯踏步的尺寸应符合国家标准，一般为 250 mm×125 mm、300 mm×150 mm 等，确定石材楼梯踏步尺寸时还应考虑到楼梯的坡度和踏步的高度，以确保行走的舒适性和安全性。

3. 干硬性水泥砂浆找平前，基层地面涂刷界面剂一道，以增加两者之间牢固度，找平层厚度不宜小于 20 mm。

4. 按照使用的部位和安装顺序对石材进行编号，选择较为平整的场地做预排，检查拼接出来的板块是否有色差，是否满足现场尺寸的要求。

5. 石材楼梯踏步应具有一定的防滑性能，可采用特殊的防滑处理方式，如预制防滑槽等。

▶ 施工步骤

1. 现场清理，根据 1 m 标高线在墙上弹出地面完成标高线。

2. 石材预拼排板。

3. 在地面弹出石材排布控制线，并确定栏杆、灯带等位置定位线。

4. 涂刷界面剂一道（100 ~ 150 g/m²）。

5. 灰饼及标筋定位后平铺 20 mm 厚 1 ： 3 水泥砂浆找平。

6. 在石材背面抹 10 mm 厚专用粘结剂。

7. 铺装 20 mm 厚石材（六面防护，结晶镜面处理）。

▶ 材料规格

装饰面材：20 mm 厚石材饰面。

基层材料：界面剂、石材专用粘结剂、1 ： 3 水泥砂浆。

▶ 材料图片

石材饰面　　石材专用粘结剂　　界面剂

▶ 模拟构造

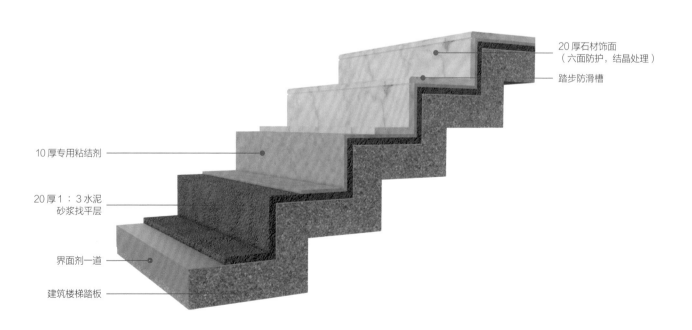

20 厚石材饰面
（六面防护，结晶处理）

踏步防滑槽

10 厚专用粘结剂

20 厚 1 ： 3 水泥
砂浆找平层

界面剂一道

建筑楼梯踏板

三维构造模型

B7

B7.3　石材楼梯踏步构造（钢架楼梯）

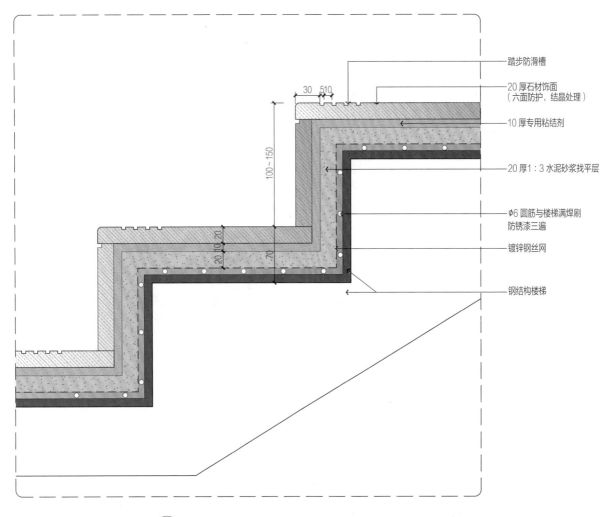

踏步防滑槽

20 厚石材饰面
（六面防护，结晶处理）

10 厚专用粘结剂

20 厚1：3 水泥砂浆找平层

φ6 圆筋与楼梯满焊刷
防锈漆三遍

镀锌钢丝网

钢结构楼梯

30　510

100～150

20 10 20

70

Ⓢ 石材楼梯踏步构造（钢架楼梯）

▶ 适用范围

　　石材楼梯踏步（钢架楼梯）主要用于酒店、商业、图书馆、博物馆、剧院等公共建筑，是一种将钢结构与石材踏步相结合的楼梯形式，它综合了钢结构的稳固、轻量化和石材踏步的美观、耐用的特点。

➤ 工艺要求

1. 依据签字确认的石材小样，严格把控下单石材的材质、加工质量、纹路、尺寸、六面防护等标准，且超大板块必须进行加固处理。

2. 石材楼梯踏步的尺寸应符合国家标准，一般为250 mm×125 mm、300 mm×150 mm 等，确定石材楼梯踏步尺寸时还应考虑到楼梯的坡度和踏步的高度，以确保行走的舒适性和安全性。

3. 水泥砂浆找平前，基层地面涂刷界面剂一道，以增加两者之间牢固度，找平层厚度不宜小于20 mm。

4. 石材楼梯踏步应具有一定的防滑性能，可采用特殊的防滑处理方式，如预制防滑槽等。

5.∅6 mm 钢筋网片需满铺钢楼梯踏板与立板，钢筋网片与钢楼梯焊接处满焊并刷三遍防锈漆。

6. 网片上层铺设一层钢丝网，钢丝按八字形绑扎牢固。

➤ 施工步骤

1. 现场清理，根据1 m 标高线在墙上弹出地面完成标高线。

2. 石材预拼排板。

3. 在地面弹出石材排布控制线，并确定栏杆、灯带等位置定位线。

4. 满铺 ∅6 mm 钢筋网片，焊接处满焊并刷三遍防锈漆。

5. 满铺一层镀锌钢丝网。

6. 灰饼及标筋定位后平铺20 mm 厚1：3水泥砂浆找平。

7. 在石材背面抹10 mm 厚专用粘结剂。

8. 铺装20 mm 厚石材（六面防护，结晶镜面处理）。

➤ 材料规格

装饰面材：20 mm 厚石材饰面。

基层材料：∅6 mm 钢筋网片、镀锌钢丝网、石材专用粘结剂、1：3 水泥砂浆。

➤ 材料图片

石材饰面　　　石材专用粘结剂　　　界面剂

➤ 模拟构造

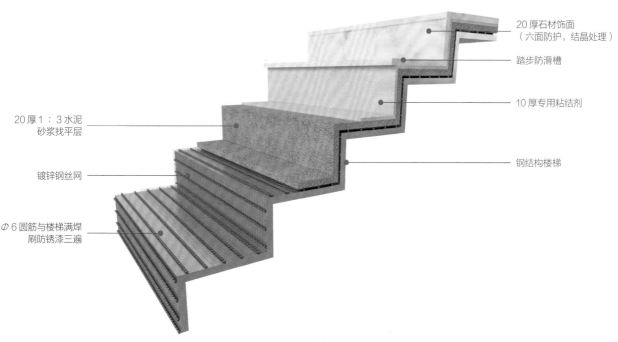

20 厚石材饰面
（六面防护，结晶处理）

踏步防滑槽

10 厚专用粘结剂

20 厚1：3水泥砂浆找平层

镀锌钢丝网

钢结构楼梯

∅6圆筋与楼梯满焊刷防锈漆三遍

三维构造模型

B7

B7.4 木饰面楼梯踏步构造（混凝土楼梯）

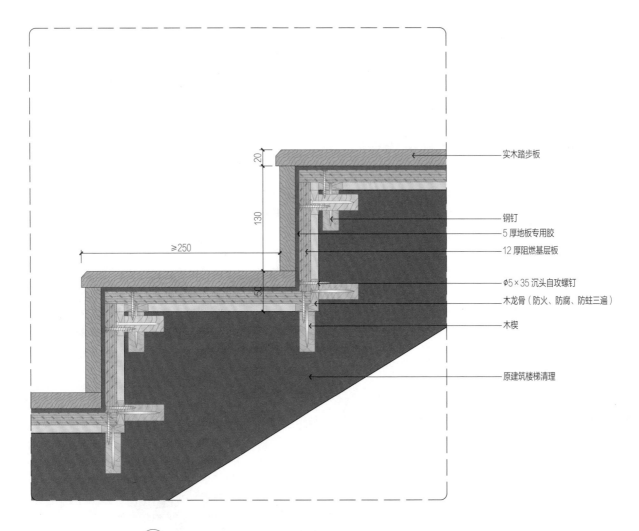

实木踏步板

钢钉
5 厚地板专用胶
12 厚阻燃基层板

φ5×35 沉头自攻螺钉
木龙骨（防火、防腐、防蛀三遍）
木楔

原建筑楼梯清理

（S）木饰面楼梯踏步构造（混凝土楼梯）

▶ 适用范围

　　木饰面楼梯踏步（混凝土楼梯）可用于多种类型的场所，包括住宅、办公室、酒店、零售店等。其自然的外观给人一种温暖和舒适的氛围，非常适合那些希望营造温馨居家环境的人们。

▶ 工艺要求

1. 依据签字确认的实木地板小样，严格把控下单地板的材质、加工质量、纹路、尺寸等标准，且实木地板必须进行防火、防腐、防蛀等处理。

2. 木楔预埋深度一般为 50 ~ 60 mm，木楔的间距不大于 300 mm。

3. 地板铺装前，先铺设一层 12 mm 厚阻燃基层板。

4. 采用配套钢钉将阻燃基层板与木龙骨钉牢固定。钢钉尺寸宜选用长度是阻燃基层板厚度 2 ~ 2.5 倍的。

5. 地板与阻燃基层板基层采用胶粘法的连接方式，这里用的粘结剂为地板专用胶，地板专用胶是针对地板加工工艺而设计的胶水，具有快速黏合、耐水、耐热、耐老化等特点，适用于实木地板的黏合和拼接。

▶ 施工步骤

1. 现场清理，根据 1 m 标高线在墙上弹出地面完成标高线。

2. 实木地板预拼排板。

3. 在地面弹出地板排布控制线，并确定栏杆、灯带等位置定位线。

4. 在混凝土楼梯开孔并安装木楔。

5. 用钢钉或美固钉钉牢木龙骨并调平。

6. 安装 12 mm 厚阻燃基层板基层。

7. 涂刷地板专用胶。

8. 安装实木踏步板。

▶ 材料规格

装饰面材：实木踏步板。

基层材料：木龙骨、12 mm 厚阻燃基层板、地板专用胶、木楔、ϕ5 mm×35 mm 沉头自攻螺钉。

▶ 材料图片

实木踏步板　　木龙骨　　阻燃基层板　　地板专用胶

▶ 模拟构造

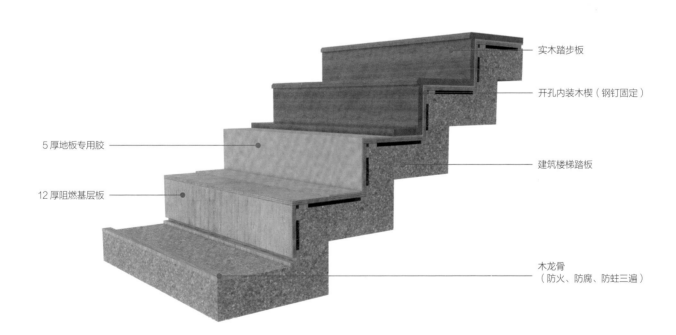

三维构造模型

B7

B7.5 木饰面楼梯踏步构造（钢结构楼梯）

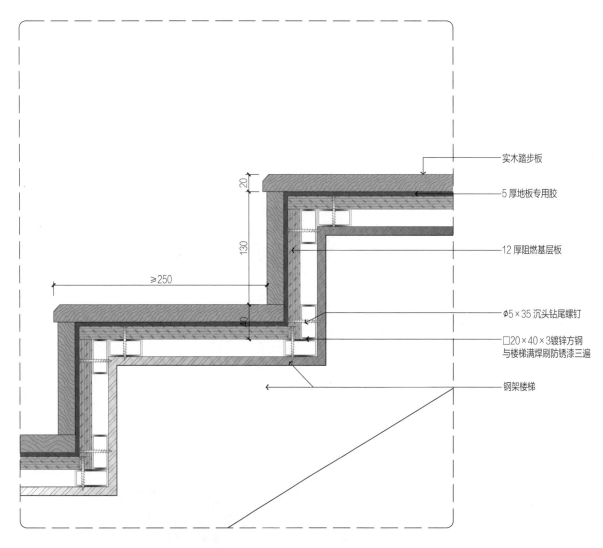

实木踏步板

5 厚地板专用胶

12 厚阻燃基层板

φ5×35 沉头钻尾螺钉

□20×40×3镀锌方钢
与楼梯满焊刷防锈漆三遍

钢架楼梯

Ⓢ 木饰面楼梯踏步构造（钢结构楼梯）

➤ 适用范围

　　木饰面楼梯踏步（钢结构楼梯）主要适用于复式公寓、酒店、会所、餐厅、咖啡馆等建筑。木饰面钢结构楼梯结合了钢结构的稳定性和木质装饰的温馨感，是一种结构稳固且具有高装饰性特点的楼梯形式；其风格多样、坚固耐用、易于维护、视觉效果良好。

B7

➤ 工艺要求

1. 依据签字确认的实木地板小样，严格把控下单地板的材质、加工质量、纹路、尺寸等标准，且实木地板必须进行防火、防腐、防蛀等处理。

2. 对 20 mm×40 mm×3 mm 镀锌方钢与钢楼梯焊接处满焊并刷三遍防锈漆。

3. 地板铺装前，先铺设一层 12 mm 厚阻燃基层板。

4. 采用 ⌀5 mm×35 mm 沉头钻尾螺钉将阻燃基层板与镀锌方钢钉牢固定。

5. 地板与阻燃基层板基层采用胶粘法的连接方式，这里用的粘结剂为地板专用胶，地板专用胶是针对地板加工工艺而设计的胶水，具有快速黏合、耐水、耐热、耐老化等特点，适用于实木地板的黏合和拼接。

➤ 施工步骤

1. 现场清理，根据 1 m 标高线在墙上弹出地面完成标高线。

2. 实木地板预拼排板。

3. 在地面弹出地板排布控制线，并确定栏杆、灯带等位置定位线。

4. 钢结构楼梯焊接 20 mm×40 mm×3 mm 镀锌方钢，满焊并刷防锈漆三遍。

5. 安装 12 mm 厚阻燃基层板基层。

6. 涂刷 5 mm 厚地板专用胶。

7. 安装楼梯实木踏步板。

➤ 材料规格

装饰面材：实木踏步板

基层材料：□ 20 mm×40 mm×3 mm 镀锌方钢、⌀5 mm×35 mm 沉头钻尾螺钉、12 mm 厚阻燃基层板、地板专用胶。

➤ 材料图片

实木踏步板　　镀锌方钢　　阻燃基层板　　地板专用胶

➤ 模拟构造

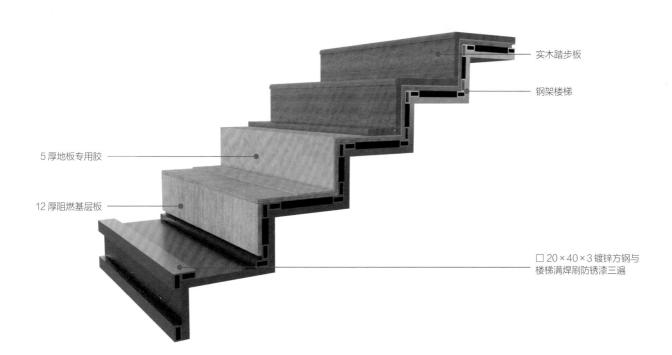

实木踏步板

钢架楼梯

5 厚地板专用胶

12 厚阻燃基层板

□ 20×40×3 镀锌方钢与楼梯满焊刷防锈漆三遍

三维构造模型

B7

B7.6 木饰面楼梯踏步构造（混凝土楼梯灯带）

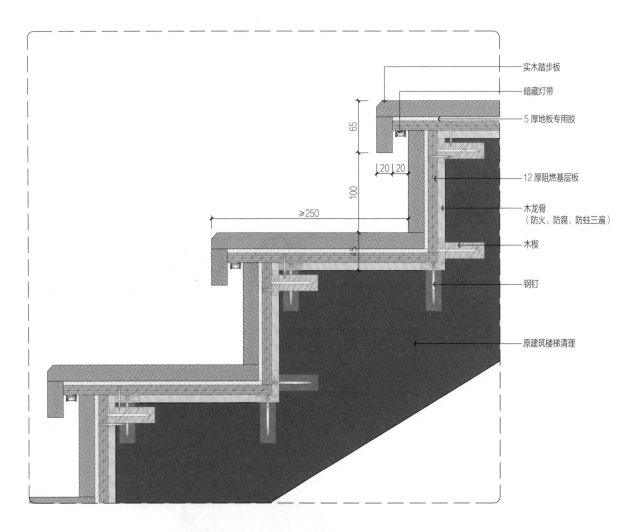

实木踏步板

暗藏灯带

5 厚地板专用胶

12 厚阻燃基层板

木龙骨
（防火、防腐、防蛀三遍）

木楔

钢钉

原建筑楼梯清理

Ⓢ 木饰面楼梯踏步构造（混凝土楼梯灯带）

➤ 适用范围

　　木饰面楼梯踏步（混凝土楼梯灯带）广泛应用于酒店、会所、别墅、住宅等高档建筑。木饰面为室内空间增添了温暖和高雅感，楼梯踏步中的灯带则提供了柔和且富有层次的光线效果，提升了居住环境的艺术品质。木饰面楼梯配以灯光设计既体现了高端品位和精致的装修风格，又能满足功能性和安全性需求。

➤ 工艺要求

1. 依据签字确认的实木地板小样，严格把控下单地板的材质、加工质量、纹路、尺寸等标准，且实木地板必须进行防火、防腐、防蛀等处理。

2. 木楔预埋深度一般为 50 ～ 60 mm，木楔的间距不大于 300 mm。

3. 地板铺装前，先铺设一层 12 mm 厚阻燃基层板。

4. 采用配套钢钉将阻燃基层板与木龙骨钉牢固定。钢钉尺寸宜选用长度是阻燃基层板厚度 2 ～ 2.5 倍的。

5. 地板与阻燃基层板采用胶粘法的连接方式，这里所用的粘结剂是地板专用胶，地板专用胶是针对地板加工工艺而设计的胶水，具有快速黏合、耐水、耐热、耐老化等特点，适用于实木地板的黏合和拼接。

6. 台阶灯带电源线需将主线顺着台阶一级一级布管至最后一级台阶。电源线一般采用 RVB 2×0.75 mm² 或 RVB 2×1.0 mm² 线缆。

➤ 施工步骤

1. 现场清理，根据 1 m 标高线在墙上弹出地面完成标高线。

2. 实木地板预拼排板。

3. 在地面弹出地板排布控制线，并确定栏杆、灯带等位置定位线。

4. 在混凝土楼梯开孔并安装木楔。

5. 用钢钉或美固钉钉牢木龙骨并调平。

6. 安装 12 mm 厚阻燃基层板。

7. 涂刷地板专用胶。

8. 安装楼梯实木踏步板。

9. 安装 LED 灯带及 L 形铝合金挡板条。

➤ 材料规格

装饰面材：实木踏步板。

基层材料：20 mm×40 mm 木龙骨、12 mm 厚阻燃基层板、地板专用胶、木楔、LED 灯带、钢钉。

➤ 材料图片

实木踏步板　　木龙骨　　阻燃基层板　　地板专用胶

➤ 模拟构造

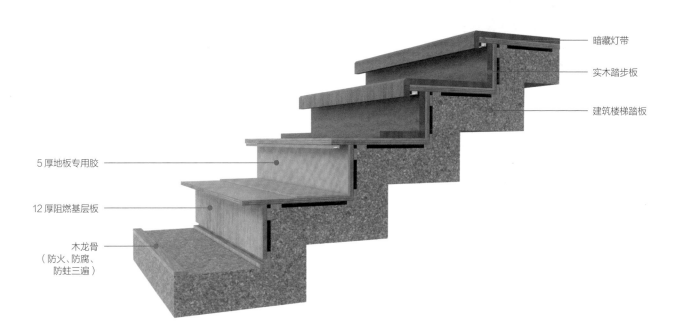

暗藏灯带
实木踏步板
建筑楼梯踏板
5 厚地板专用胶
12 厚阻燃基层板
木龙骨
（防火、防腐、防蛀三遍）

三维构造模型

B7.7　地毯楼梯踏步构造（混凝土楼梯）

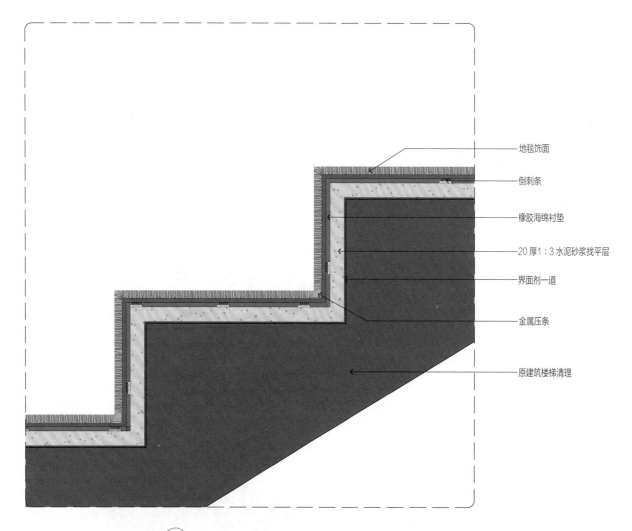

地毯饰面

倒刺条

橡胶海绵衬垫

20厚1:3水泥砂浆找平层

界面剂一道

金属压条

原建筑楼梯清理

（S）地毯楼梯踏步构造（混凝土楼梯）

➤ 适用范围

地毯楼梯踏步常用于住宅、办公室、电影院、图书馆、幼儿园等场所。

➤ 工艺要求

1. 水泥砂浆找平前，在基层地面涂刷界面剂一道，以增加两者之间牢固度，找平层厚度不宜小于 20 mm。

2. 将倒刺条钉在楼梯踏面与踢面之间阴阳角的两边，两条倒刺条之间留 15 mm 宽的间隙，倒刺条上的朝天钉倾向阴角，毯垫应覆盖楼梯踏面，并包住阳角，盖在踏步踢面的宽度不应小于 15 mm。

3. 按每级踏步踏面与踢面宽度之和加适当预留长度下料，顶级地毯端部用压条钉在平台上，然后自上而下逐级铺设。

4. 每级踏步阴角处，用扁铲将地毯绷紧后压入倒刺条的缝隙内；预留长度部分钉在最下一级踏步的踢面上。

5. 地毯裁剪应在比较宽阔的地方集中统一进行，需精确测量尺寸，并按所用地毯型号逐一登记编号，地毯铺粘要严密平整，图案也要吻合。

➤ 施工步骤

1. 现场清理，根据 1m 标高线在墙上弹出地面完成标高线。

2. 石材预拼排板。

3. 在地面弹出石材排布控制线，并确定栏杆、灯带等位置定位线。

4. 涂刷界面剂一道（100 ~ 150 g/m²）。

5. 灰饼及标筋定位后平铺 20 mm 厚 1：3 水泥砂浆找平。

6. 铺设橡胶海绵衬垫，固定倒刺条。

7. 铺装地毯，阴角处安装金属压条。

➤ 材料规格

装饰面材：地毯饰面。

基层材料：界面剂、倒刺条、橡胶海绵衬垫、金属压条、1：3 水泥砂浆。

➤ 材料图片

地毯饰面　　　橡胶海绵衬垫　　　金属压条　　　界面剂

➤ 模拟构造

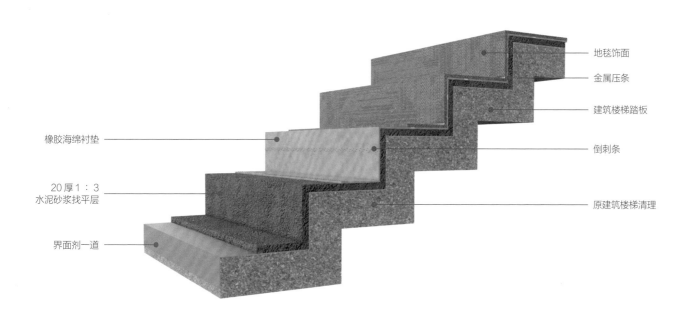

三维构造模型

地毯饰面
金属压条
建筑楼梯踏板
倒刺条
原建筑楼梯清理

橡胶海绵衬垫
20 厚 1：3 水泥砂浆找平层
界面剂一道

B7.8 地毯楼梯踏步构造（钢结构楼梯）

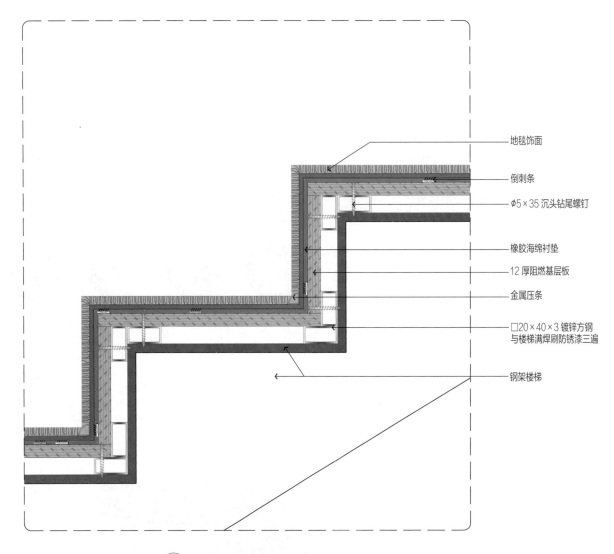

地毯饰面

倒刺条

φ5×35 沉头钻尾螺钉

橡胶海绵衬垫

12 厚阻燃基层板

金属压条

□20×40×3 镀锌方钢
与楼梯满焊刷防锈漆三遍

钢架楼梯

S 地毯楼梯踏步构造（钢结构楼梯）

➤ **适用范围**

地毯楼梯踏步常用于住宅、办公室、电影院、图书馆、幼儿园等场所。

➤ 工艺要求

1. 按实量尺寸裁割地毯，一律采用满刮胶粘结，自上而下用镘刀把粘结剂刮在楼梯的踏面和踢面上，适当晾置后即将地毯粘上，然后用扁铲压平、压实，要逐级刮胶、逐级铺设。

2. 对 20 mm × 40 mm × 3 mm 镀锌方钢与钢楼梯焊接处满焊并涂三遍防锈漆。

3. 地板铺装前，先铺设一层 12 mm 厚阻燃基层板。

4. 采用 ∅5 mm × 35 mm 沉头钻尾螺钉将阻燃基层板与镀锌方钢钉牢固定。

5. 地毯裁剪应在比较宽阔的地方集中统一进行，需精确测量尺寸，并按所用地毯型号逐一登记编号，地毯铺粘应严密平整，图案应吻合。踏步可以在阳角处安装金属防滑条，同时兼顾阳角保护作用，铺贴后 24 h 内应禁止人流来往。

➤ 施工步骤

1. 现场清理，根据 1 m 标高线在墙上弹出地面完成标高线。

2. 实木地板预拼排板。

3. 在地面弹出地板排布控制线，并确定栏杆、灯带等位置定位线。

4. 钢结构楼梯焊接 20 mm × 40 mm × 3 mm 镀锌方钢，满焊并防刷锈漆三遍。

5. 安装 12 mm 厚阻燃基层板。

6. 铺设橡胶海绵衬垫，固定倒刺条。

7. 铺装地毯，阴角处安装金属压条。

➤ 材料规格

装饰面材：地毯饰面。

基层材料：□ 20 mm × 40 mm × 3 mm 镀锌方钢、∅5 mm × 35 mm 沉头钻尾螺钉、12 mm 厚阻燃基层板、倒刺条、橡胶海绵衬垫、金属压条。

➤ 材料图片

地毯饰面　　　　镀锌方钢　　　　阻燃基层板

地毯专用胶　　　橡胶海绵衬垫　　　金属压条

➤ 模拟构造

橡胶海绵衬垫

12 厚阻燃基层板

地毯饰面

金属压条

钢架楼梯

□ 20 × 40 × 4 镀锌方钢与楼梯满焊刷防锈漆三遍

三维构造模型

B7

深化与施工要点

➤ 深化要点与管控

深化要点

1. 确定石材、瓷砖、木地板、地毯等规格尺寸及配套龙骨、灯带选型。

2. 深化踏步饰面材料分割方案，确定地面标高与楼梯造型对应关系。

3. 根据现场尺寸深化石材、瓷砖、木地板、地毯等排板，深化基层龙骨定位图。

4. 依据图纸要求与现场完成地面标高，明确基层施工厚度与施工工法。

深化管控

1. 资料签收：检查各专业提资图纸是否已收集完毕。

2. 图纸深化：根据图纸要求和现场尺寸，结合材料特性深化踏步石材、瓷砖、木地板等排板。梯段踏面长度大于 1200 mm 时，石材、瓷砖等宜按照"中大侧小"原则进行三分排板，两侧分割长度宜为中间板块的二分之一。梯段踏面长度不大于 1200 mm 时，踏面不做分割排板。

3. 机电配合：将装饰专业施工图纸与其他专业图纸进行叠图，检查点位是否缺失、隐蔽工程管路排布是否影响地面标高。

4. 现场管控：检查现场石材、瓷砖、木地板、地毯等的地面标高、排板、机电点位等定位是否符合图纸要求，若现场不满足要求，则要及时提出整改意见。

➤ 工序策划

图纸深化 → 隐蔽施工 → 隐蔽验收 → 基层安装 → 面层安装

1. 图纸深化：石材、瓷砖排板下单过程中，现场完成面线尺寸要精确、完整，排板方案应结合各专业提资图纸深化综合机电点位。木地板、地毯施工方案深化时，要确保施工工艺符合规范和设计要求，保证施工质量。

2. 隐蔽施工：根据各单位会签地面管综布置图，各专业单位进行消防安全、机电管线布设及隐蔽加固、水地暖安装等施工作业。

3. 隐蔽验收：除水地暖安装外所有隐蔽管线管路布设宜在水泥砂浆找平前完成；检查地面设备管线是否按设计要求安装完毕，并验收合格。

4. 基层安装：钢结构楼梯采用镀锌方钢焊接固定后封一层阻燃基层板作为踏步基础垫层，混凝土楼梯采用水泥砂浆作为踏步基础垫层，其中实木踏步板饰面宜用阻燃基层板与木楔打点的方式作为基础垫层。

5. 面层安装：将石材按照排板图编号进行安装，实木踏步板、地毯、瓷砖等按照材质纹理进行安装，确保平整和缝隙均匀，避免出现有色差、破损等缺陷的材料。

➤ 质量通病与预防

通病现象	预防措施
楼梯踏步石材出现悬挑部位断裂、崩角现象	踏步石材抗折强度不低于 7MPa，边缘厚度不小于 30 mm，若石材厚度不足，可进行加强处理；石材踏步防滑槽设置在距边缘 30 mm 以外；踏步石材悬挑不可超过 20 mm；石材踏步边要进行 45° 倒角处理，避免使用 90° 尖角；踏步石材铺贴完工后，以多层板或木工板包角，并铺设模板保护，7 天内不准上人

➤ 实景照片

地板楼梯踏步

石材楼梯踏步

B8 泳池、水景构造

B8.1 泳池构造

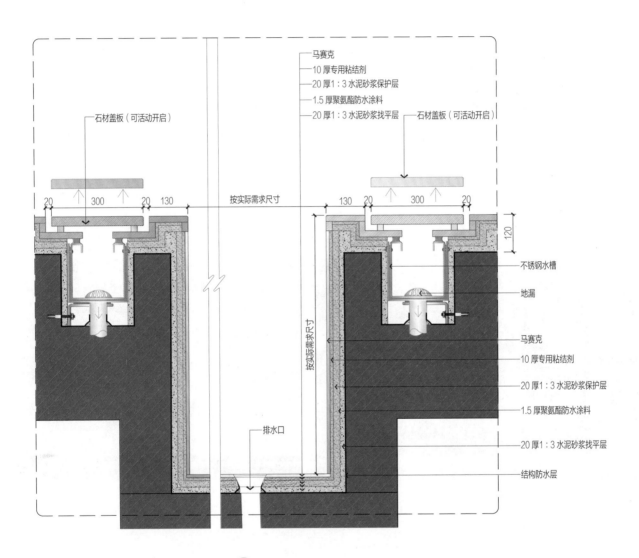

石材盖板（可活动开启）

马赛克
10 厚专用粘结剂
20 厚1：3 水泥砂浆保护层
1.5 厚聚氨酯防水涂料
20 厚1：3 水泥砂浆找平层
石材盖板（可活动开启）

按实际需求尺寸

20 300 20 130

130 20 300 20

120

不锈钢水槽

地漏

马赛克

10 厚专用粘结剂

20 厚1：3 水泥砂浆保护层

1.5 厚聚氨酯防水涂料

20 厚1：3 水泥砂浆找平层

结构防水层

排水口

按实际需求尺寸

Ⓢ 泳池构造

➤ **适用范围**

泳池适用于多种场合，如居民区 / 社区、运动场馆 / 俱乐部、酒店 / 度假村、学校、公共游泳馆等。

▶ 工艺要求

1. 泳池内饰面常规选用马赛克材料铺贴装饰，伴随新型材料迭代，也可选用泳池砖来作为装饰饰面。

2. 水泥砂浆找平前，基层地面涂刷界面剂一道，以增加两者之间牢固度，找平层厚度不宜小于 20 mm。

3. 不锈钢溢水槽应设置在泳池四周，为了方便泳池使用期间对不锈钢水槽的日常检查和维修，溢水槽的上部覆盖灵活的可活动装饰盖板（如石材），盖板宽度以 300 mm 为宜，盖板两侧溢水边宽度应大于 20 mm。

4. 泳池施工前需进行荷载计算，若原建筑结构无法满足荷载要求，则需对结构进行加固处理。

▶ 施工步骤

1. 确定排水管位置，布设排水管。

2. 现场清理，弹线定位，确定地面完成面线高度，确定泳池尺寸及溢水口位置。

3. 涂刷界面剂一道（100 ~ 150 g/m²）。

4. 灰饼定位后平铺 20 mm 厚 1：3 水泥砂浆找平。

5. 做聚氨酯防水（厚度不小于 1.5 mm）。

6. 灰饼定位后平铺 20 mm 厚 1：3 水泥砂浆保护。

7. 安装成品不锈钢水槽及水槽里的地漏。

8. 涂刷 10 mm 厚专用粘结剂。

9. 安装面层石材和马赛克。

10. 安装石材活动盖板。

▶ 材料规格

装饰面材：马赛克、石材饰面。

基层材料：界面剂、不锈钢水槽、聚氨酯防水涂料、石材专用粘结剂、1：3 水泥砂浆。

▶ 材料图片

马赛克　　　　石材饰面　　　石材专用粘结剂

聚氨酯防水涂料　　不锈钢水槽

▶ 模拟构造

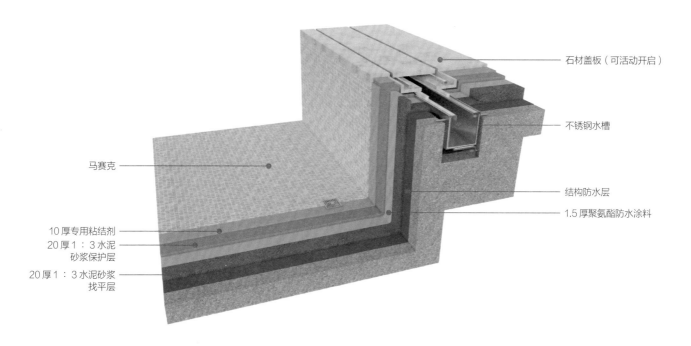

三维构造模型

B8

B8.2 水景构造

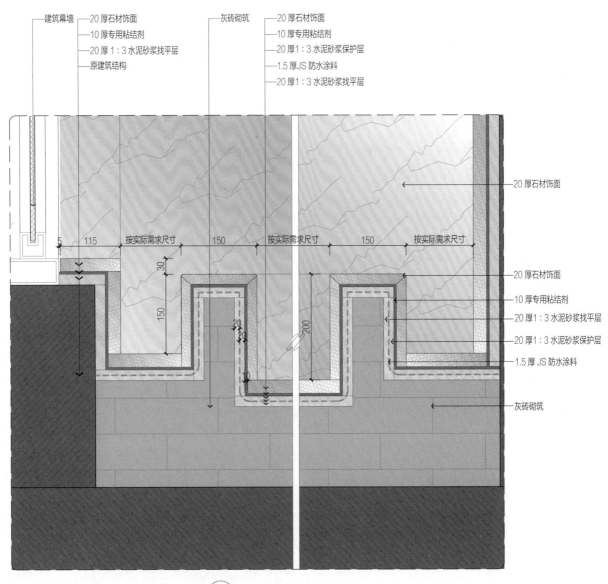

建筑幕墙
20 厚石材饰面
10 厚专用粘结剂
20 厚 1：3 水泥砂浆找平层
原建筑结构

灰砖砌筑

20 厚石材饰面
10 厚专用粘结剂
20 厚 1：3 水泥砂浆保护层
1.5 厚 JS 防水涂料
20 厚 1：3 水泥砂浆找平层

20 厚石材饰面

20 厚石材饰面
10 厚专用粘结剂
20 厚 1：3 水泥砂浆找平层
20 厚 1：3 水泥砂浆保护层
1.5 厚 JS 防水涂料

灰砖砌筑

5　115　按实际需求尺寸　150　按实际需求尺寸　150　按实际需求尺寸

30　150　20　20　200　10

(S) 水景构造

▶ 适用范围

水景可以用于别墅住宅、园林景观、购物中心、度假胜地、酒店、餐厅等场所。

➤ 工艺要求

1. 灰砖的砌筑应符合设计要求，砖缝应密实饱满，砖墙水平灰缝的砂浆饱满度不得低于 80%，砖柱水平灰缝和竖向灰缝饱满度不得低于 90%。

2. 蒸压砖的产品龄期不应少于 28 天。

3. 灰砖砌体的转角处和交接处应同时砌筑，不能同时砌筑的地方应留斜槎，斜槎的投影长度不应小于高度的 2/3。

4. 施工时尽量少切砖，保证砌体灰缝均匀，拼装得当。

5. 阴阳角处应做成圆弧形（直径不小于 50 mm），局部孔洞、蜂窝、裂缝应使用水泥砂浆修补严密。

6. 整体防水施工前，应先在管根、地漏、四周墙根涂刷一道涂膜附加层内加玻璃纤维网布，管道周围直径为 300 mm，墙角处沿墙高和楼板水平方向各 150 mm。

7. 将 1.5 mm 厚 JS 防水涂料分三道涂刷，每道施工要等上一道干后才能进行。

➤ 施工步骤

1. 现场清理，弹线定位，确定地面完成面线高度，确定水景造型尺寸。

2. "一顺一丁"灰砖砌筑地台。

3. 灰饼定位后平铺 20 mm 厚 1 : 3 水泥砂浆找平。

4. 将 1.5 mm 厚 JS 防水涂料分三道涂刷。

5. 灰饼定位后平铺 20 mm 厚 1 : 3 水泥砂浆保护。

6. 在石材背面抹 10 mm 厚专用粘结剂。

7. 安装面层石材（六面防护，结晶镜面处理）。

➤ 材料规格

装饰面材：20 mm 厚石材饰面。

基层材料：JS 防水涂料、石材专用粘结剂、1 : 3 水泥砂浆。

➤ 材料图片

石材饰面　　石材专用粘结剂　　JS 防水涂料　　隐形地漏

➤ 模拟构造

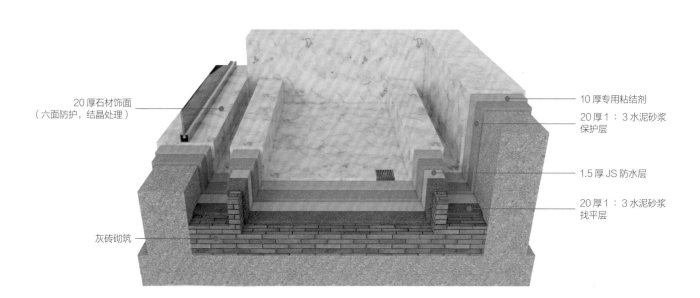

20 厚石材饰面
（六面防护，结晶处理）

灰砖砌筑

10 厚专用粘结剂

20 厚 1 : 3 水泥砂浆保护层

1.5 厚 JS 防水层

20 厚 1 : 3 水泥砂浆找平层

三维构造模型

B8

— 深化与施工要点 —

➤ 深化要点与管控

深化要点

1. 根据图纸要求及现场情况，深化室内泳池和水景的类型、尺寸、形状、材质。

2. 依据承重需要深化前要对原结构进行结构力学计算，确保结构满足施工条件，若承载力不够应进行结构加固处理。

3. 选择适当的水泵和过滤系统，以确保水质清洁和循环流动。

4. 深化地面石材、马赛克铺贴节点做法，明确地面分割排板图及设备的末端定位。

深化管控

1. 资料签收：检查各专业提资图纸是否已收集完毕。

2. 图纸深化：根据图纸要求与使用需求，世界泳联规定泳池标准长度宜为50m、宽度宜为25m、深度宜为2m，明确列出泳池及水景所需的各种设备及其型号、规格和数量，并确定相应的安装位置。

3. 机电配合：将装饰专业施工图纸与其他专业图纸进行叠图，检查点位是否缺失、隐蔽工程管路排布是否影响地面标高，根据石材、马赛克排板来确定排水点、照明灯具、溢水沟等定位尺寸。

4. 现场管控：检查现场泳池及水景是否按照图纸要求施工，若现场不满足要求，则要及时提出整改意见。

➤ 工序策划

1. 图纸深化：根据图纸要求及现场尺寸，深化地面石材及马赛克分割排板，明确排水、注水、溢水装置等定位尺寸。

2. 隐蔽施工：根据各单位会签地面管综布置图，各专业单位进行给水排水点与管路、机电管线布设及隐蔽加固、循环水泵安装等施工作业。

3. 隐蔽验收：检查地面的水、电等设备管线与防水施工是否按设计要求安装完毕，并验收合格。

4. 防水施工：在地面进行防水施工需要严格控制施工工艺，包括防水涂料涂刷的厚度和均匀性、卷材的铺贴和热熔等。同时，还需要注意温度、湿度等环境因素对施工质量的影响。防水层必须进行闭水试验，试验时间不少于24 h，待甲方及监理检查通过验收后，铺设水泥砂浆保护，以防后续施工人员对防水层的破坏。

5. 面层安装：将地面石材、马赛克按照排板图编号进行安装，确保平整和缝隙均匀，避免出现有色差、爆边、断裂等缺陷，确保泳池、水景地面平整美观。

➤ 质量通病与预防

通病现象	预防措施
泳池防水施工中，聚氨酯防水涂料层从基层脱落起泡	施工前应彻底清理浮灰或油性物质，修补疏松基层面，若基层潮湿，应干燥后再施工。涂膜未完全干燥前不得进行下道工序。若在水性涂料上涂刷聚氨酯防水涂料，则应先让下面的水性涂料涂膜彻底干燥
泳池后期使用时出现漏水现象	泳池需要做建筑结构性防水，移交给装饰单位前需做闭水试验，闭水时间不应少于 24 h，然后查看是否有漏水现象

➤ 实景照片

泳池

水景

B9   其他地面构造

B9.1   厨房地沟构造（地砖铺贴）

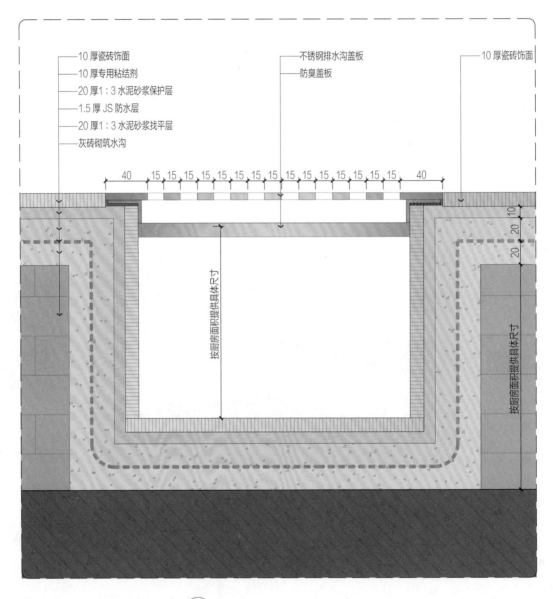

10 厚瓷砖饰面
10 厚专用粘结剂
20 厚1:3 水泥砂浆保护层
1.5 厚 JS 防水层
20 厚1:3 水泥砂浆找平层
灰砖砌筑水沟

不锈钢排水沟盖板
防臭盖板

10 厚瓷砖饰面

40 15 15 15 15 15 15 15 15 15 15 15 15 15 15 40

按厨房面积提供具体尺寸

按厨房面积提供具体尺寸

$$\textcircled{S}\ \text{厨房地沟构造（地砖铺贴）}$$

▶ 适用范围

厨房地沟（地砖铺贴）适用于各类商业餐饮场所、酒店后厨、学校食堂等需要设置排水设施的场所。其可以快速有效地排放厨房操作过程中产生的废水、油脂和食物残渣，同时通过地砖的铺贴确保地面的整洁美观，易于清洁维护，符合卫生标准的要求。

➤ 工艺要求

1. 厨房地沟需避让厨房灶台，避让距离为 400～500 mm。

2. 厨房地沟宜采用明装地沟排水，容易排水、方便清洗、预防堵塞。

3. 餐饮厨房装修地面排水坡度一般不小于 1.5%，排水流向应由高清洁区流向低清洁区。

4. 清洁操作区内采用带水封的暗式地漏排泄污水，防止废弃物流入和浊气逸出。

5. 排水沟的深度为 150～250 mm，宽度为 300～400 mm。

6. 厨房地沟应安装金属网罩、防鼠栅栏、过滤网、防臭盖板等，防止鼠类和浊气进入。

➤ 施工步骤

1. 现场清理，根据 1 m 标高线在墙上弹出地面完成标高线。

2. 确定地沟深度和宽度及位置定位并弹线。

3. 确定排水管位置，布设排水管与进水管。

4. 用灰砖砌筑水沟。

5. 灰饼及标筋定位后平铺 20 mm 厚 1：3 水泥砂浆找平层。

6. 涂刷 JS 防水涂料（厚度不少于 1.5 mm），分三次施工。

7. 灰饼及标筋定位后平铺 20 mm 厚 1：3 水泥砂浆保护。

8. 涂刷 10 mm 厚专用粘结剂。

9. 铺装地面瓷砖。

10. 安装防臭盖板。

11. 安装不锈钢排水沟盖板。

➤ 材料规格

装饰面材：10 mm 厚地面瓷砖饰面。

基层材料：JS 防水涂料、不锈钢排水沟盖板、防臭盖板、不锈钢地漏、排水管、瓷砖专用粘结剂、1：3 水泥砂浆。

➤ 材料图片

地面瓷砖饰面　　瓷砖专用粘结剂　　JS 防水涂料　　不锈钢排水沟盖板

➤ 模拟构造

10 厚瓷砖饰面
不锈钢排水沟盖板
防臭盖板
灰砖砌筑水沟

10 厚专用粘结剂
20 厚 1：3 水泥砂浆保护层
1.5 厚 JS 防水涂料
20 厚 1：3 水泥砂浆找平层

三维构造模型

B9

B9.2 厨房地沟构造（不锈钢）

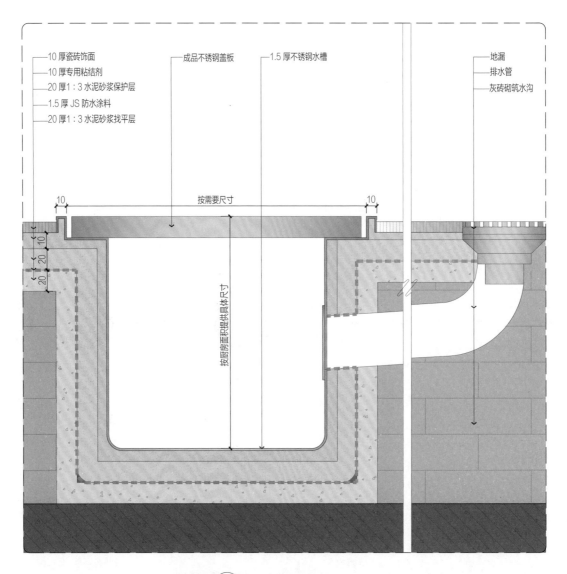

- 10 厚瓷砖饰面
- 10 厚专用粘结剂
- 20 厚 1：3 水泥砂浆保护层
- 1.5 厚 JS 防水涂料
- 20 厚 1：3 水泥砂浆找平层

成品不锈钢盖板

1.5 厚不锈钢水槽

地漏
排水管
灰砖砌筑水沟

10   按需要尺寸   10

10
20
20

按厨房面积提供具体尺寸

S 厨房地沟构造（不锈钢）

➤ 适用范围

　　厨房地沟（不锈钢）采用不锈钢材料制作盖板、篦子和框架等，适用于商业餐饮、工业食品加工、医疗机构等场所，不锈钢地沟因为具有良好的耐腐蚀性、抗污性、易清洁性、承重能力和长久使用寿命等特点，特别适合于以上提及的各种环境下的厨房排水系统。

➤ 工艺要求

1. 不锈钢排水沟的制作长度一般有 3 m、6 m、12 m，一般采用 3m 长度，因为易于运输、加工成本低、安装方便。

2. 不锈钢地沟的壁厚应大于 1 mm，常规厚度为 1.5 ~ 3 mm。根据工程要求，可以采用不锈钢板、镀锌钢板、碳钢板等材料制作不锈钢排水沟。

3. 厨房地沟需避让厨房灶台，避让距离为 400 ~ 500 mm。

4. 餐饮厨房装修地面排水坡度一般不小于 1.5%，排水流向应由高清洁区流向低清洁区。

5. 排水沟的深度为 150 ~ 250 mm，宽度为 300 ~ 400 mm。

➤ 施工步骤

1. 现场清理，根据 1 m 标高线在墙上弹出地面完成标高线。

2. 确定地沟深度和宽度及位置定位并弹线。

3. 确定排水管位置，布设排水管与进水管。

4. 用灰砖砌筑水沟。

5. 灰饼及标筋定位后平铺 20 mm 厚 1 ：3 干硬性砂浆找平层。

6. 涂刷 JS 防水涂料（厚度不少于 1.5 mm），分三次施工。

7. 灰饼及标筋定位后平铺 20 mm 厚 1 ：3 水泥砂浆保护。

8. 涂刷 10 mm 厚专用粘结剂。

9. 铺装地面瓷砖。

10. 安装成品不锈钢地沟。

11. 安装成品不锈钢盖板。

➤ 材料规格

装饰面材：10 mm 厚瓷砖饰面。

基层材料：JS 防水层、1 ：3 水泥砂浆、瓷砖专用粘结剂、1.5 mm 厚不锈钢水槽、成品不锈钢盖板、地漏。

➤ 材料图片

瓷砖　　　　瓷砖专用粘结剂　　成品不锈钢盖板

明装地漏　　　不锈钢水槽　　　JS 防水涂料

➤ 模拟构造

10 厚瓷砖饰面
成品不锈钢盖板
1.5 厚不锈钢水槽
灰砖砌筑水沟

10 厚专用粘结剂
20 厚 1 ：3 水泥砂浆保护层
1.5 厚 JS 防水涂料
20 厚 1 ：3 水泥砂浆找平层
排水管

三维构造模型

B9

深化与施工要点

➤ 深化要点与管控

深化要点

1. 确定排水地沟规格尺寸、位置、走向等，以保证地沟与排水管路相互协调。

2. 选取合适的地沟材料，如不锈钢或其他防腐蚀材料，能够有效地抵抗各种化学腐蚀。

3. 地沟衬板和盖板应选择耐磨、防滑、易清洗的材料，如不锈钢、瓷砖等，以满足厨房环境的特殊需求。

深化管控

1. 资料签收：检查各专业提资图纸是否已收集完毕。

2. 图纸深化：根据项目设计要求和现场尺寸，排布合适的地沟尺寸和形状。单排布置设备的厨房净宽不应小于1.5 m；双排布置设备的厨房其两排设备之间的净距不应小于0.90 m。同时，地沟的形状可以考虑异型设计，以利用空间，满足烹饪操作需求。

3. 机电配合：将装饰专业施工图纸与其他专业图纸进行叠图，检查点位是否缺失、隐蔽工程管路排布是否影响地面标高，根据管路排布与地面排板来确定下水点位、厨房设备等定位尺寸。

4. 现场管控：在施工过程中，注意地沟与地面、墙面的连接处是否平滑，避免出现直角或锐角，以减少积水滞留。同时，确保地沟内无杂物，避免影响排水效果。

➤ 工序策划

图纸深化 ➡ **排水安装** ➡ **防水施工** ➡ **面层安装** ➡ **盖板安装**

1. 图纸深化：依据设计图纸及现场尺寸，明确地沟与排水管道、水槽等设备的连接尺寸，详细说明防水处理、隔油工艺、排水管路、水槽连接等细节处理和施工方法。

2. 排水安装：根据设计图纸砌筑地沟，确保地沟深度、宽度和走向满足要求；排水管道与地沟连接处要严密，防止渗漏；地沟内设置衬板，衬板与地面、排水管道等连接处要平滑。

3. 防水施工：阴阳角处应做成圆弧形（直径不小于50 mm），局部孔洞、蜂窝、裂缝应使用水泥砂

浆修补严密。整体防水施工前，应先在管根、地漏、四周墙根涂刷一道涂膜附加层内加玻璃纤维网布，管道周围直径为300 mm；防水涂施应分三次进行，每层防水涂膜厚度要均匀，涂刷方向要一致，不得漏涂。

4. 面层安装：将瓷砖按照排板图进行铺设，确保平整和缝隙均匀，将预先切割好的不锈钢板沟槽按照测量结果进行安装，确保与地面平齐并紧密贴合。

5. 盖板安装：将盖板安装在地沟上，确保盖板与地面连接处严密、平整、美观。

➤ 质量通病与预防

通病现象	预防措施
防水施工过程中，涂刷不均匀、防水涂料堆积，导致阴角、管根部位防水出现凝固应力引发的开裂现象	阴阳角部位应使用水泥砂浆制作直径不小于50 mm的圆弧；阴阳角、管根、地漏等部位需制作防水附加层，搭接宽度不小于200 mm，防水层必须延伸入地漏管壁内侧不小于30 mm；配置的防水涂料，控制每遍涂刷的间隔时间，严格遵照薄涂多遍的原则，杜绝一次涂刷过厚

➤ 实景照片

厨房地沟基层处理

厨房地沟面层安装

门构件构造工艺

C1 玻璃门构造

C1.1 淋浴间玻璃门构造

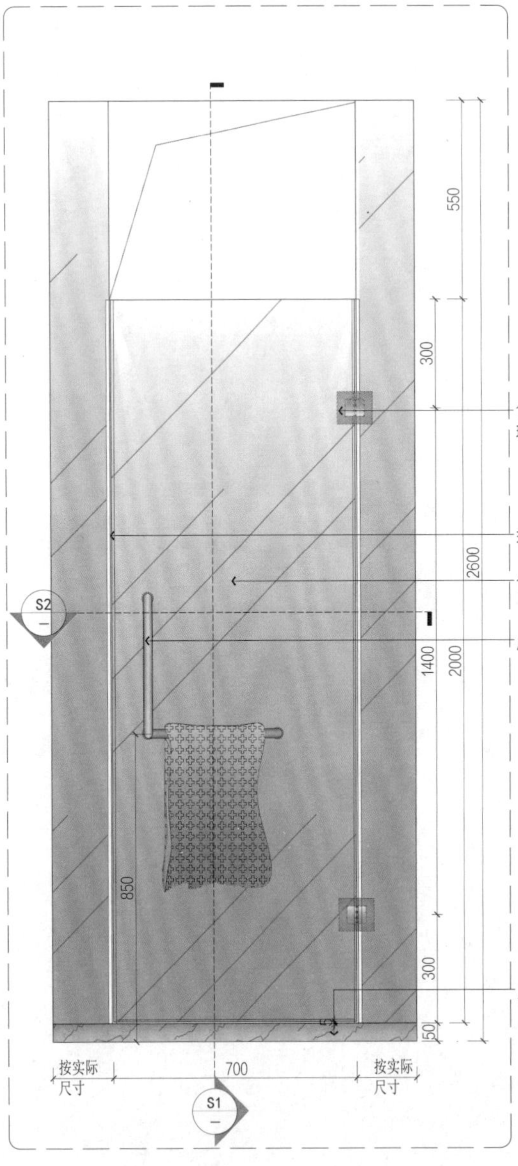
135° 浴室不锈钢
玻璃门夹
玻璃门防撞磁吸条
10 厚钢化玻璃
成品金属拉手
止水坎
550
300
2600
1400
2000
850
300
50
5
按实际
尺寸
700
按实际
尺寸
S1
S2

E 淋浴间玻璃门外立面

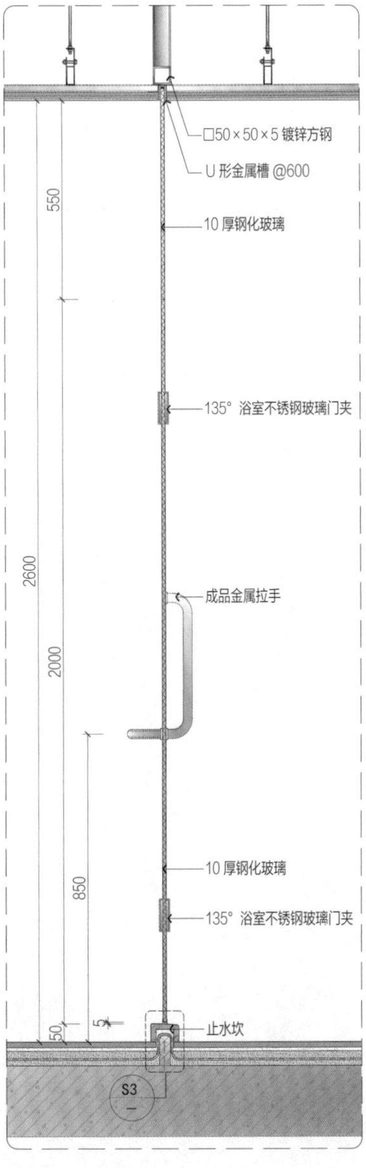
□50×50×5 镀锌方钢
U 形金属槽 @600
10 厚钢化玻璃
135° 浴室不锈钢玻璃门夹
成品金属拉手
10 厚钢化玻璃
135° 浴室不锈钢玻璃门夹
止水坎
550
2600
2000
850
50
5
S3

S1 淋浴间玻璃门节点图

五金配件清单

门编号	五金配件						
M-01	合页（个）	—	防尘筒（个）	—	门止（个）	—	防盗扣	—
	执手锁（副）	—	隐藏闭门器（套）	—	门夹（个）	2	按压回弹暗拉手（个）	—
	移门锁（副）	—	明装闭门器（套）	—	吊轮（个）	—	防撞磁吸条	1
	暗铰链（个）	—	拉手（副）	1	地弹簧（副）	—	H 形胶条	1
	挡尘条（个）	—	暗插销（副）	—	地锁（副）	—	—	—

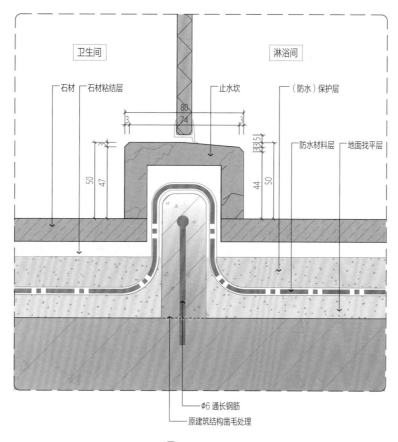

卫生间 淋浴间

石材　石材粘结层　　止水坎　　（防水）保护层

防水材料层　地面找平层

ø6 通长钢筋
原建筑结构凿毛处理

S3 淋浴间玻璃门节点图

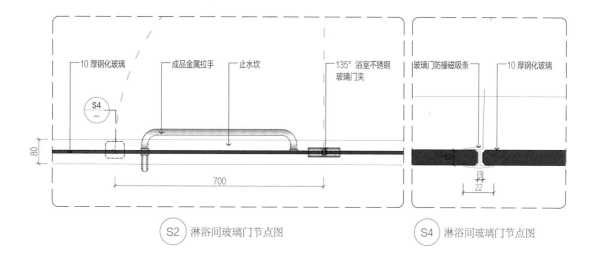

10 厚钢化玻璃　　成品金属拉手　　止水坎　　135° 浴室不锈钢玻璃门夹　　玻璃门防撞磁吸条　　10 厚钢化玻璃

700　　　　22

S2 淋浴间玻璃门节点图　　　　S4 淋浴间玻璃门节点图

▶ 适用范围

　　淋浴间玻璃门主要用于住宅、酒店、会所、健身房等空间中卫生间的淋浴隔断，淋浴间玻璃门的设计可以实现干湿分离，避免水汽溢出，提高卫生间品质。在选择淋浴间玻璃门时，应考虑其安全性、耐用性和易清洁性。同时，安装时也需要注意门的稳固性和密封性，以免发生意外。

▶ 工艺要求

1. 淋浴间宜采用磨砂玻璃门，玻璃门需配置密封磁条，内外安装不锈钢拉手，淋浴门往外开，同时，玻璃应采用厚度不小于 8 mm 的钢化玻璃。

2. 淋浴间玻璃隔断下部必须设置止水坎，且必须牢固、密实，必须与相连的墙和地面结构层、翻边紧密结合，与地面防水形成闭环。

3. 设置止水坎时，防水区域阴阳角部位必须用水泥砂浆做圆弧处理；防水层必须跟随止水坎上翻。

5. 玻璃与墙面及止水坎交界位置打胶密封。

6. 安装玻璃板时，用玻璃吸盘将玻璃板吸紧，逐渐进行玻璃定位，把玻璃板上边对应地插入门框底部的限位槽内，把下边安放在木底托上的不锈钢包面对口缝内。

7. 门五金需确认五金选型，玻璃门夹开孔由厂家完成。

8. 门扇四周必须安装防撞磁吸条。

▶ 施工步骤

1. 墙面和地面面层铺装完成，地面止水坎铺装完成。

2. 弹线，打孔安装固定件，检查是否牢固。

3. 安装两边固定玻璃，预留门扇安装尺寸。

4. 门扇安装，同步门夹安装固定。

5. 其他门五金安装。

6. 调试淋浴门开合是否顺畅。

▶ 材料规格

装饰面材：10 mm 厚钢化玻璃。

五金配件：135° 不锈钢玻璃夹、成品金属拉手、防撞磁吸条、玻璃门挡水条。

▶ 材料图片

钢化玻璃　　　成品金属拉手　　不锈钢玻璃夹

防撞磁吸条　　　挡水条

▶ 模拟构造

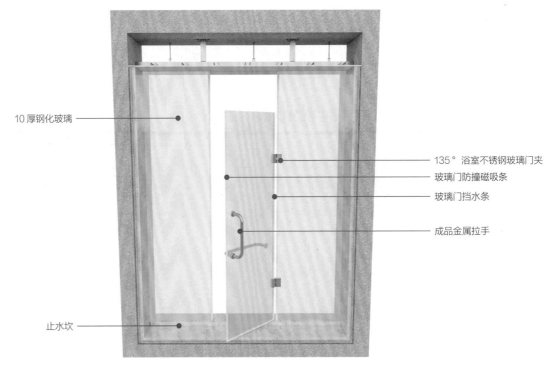

10 厚钢化玻璃

135°浴室不锈钢玻璃门夹

玻璃门防撞磁吸条

玻璃门挡水条

成品金属拉手

止水坎

三维构造模型

C1.2　不锈钢框玻璃门构造（地弹簧安装）

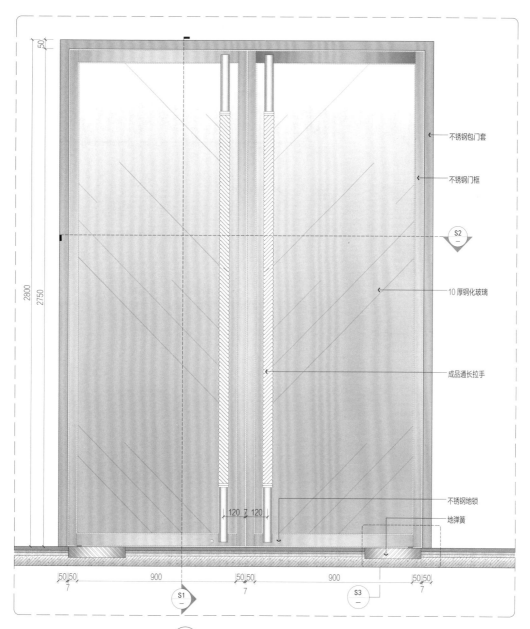

不锈钢包门套

不锈钢门框

S2

10 厚钢化玻璃

成品通长拉手

不锈钢地锁

地弹簧

E　不锈钢框玻璃门外立面

五金配件清单

门编号	五金配件						
	合页（个）	—	防尘筒（个）	—	门止（个）	—	防盗扣	—
	执手锁（副）	—	隐藏闭门器（套）	—	门夹（个）	—	按压回弹暗拉手（个）	—
M-02	移门锁（副）	—	明装闭门器（套）	—	吊轮（个）	—	门轴（个）	—
	暗铰链（个）	—	拉手（副）	2	地弹簧（副）	2	—	—
	挡尘条（个）	—	暗插销（副）	—	地锁（副）	1	—	—

C1

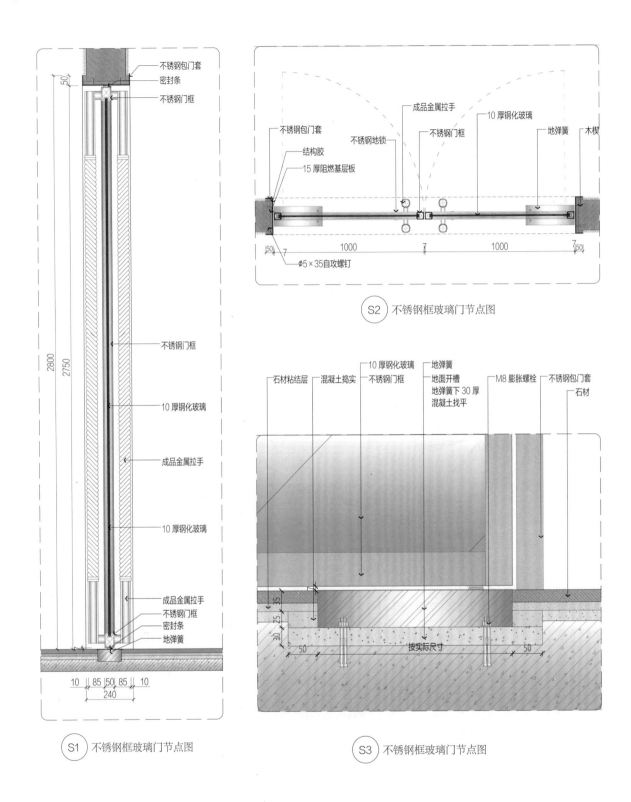

不锈钢包门套
密封条
不锈钢门框

不锈钢门框

10 厚钢化玻璃

成品金属拉手

10 厚钢化玻璃

成品金属拉手
不锈钢门框
密封条
地弹簧

50

2800
2750

10 | 85 | 50 | 85 | 10
240

S1 不锈钢框玻璃门节点图

成品金属拉手
不锈钢包门套　　不锈钢地锁　　不锈钢门框　　10 厚钢化玻璃　　地弹簧　　木楔
结构胶
15 厚阻燃基层板

50 | 7 | 1000 | 7 | 1000 | 7 | 50
φ5×35自攻螺钉

S2 不锈钢框玻璃门节点图

石材粘结层　混凝土捣实　不锈钢门框　10 厚钢化玻璃　地弹簧　M8 膨胀螺栓　不锈钢包门套
地面开槽
地弹簧下 30 厚
混凝土找平
石材

35
25
30

50 | 按实际尺寸 | 50

S3 不锈钢框玻璃门节点图

➤ 适用范围

　　不锈钢框玻璃门（地弹簧安装）主要用于酒店、商场、办公区、学校、医院、图书馆、博物馆等建筑。不锈钢框玻璃门不仅时尚美观，且能提供开阔视野，增强空间通透感；地弹簧则确保了门体开关平稳，降低噪声，保证了门扇在使用过程中的稳定开闭，满足频繁进出的需求。

▶ 工艺要求

1. 地弹玻璃门转轴中心到门边的距离通常为 64 mm 或 80 mm。

2. 地弹玻璃门门缝预留宽度不小于 5 mm。

3. 安装玻璃门前,应先在预留坑内安装地弹簧,地弹簧面板与完成地面平齐,门扇装入地弹簧,拧紧上枢轴底座螺钉固定门扇。

4. 门框横梁上的固定玻璃的限位槽应宽窄一致,纵向顺直。一般限位槽宽度大于玻璃厚度 2 ~ 4 mm,槽深 10 ~ 20 mm,以便安装玻璃板时顺利插入。在玻璃两边注入密封胶,把固定玻璃安装牢固。

5. 门扇玻璃加工尺寸比实测门扇小 5 mm,玻璃四周倒角磨边,宽度为 2 mm。

6. 根据玻璃门安装位置地面和墙体结构,可以采用混凝土浇筑、钢架结构,或阻燃木基层结构固定。

7. 所有玻璃与其他结构连接位置必须设置弹性保护措施。

▶ 施工步骤

1. 弹线,确定地弹簧门轴位置。

2. 地弹簧预埋坑开槽,底座预埋安装牢固。

3. 地弹簧金属面板要与地面高度平齐。

4. 安装门扇,同步安装固定门夹。

5. 安装其他门五金。

6. 将不锈钢玻璃门开合调试至顺畅。

▶ 材料规格

装饰面材:10 mm 厚钢化玻璃、不锈钢门框、不锈钢门套。

五金配件:地弹簧、不锈钢地锁、定制不锈钢拉手。

▶ 材料图片

钢化玻璃

拉丝不锈钢

不锈钢拉手

不锈钢地锁

地弹簧

▶ 模拟构造

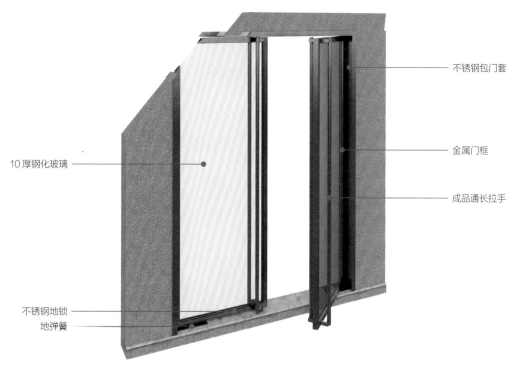

10 厚钢化玻璃

不锈钢地锁
地弹簧

不锈钢包门套

金属门框

成品通长拉手

三维构造模型

C1

C1.3　玻璃门构造（地弹簧安装）

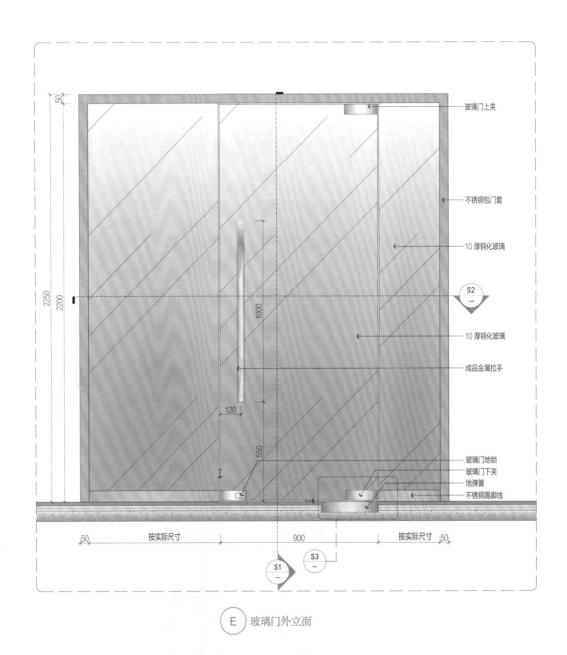

玻璃门上夹

不锈钢包门套

10 厚钢化玻璃

10 厚钢化玻璃

成品金属拉手

玻璃门地锁
玻璃门下夹
地弹簧
不锈钢踢脚线

2250
2200
1000
120
550
50
50
按实际尺寸
900
按实际尺寸
50

Ⓔ　玻璃门外立面

五金配件清单

门编号	五金配件							
	合页（个）	—	防尘筒（个）	—	门止（个）	—	防盗扣	—
	执手锁（副）	—	隐藏闭门器（套）	—	门夹（个）	1	按压回弹暗拉手（个）	—
M-03	移门锁（副）	—	明装闭门器（套）	—	吊轮（个）	—	门轴（个）	—
	暗铰链（个）	—	拉手（副）	1	地弹簧（副）	1	—	—
	挡尘条（个）	—	暗插销（副）	—	地锁（副）	1	—	—

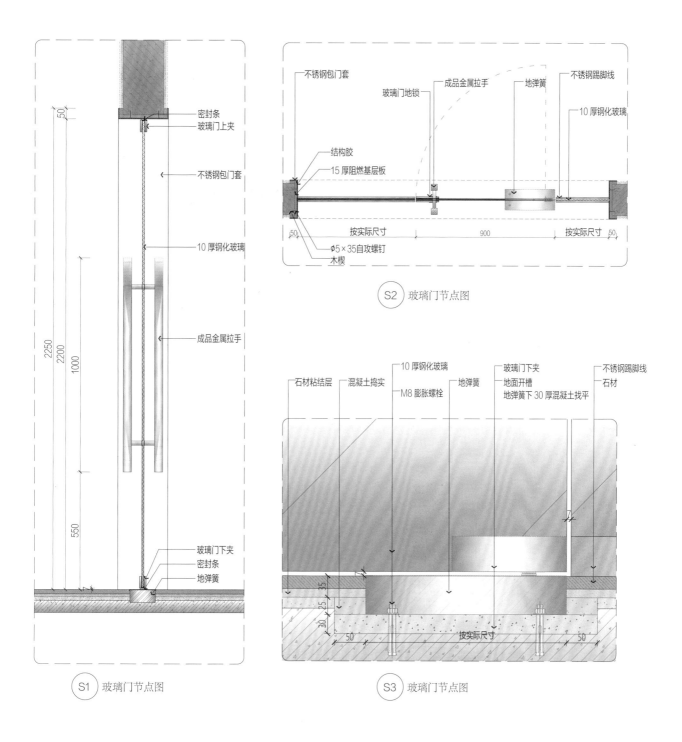

密封条
玻璃门上夹
不锈钢包门套
10 厚钢化玻璃
成品金属拉手
玻璃门下夹
密封条
地弹簧

2250
2200
1000
550
50

S1 玻璃门节点图

不锈钢包门套
玻璃门地锁
成品金属拉手
地弹簧
不锈钢踢脚线
10 厚钢化玻璃
结构胶
15 厚阻燃基层板
φ5×35自攻螺钉
木楔

50
按实际尺寸
900
按实际尺寸
50

S2 玻璃门节点图

石材粘结层
混凝土捣实
10 厚钢化玻璃
M8 膨胀螺栓
地弹簧
玻璃门下夹
地面开槽
地弹簧下30厚混凝土找平
不锈钢踢脚线
石材

7
35
25
30
50
按实际尺寸
50

S3 玻璃门节点图

➤ 适用范围

　　玻璃门主要用于酒店、银行、办公楼、医院、商店等公共场所，可以增加室内的采光，营造通透感，营造开放、明亮的环境。玻璃门有通透性、美观性和易于清洁、可提升氛围感等特点。

C1

➤ 工艺要求

　　1. 上下门轴必须保持在同一垂线上,玻璃门应采用钢结构的横梁做骨架,上门轴是整个玻璃门的支撑点,将上门轴焊接在横梁上时,应保证其牢固与稳定性。

　　2. 预埋地弹簧前,应在原地面预留方坑,方坑四边尺寸应大于地弹簧底座 10 mm,用高强度等级水泥砂浆填实缝隙后凝固 48 h 再安装玻璃门。安装好的玻璃门下边应距离地面 8～12 mm,预防玻璃门下垂时摩擦地面。

　　3. 安装玻璃门顶部限位槽的宽度应大于玻璃厚度 2～4 mm,槽深在 20～30 mm 之间,以便注胶。

➤ 施工步骤

　　1. 弹线,确定地弹簧门轴位置。
　　2. 地弹簧预埋坑开槽,底座预埋安装牢固。
　　3. 地弹簧金属面板要与地面高度平齐。
　　4. 安装门扇,同步安装固定门夹。
　　5. 安装其他门五金。
　　6. 将玻璃门开合调试至顺畅。

➤ 材料规格

　　装饰面材: 10 mm 厚钢化玻璃、不锈钢门套。
　　五金配件: 地弹簧、不锈钢玻璃夹、定制不锈钢拉手、不锈钢地锁。

➤ 材料图片

钢化玻璃　　　　拉丝不锈钢　　　不锈钢拉手

不锈钢地锁　　　地弹簧　　　　不锈钢玻璃夹

➤ 模拟构造

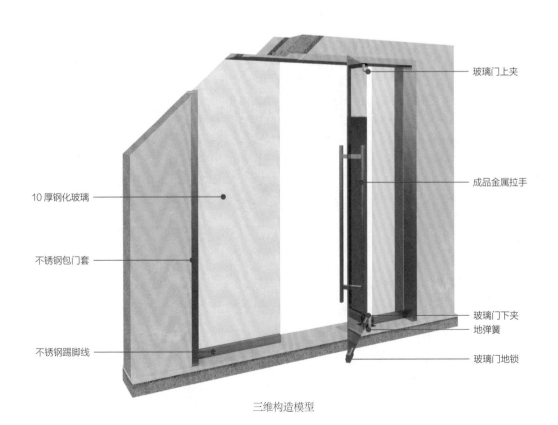

10 厚钢化玻璃

不锈钢包门套

不锈钢踢脚线

玻璃门上夹

成品金属拉手

玻璃门下夹
地弹簧
玻璃门地锁

三维构造模型

C1.4 不锈钢框玻璃门构造（合页安装）

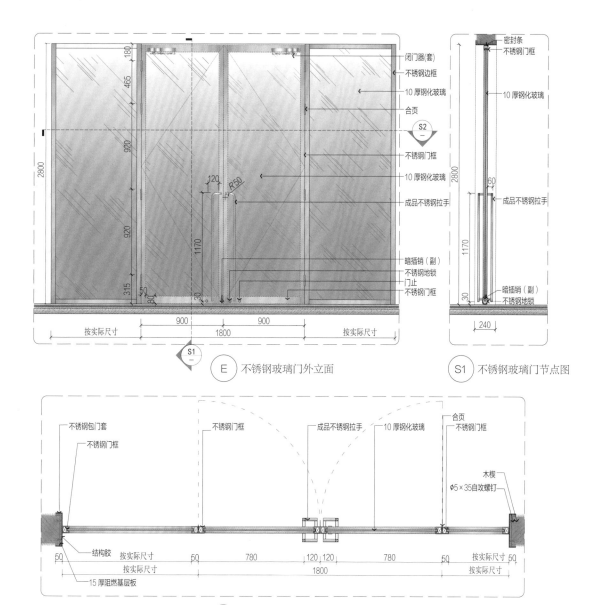

五金配件清单

门编号	五金配件							
	合页（个）	6	防尘筒（个）	1	门止（个）	2	防盗扣	—
	执手锁（副）	—	隐藏闭门器（套）	—	门夹（个）	—	按压回弹暗拉手（个）	—
M-04	移门锁（副）	—	明装闭门器（套）	2	吊轮（个）	—	门轴（个）	—
	暗铰链（个）	—	拉手（副）	2	地弹簧（副）	—	—	—
	挡尘条（个）	—	暗插销（副）	1	地锁（副）	1	—	—

▶ 适用范围

　　不锈钢框玻璃门（合页安装）适用于多种场所，主要用于购物中心、酒店大堂、餐厅、咖啡馆、图书馆、办公楼等公共建筑。通过不锈钢框玻璃门可以增强空间感，提供开阔视野，同时合页安装确保门体稳定开闭，方便顾客进出。

➤ 工艺要求

1. 明装式与暗装式闭门器不适合用于双向开启门。

2. 闭门器安装前应先阅读使用说明书，根据开启方向、门重大小及闭门器安装尺寸确定安装位置。

3. 依据项目需求选择匹配的闭门器类型，常见的闭门器分类有美标闭门器、欧标闭门器及中国标准闭门器。

4. 闭门器与合页均应自带阻尼功能。

5. 门扇安装前应核对合页与门扇是否匹配，主要检查页槽与合页规格尺寸是否合理、合页与紧固螺钉是否配套，确保同一门扇上的合页在同一轴线上。

➤ 施工步骤

1. 弹线，确定墙面完成面线、门洞大小及位置定位。

2. 门套基层及骨架安装牢固。

3. 粘结不锈钢罩面。

4. 安装门扇及不锈钢合页。

5. 安装其他门五金。

6. 将不锈钢框玻璃门开合调试至顺畅。

➤ 材料规格

装饰面材：10 mm 厚钢化玻璃、不锈钢门框、不锈钢包门套。

五金配件：不锈钢合页、不锈钢地锁、定制不锈钢拉手、闭门器。

➤ 材料图片

钢化玻璃　　拉丝不锈钢　　不锈钢拉手

闭门器　　不锈钢合页　　不锈钢地锁

➤ 模拟构造

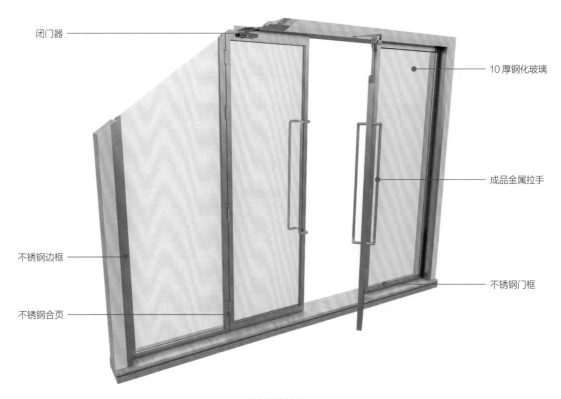

闭门器　　10 厚钢化玻璃　　成品金属拉手　　不锈钢门框　　不锈钢边框　　不锈钢合页

三维构造模型

深化与施工要点

▶ 深化要点与管控

深化要点

1. 明确玻璃门规格尺寸、材质厚度、开启方式及配套五金选型。

2. 深化玻璃门平面编号图及定位图，确定门套与墙面造型对应关系。

3. 根据现场尺寸深化玻璃门拆解下单图。

4. 依据图纸要求及封样五金说明资料（五金小样）深化定位开孔位置。

深化管控

1. 资料签收：检查各专业提资图纸是否已收集完毕。

2. 图纸深化：根据设计图纸和现场门洞实测尺寸，深化玻璃门加工图，深化图纸应包含玻璃门规格尺寸、门扇剖切组成、门框安装细部构造、玻璃门五金配置明细等。根据玻璃门材料规格、尺寸计算玻璃门重量，进而选配相对应五金配件，保证玻璃门正常开合。

3. 机电配合：将装饰专业施工图纸与其他专业图纸进行叠图，检查点位是否缺失、消防联动、门禁系统等进行预留定位。

4. 现场管控：检查现场门洞有无偏位，垂直度、方正度是否符合图纸要求，若现场不满足要求，则要及时提出整改意见。

▶ 工序策划

深化加工 ➡ 弹线定位 ➡ 安装地弹簧 ➡ 检查验收 ➡ 安装门扇 ➡ 拉手安装

1. 深化加工：依据签字确认的深化下单图纸，工厂拆单加工玻璃门，将拉手及门夹等样品送至厂家，以确保玻璃开孔位置的准确。

2. 弹线定位：按设计图纸规定的尺寸、标高和开启方向，在洞口内弹出门框的安装位置线。

3. 安装地弹簧：根据上门夹轴心位置与地弹簧尺寸准确画出地弹簧位置线。地面施工前预留凹坑，拌1：2水泥砂浆注入凹坑里，将地弹簧平放在凹坑砂浆上，用胶锤轻轻敲振，直至达到安装位置。安装好的地弹簧应与上门夹同轴并保证垂直，安装后应对其覆盖保护，待砂浆凝固或硬化后（硬化时间不少于2

天），可进行门扇安装。

4. 检查验收：玻璃门材料到场后，对所有材料进行检验，检查玻璃门尺寸是否正确，对角线偏差不应大于1mm，门夹、地弹簧、拉手规格型号是否正确，配件是否齐全。检验无误后，存放在安全处，妥善保存，并覆盖保护。

5. 安装门扇：将预装在门扇上的门夹卸下，将门扇安放在地弹簧上，并与两边框或玻璃在同一平面上，门扇安放好后对其进行调整，开闭应灵活。

6. 拉手安装：安装好的门拉手及闭门器等五金应保证对称、垂直、牢固。

▶ 质量通病与预防

通病现象	预防措施
地面锁孔装饰盖施工不规范，门扇容易晃动难以锁牢	定做锁仓或安装锁孔装饰盖时，先用开孔器开孔，再用 ∅6 mm 冲击钻头打孔，深度为 20～30 mm。内置 ∅6 mm 塑料膨胀管，并用自攻螺钉固定牢固，确保平整

▶ 实景照片

淋浴房玻璃门

玻璃双开门簧

不锈钢玻璃门

C2 木饰面门构造

C2.1 单开木饰面门构造（建筑墙体）

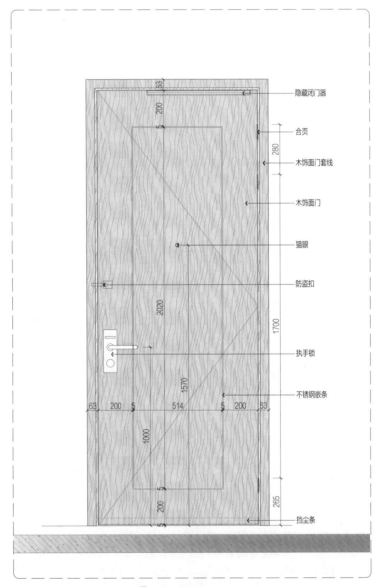

右侧标注（从上到下）：
隐藏闭门器
合页
木饰面门套线
木饰面门
猫眼
防盗扣
执手锁
不锈钢嵌条
挡尘条

尺寸标注：63、200、5、280、2020、1700、1570、63、200、5、514、5、200、63、1000、5、200、5、265

（E）单开木饰面门内立面

五金配件清单

门编号	五金配件							
M-05	合页（个）	3	防尘筒（个）	—	门止（个）	—	防盗扣	1
	执手锁（副）	1	隐藏闭门器（套）	1	门夹（个）	—	按压回弹暗拉手（个）	—
	移门锁（副）	—	明装闭门器（套）	—	吊轮（个）	—	猫眼	1
	暗铰链（个）	—	拉手（副）	—	地弹簧（副）	—	门吸	—
	挡尘条（个）	1	暗插销（副）	—	地锁（副）	—	—	—

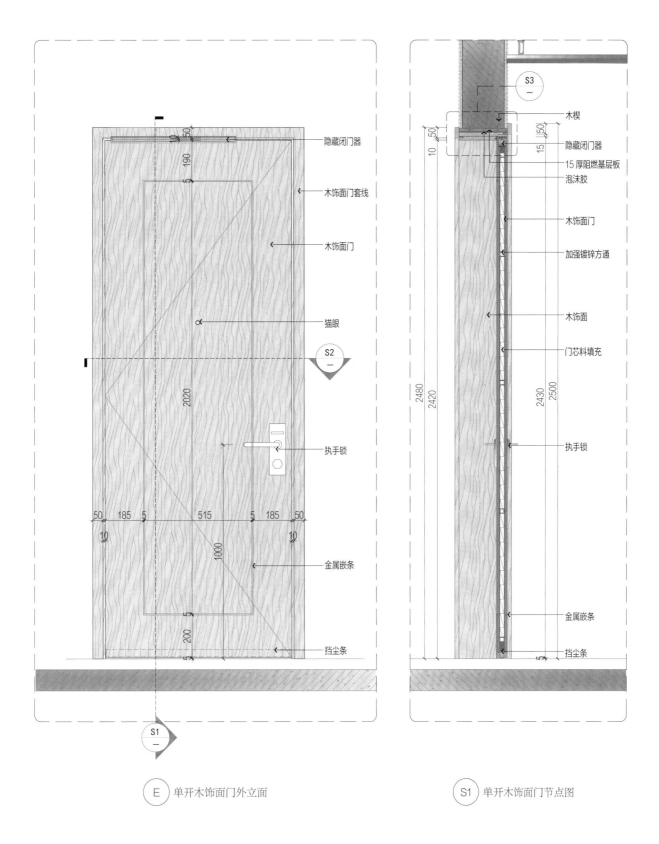

隐藏闭门器

木饰面门套线

木饰面门

猫眼

S2
—

执手锁

金属嵌条

挡尘条

50 185 5 515 5 185 50

10 10

2020

1000

200

5

190

50

5

木楔

隐藏闭门器

15 厚阻燃基层板

泡沫胶

木饰面门

加强镀锌方通

木饰面

门芯料填充

执手锁

金属嵌条

挡尘条

S3
—

10 50

15

50

2480

2420

2430

2500

S1
—

(E) 单开木饰面门外立面

(S1) 单开木饰面门节点图

C2

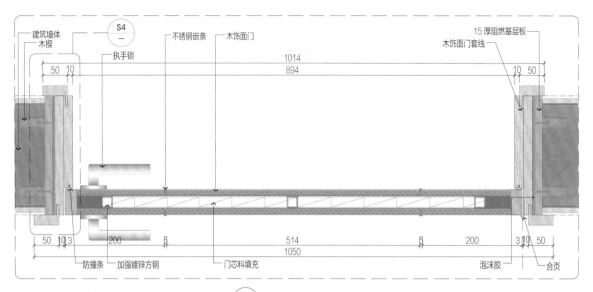

S2 单开木饰面门节点图

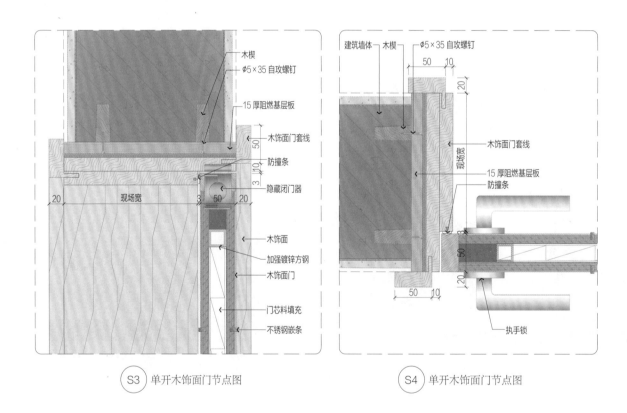

S3 单开木饰面门节点图　　　　　S4 单开木饰面门节点图

➤ 适用范围

　　单开木饰面门（建筑墙体）适用于酒店客房、会所包厢、餐厅包间、住宅、办公楼等。单开木饰面门具有独特的装饰效果、良好的隔声性能以及耐用性，采用木饰面门能够提升整体空间的设计品质，营造温馨舒适的环境氛围。

➤ 工艺要求

1. 确定门扇开启方向、五金型号、安装位置等。

2. 成品木饰面门全部工厂化生产，包括门套、门扇及预留槽孔。

3. 木饰面门工厂统一喷漆，漆面均匀无色差。

4. 根据现场工作面制定组装工序，形成流水施工，加快施工进度。

5. 往门套与墙体间填塞保温材料时，应填塞饱满、均匀。

6. 门扇应保证裁口顺直、刨面平滑，开启要灵活、稳定。

7. 门五金应保证位置适宜、槽深一致、边缘整齐、尺寸准确、螺钉紧平。

8. 密封条、防撞条、挡尘条等的安装要平直顺滑、牢固严密、无缝隙。

9. 门五金开孔处封闭漆处理完成后方可发货。

10. 门高大于2200 mm时，门芯应增加镀锌方钢预防变形。

11. 木饰面门木皮厚度应大于0.5 mm，特殊情况不得小于0.2 mm。门扇基层板厚度不宜小于15 mm。

➤ 施工步骤

1. 现场清理，确定墙面完成面线、控制线、基层线，确定门的安装位置。

2. 钻木楔孔，安装木楔。

3. 安装门套基层板并调平。

4. 安装门套线。

5. 安装门扇，同步固定安装不锈钢合页。

6. 安装其他门五金。

7. 将木饰面门开合调试至顺畅。

➤ 材料规格

装饰面材：木饰面门、木饰面门套线、不锈钢嵌条。

五金配件：不锈钢合页、隐蔽闭门器、成品执手锁、挡尘条、防盗扣、猫眼。

➤ 材料图片

 木饰面   不锈钢嵌条   成品执手锁   挡尘条

防盗扣   不锈钢合页   隐藏闭门器   猫眼

➤ 模拟构造

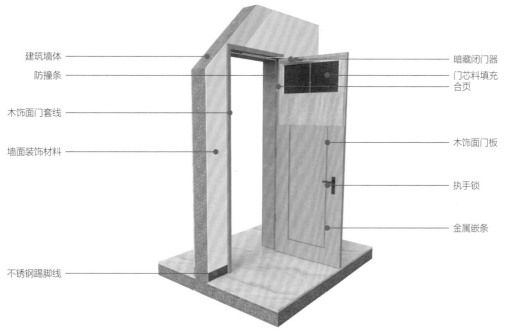

三维构造模型

C2

C2.2　单开木饰面门构造（轻钢龙骨对扣加固）

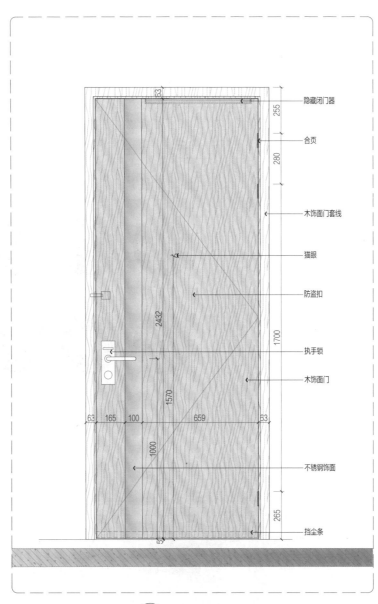

隐藏闭门器

合页

木饰面门套线

猫眼

防盗扣

执手锁

木饰面门

不锈钢饰面

挡尘条

E　单开木饰面门内立面

五金配件清单

门编号	五金配件							
	合页（个）	3	防尘筒（个）	—	门止（个）	—	防盗扣	1
	执手锁（副）	1	隐藏闭门器（套）	1	门夹（个）	—	按压回弹暗拉手（个）	—
M-06	移门锁（副）	—	明装闭门器（套）	—	吊轮（个）	—	猫眼	1
	暗铰链（个）	—	拉手（副）	—	地弹簧（副）	—	门吸	—
	挡尘条（个）	1	暗插销（副）	—	地锁（副）	—	—	—

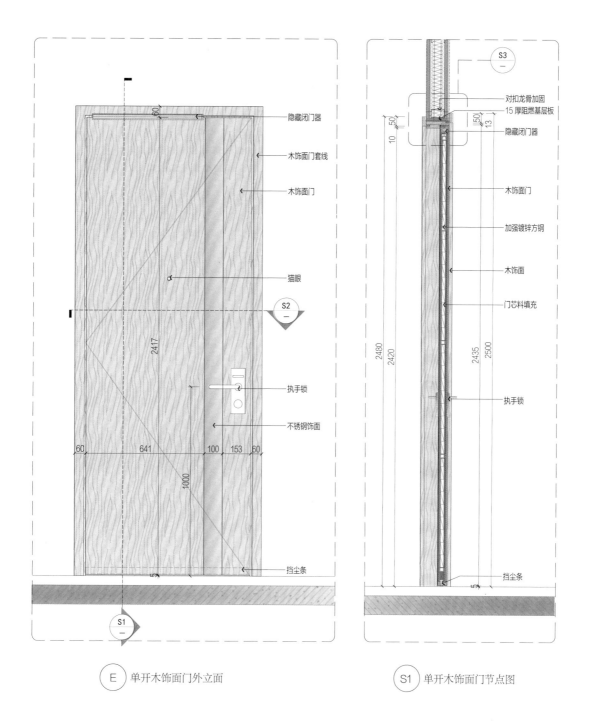

隐藏闭门器

木饰面门套线

木饰面门

猫眼

执手锁

不锈钢饰面

挡尘条

对扣龙骨加固

15厚阻燃基层板

隐藏闭门器

木饰面门

加强镀锌方钢

木饰面

门芯料填充

执手锁

挡尘条

2417

1000

60 | 641 | 100 | 153 | 60

S2

S1

S3

10 50

50

13

2480

2420

2435

2500

E 单开木饰面门外立面

S1 单开木饰面门节点图

C2

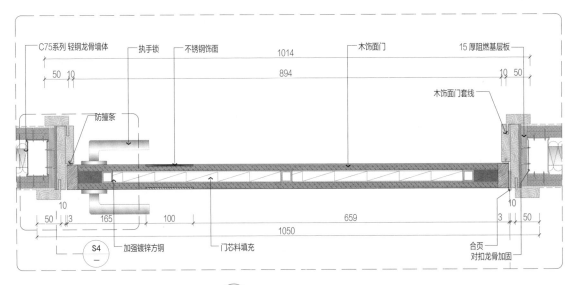

S2　单开木饰面门节点图

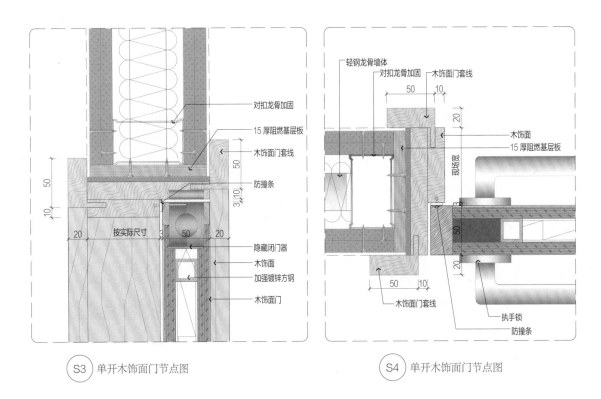

S3　单开木饰面门节点图

S4　单开木饰面门节点图

➤ 适用范围

　　单开木饰面门（轻钢龙骨对扣加固）主要用于酒店客房、会所包厢、餐厅包间、住宅、办公楼等空间。木饰面门具有良好的隔声性能以及耐用性，轻钢龙骨对扣加固可以提升门体的稳固性。

➤ 工艺要求

1. 确定门扇开启方向、五金型号、安装位置等。

2. 在轻钢龙骨隔墙弹线定位预留门洞，除完成面线、基层线外，对扣轻钢天地龙骨门洞加固控制线也应弹线。

3. 对扣天地龙骨规格尺寸应与隔墙天地龙骨一致。

4. 成品木饰面门全部工厂化生产，包括门套、门扇及预留槽孔。

5. 木饰面门在工厂统一喷漆，漆面均匀无色差。

6. 根据现场工作面制定组装工序，形成流水施工，加快施工进度。

7. 往门套与墙体间填塞保温材料时，应填塞饱满、均匀。

8. 门扇应保证裁口顺直、刨面平滑，开启要灵活、稳定。

9. 门五金应保证位置适宜、槽深一致、边缘整齐、尺寸准确、螺钉紧平。

10. 密封条、防撞条、档尘条等的安装应平直顺滑、牢固严密、无缝隙。

11. 门五金开孔处封闭漆处理完成后方可发货。

12. 门高大于 2200 mm 时，门芯应增加镀锌方钢预防变形。

13. 木饰面门木皮厚度应大于 0.5 mm，特殊情况不得小于 0.2 mm。门扇基层板厚度不宜小于 15 mm。

➤ 施工步骤

1. 现场清理，确定墙面完成面线、控制线、基层线，确定门的安装位置。

2. 轻钢天地龙骨对扣加固门洞周边。

3. 安装门套基层板并调平。

4. 安装门套线。

5. 安装门扇，同步固定安装不锈钢合页。

6. 安装其他门五金。

7. 将木饰面门开合调试至顺畅。

➤ 材料规格

装饰面材：木饰面门、木饰面门套线、不锈钢饰面。

五金配件：不锈钢合页、隐蔽闭门器、成品执手锁、挡尘条、防盗扣、猫眼。

➤ 材料图片

木饰面　　不锈钢饰面　　成品执手锁　　挡尘条

防盗扣　　不锈钢合页　　隐藏闭门器　　猫眼

➤ 模拟构造

C75 系列轻钢龙骨墙体

对扣龙骨加固

防撞条

木饰面门套线

墙面装饰材料

不锈钢踢脚线

暗藏闭门器
门芯料填充
合页

木饰面门板

执手锁

不锈钢饰面

三维构造模型

C2.3　单开木饰面门构造（轻钢龙骨方钢加固）

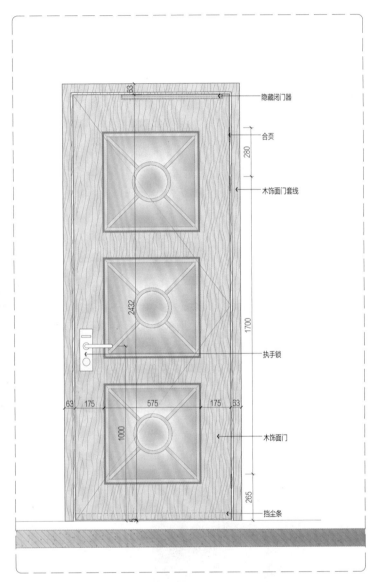

隐藏闭门器

合页

木饰面门套线

执手锁

木饰面门

挡尘条

$\overset{E}{\bigcirc}$　单开木饰面门内立面

五金配件清单

门编号	五金配件								
	合页（个）	3	防尘筒（个）	—	门止（个）	—	防盗扣	1
	执手锁（副）	1	隐藏闭门器（套）	1	门夹（个）	—	按压回弹暗拉手（个）	—
M-07	移门锁（副）	—	明装闭门器（套）	—	吊轮（个）	—	门轴（个）	—
	暗铰链（个）	—	拉手（副）	—	地弹簧（副）	—		
	挡尘条（个）	1	暗插销（副）	—	地锁（副）	—		

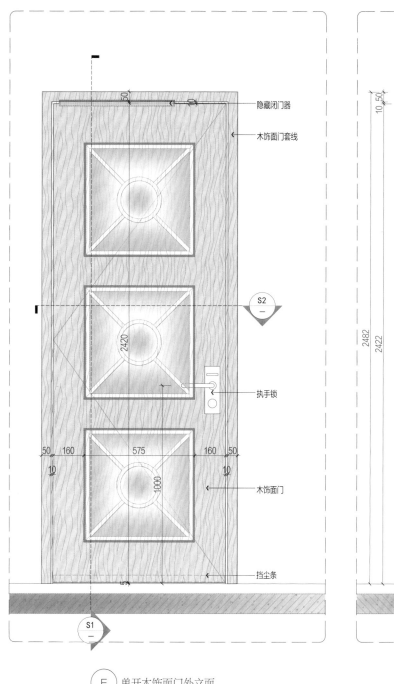

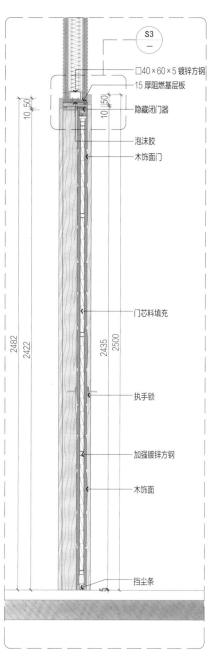

隐藏闭门器

木饰面门套线

S2

执手锁

木饰面门

挡尘条

S1

E 单开木饰面门外立面

□40×60×5 镀锌方钢

15 厚阻燃基层板

S3

隐藏闭门器

泡沫胶

木饰面门

门芯料填充

执手锁

加强镀锌方钢

木饰面

挡尘条

S1 单开木饰面门节点图

C2

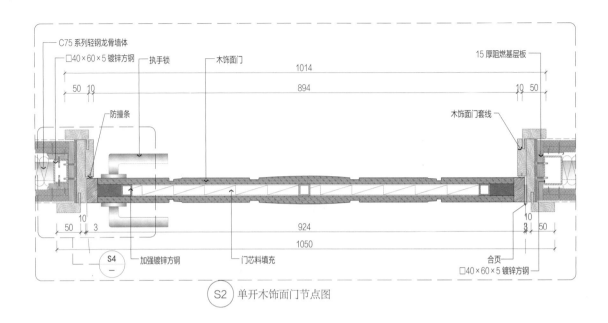

S2 单开木饰面门节点图

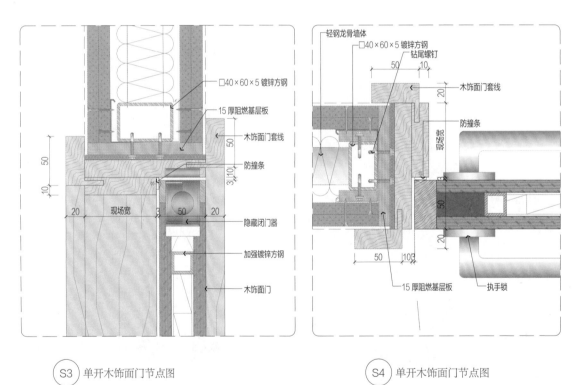

S3 单开木饰面门节点图

S4 单开木饰面门节点图

➤ 适用范围

　　单开木饰面门（轻钢龙骨方钢加固）适用于酒店公共区域、商业楼宇、办公楼等。单开木饰面门以其独特的装饰效果、良好的隔声性能以及耐用性，能够满足高频率使用的强度需求，同时通过轻钢龙骨方钢加固可以保证长期使用下的稳定性和安全性。

➤ 工艺要求

1. 确定门扇开启方向、五金型号、安装位置等。

2. 轻钢龙骨隔墙弹线定位预留门洞，除完成面线、基层线外，镀锌方钢加固控制线也应弹线。

3. 门洞两侧加固，镀锌方钢两端与镀锌钢板满焊连接，用 M10 不锈钢螺栓紧固镀锌钢板，使其与原结构可靠连接，门洞加固镀锌方钢横梁两端满焊焊接门洞两侧镀锌方钢。

4. 成品木饰面门全部工厂化生产，包括门套、门扇及预留槽孔。

5. 木饰面门在工厂统一喷漆，漆面均匀无色差。

6. 根据现场工作面制定组装工序，形成流水施工，加快施工进度。

7. 往门套与墙体间填塞保温材料时，应填塞饱满、均匀。

8. 门扇应保证裁口顺直、刨面平滑，开启要灵活、稳定。

9. 门五金应保证位置适宜、槽深一致、边缘整齐、尺寸准确、螺钉紧平。

10. 密封条、防撞条、档尘条等安装要平直顺滑、牢固严密、无缝隙。

11. 门五金开孔处封闭漆处理完成后方可发货。

12. 门高大于 2200 mm 时，门芯应增加镀锌方钢预防变形。

13. 木饰面门木皮厚度应大于 0.5 mm，特殊情况不得小于 0.2 mm。门扇基层板厚度不宜小于 15 mm。

➤ 施工步骤

1. 现场清理，确定墙面完成面线、控制线、基层线，确定门的安装位置。

2. 钻孔预埋 M10 不锈钢螺栓，安装紧固镀锌钢板。

3. 焊接镀锌方钢加固门洞框架，门洞周边包套轻钢龙骨骨架并调平。

4. 安装门套基层板并调平。

5. 安装门套线。

6. 安装门扇，同步固定安装不锈钢合页。

7. 安装其他门五金。

8. 调试木饰面门开合是否顺畅。

➤ 材料规格

装饰面材：木饰面门、木饰面门套线、不锈钢饰面。

五金配件：不锈钢合页、隐蔽闭门器、成品执手锁、挡尘条、防盗扣、猫眼。

➤ 材料图片

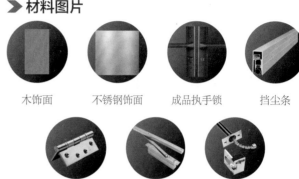

木饰面　　不锈钢饰面　　成品执手锁　　挡尘条

不锈钢合页　　隐藏闭门器　　防盗扣

➤ 模拟构造

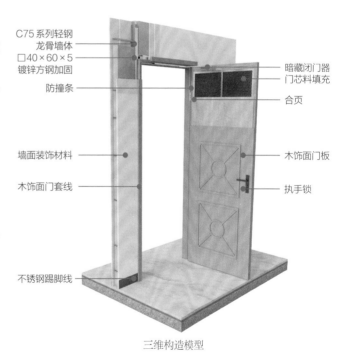

C75 系列轻钢
龙骨墙体
□40×60×5
镀锌方钢加固

防撞条

墙面装饰材料

木饰面门套线

不锈钢踢脚线

暗藏闭门器
门芯料填充

合页

木饰面门板

执手锁

三维构造模型

C2.4 双扇木饰面平开门构造（建筑墙体）

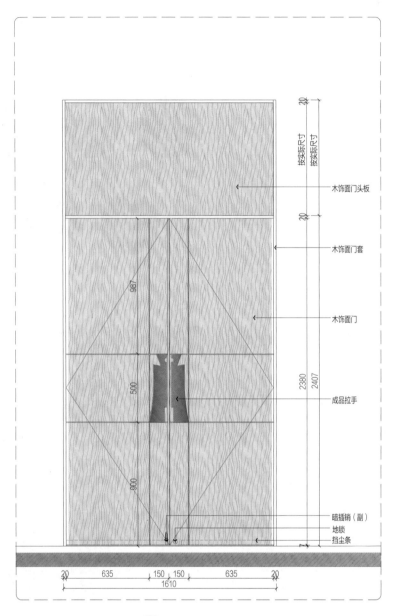

木饰面门头板

木饰面门套

木饰面门

成品拉手

暗插销（副）
地锁
挡尘条

⟨E⟩ 双扇木饰面平开门内立面

五金配件清单

门编号	五金配件						
	合页（个）	6	防尘筒（个）	1	门止（个）	1	防盗扣	—
M-08	执手锁（副）	—	隐藏闭门器（套）	2	门夹（个）	—	按压回弹暗拉手（个）	—
	移门锁（副）	—	明装闭门器（套）	—	吊轮（个）	—	门轴（个）	—
	暗铰链（个）	—	拉手（副）	2	地弹簧（副）	—	—	—
	挡尘条（个）	2	暗插销（副）	1	地锁（副）	1	—	—

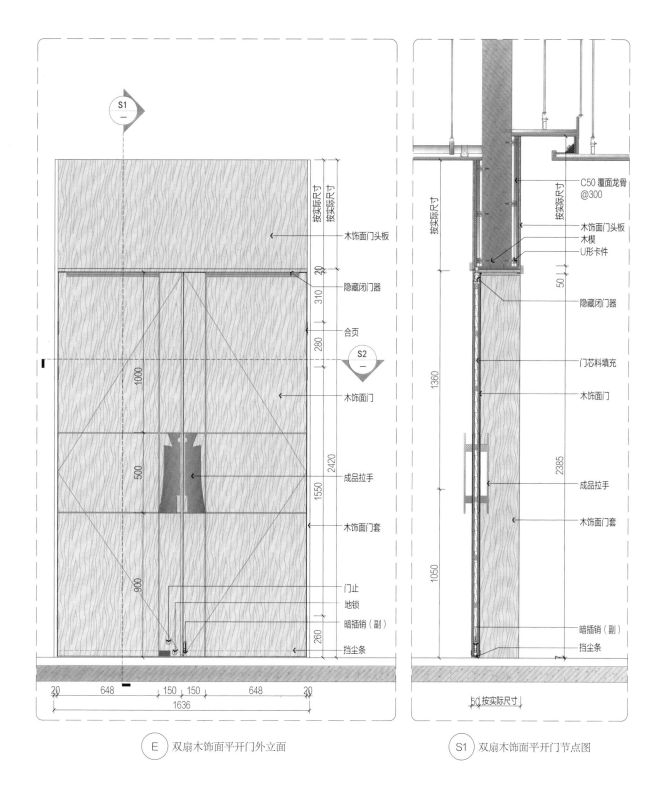

按实际尺寸

木饰面门头板

隐藏闭门器

合页

木饰面门

成品拉手

木饰面门套

门止

地锁

暗插销（副）

挡尘条

C50 覆面龙骨 @300

木饰面门头板
木楔
U形卡件

隐藏闭门器

门芯料填充

木饰面门

成品拉手

木饰面门套

暗插销（副）

挡尘条

(E) 双扇木饰面平开门外立面

(S1) 双扇木饰面平开门节点图

C2

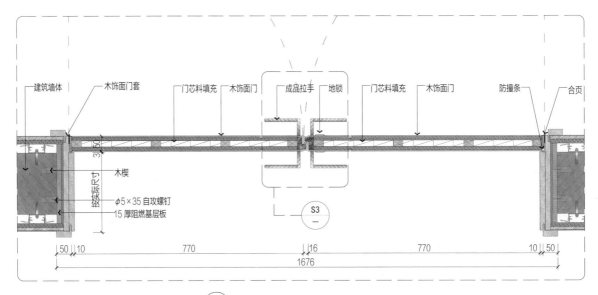

S2 双扇木饰面平开门节点图

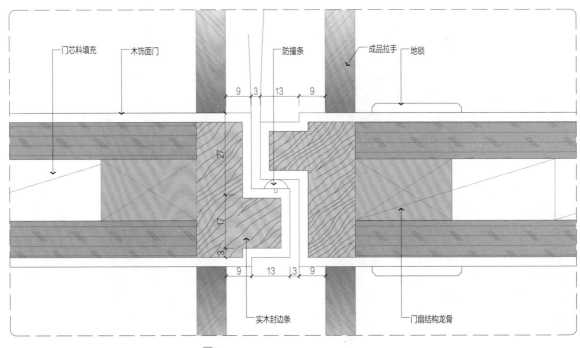

S3 双扇木饰面平开门节点图

▶ 适用范围

双扇木饰面平开门主要适用于以下空间：①家居环境：在别墅或大户型的住宅中，双扇木饰面平开门可以提供更好的隔声和保护隐私效果。②商业环境：在一些高级的酒店、会所等商业场所，双扇木饰面平开门可以营造出更加高端、大气的感觉。③公共设施：在图书馆、博物馆等公共设施中，双开木饰面门可以起到更好的隔声作用。

➤ 工艺要求

1. 确定门扇开启方向、五金型号、安装位置等。

2. 成品木饰面门全部工厂化生产，包括门套、门扇及预留槽孔。

3. 弹线定位后，核验原建筑门洞是否满足施工要求，若不满足，则施工时需校正找平。

4. 钻孔预埋木楔安装门套基层板，基层板封至完成地面上 10 mm，并进行调平。

5. 木饰面门在工厂统一喷漆，漆面均匀无色差。

6. 根据现场工作面制定组装工序，形成流水施工，加快施工进度。

7. 往门套与墙体间填塞保温材料时，应填塞饱满、均匀。

8. 门扇应保证裁口顺直、刨面平滑，开启要灵活、稳定。

9. 门五金应保证位置适宜、槽深一致、边缘整齐、尺寸准确、螺钉紧平。

10. 密封条、防撞条、档尘条等的安装应平直顺滑、牢固严密、无缝隙。

11. 门五金开孔处封闭漆处理完成后方可发货。

12. 门高大于 2200 mm 时，门芯应增加镀锌方钢预防变形。

13. 木饰面门木皮厚度不应小于 0.5 mm，特殊情况不得小于 0.2 mm。门扇基层板厚度不宜小于 15 mm。

➤ 施工步骤

1. 现场清理，确定墙面完成面线、控制线、基层线。

2. 钻木楔孔，安装木楔。

3. 安装门套基层板并调平。

4. 安装门套线。

5. 安装门扇，同步固定安装不锈钢合页。

6. 安装其他门五金。

7. 将木饰面门开合调试至顺畅。

➤ 材料规格

装饰面材：木饰面门、木饰面门套。

五金配件：不锈钢合页、隐蔽闭门器、成品拉手、挡尘条、木饰门面地锁、暗插销、防尘筒、门止。

➤ 材料图片

木饰面　　　　成品拉手　　　　挡尘条

木饰门面地锁　　防尘筒　　　　不锈钢合页

隐藏闭门器　　　暗插销　　　　门止

➤ 模拟构造

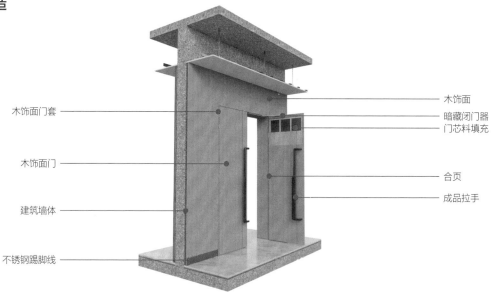

木饰面门套

木饰面门

建筑墙体

不锈钢踢脚线

木饰面

暗藏闭门器

门芯料填充

合页

成品拉手

三维构造模型

C2.5　双扇木饰面地弹门构造（轻钢龙骨钢架加固）

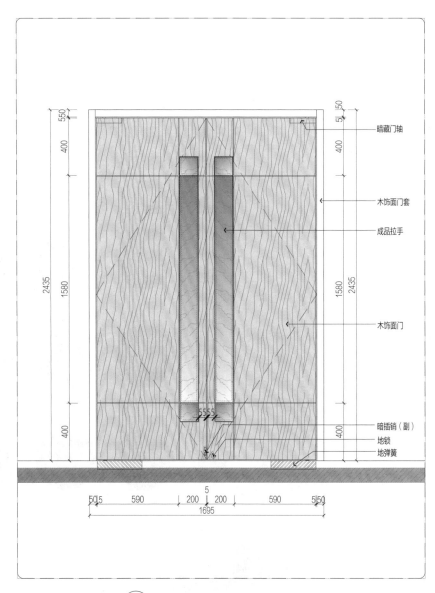

暗藏门轴

木饰面门套

成品拉手

木饰面门

暗插销（副）
地锁
地弹簧

$\overset{E}{\bigcirc}$　双扇木饰面地弹门内立面

五金配件清单

门编号	五金配件						
	合页（个）	—	防尘筒（个）	1	门止（个）	—	防盗扣	—
	执手锁（副）	—	隐藏闭门器（套）	—	门夹（个）	—	按压回弹暗拉手（个）	—
M-09	移门锁（副）	—	明装闭门器（套）	—	吊轮（个）	—	门轴（个）	2
	暗铰链（个）	—	拉手（副）	2	地弹簧（副）	2	—	—
	挡尘条（个）	—	暗插销（副）	1	地锁（副）	1	—	—

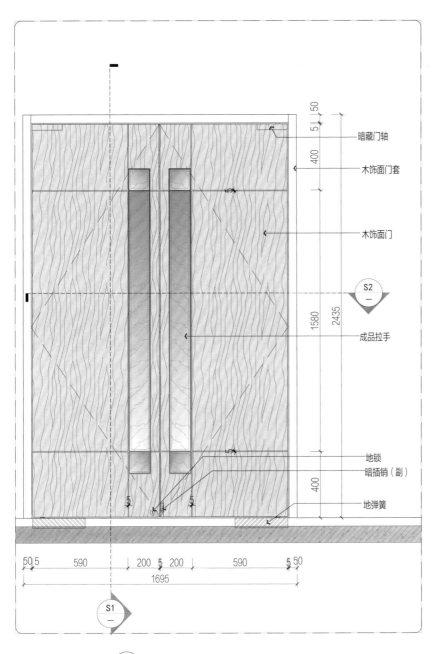

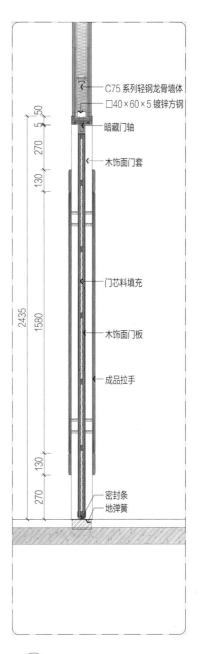

暗藏门轴

木饰面门套

木饰面门

成品拉手

地锁
暗插销（副）

地弹簧

C75 系列轻钢龙骨墙体
□40×60×5 镀锌方钢

暗藏门轴

木饰面门套

门芯料填充

木饰面门板

成品拉手

密封条
地弹簧

Ⓔ 双扇木饰面地弹门外立面

Ⓢ¹ 双扇木饰面地弹门节点图

C2

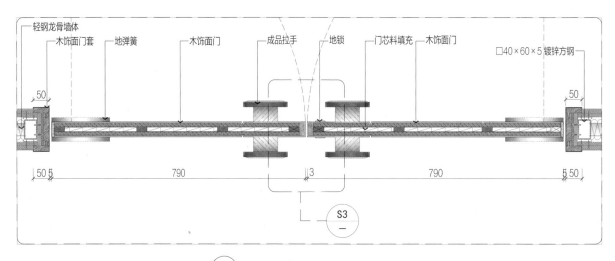

轻钢龙骨墙体　木饰面门套　地弹簧　木饰面门　成品拉手　地锁　门芯料填充　木饰面门　□40×60×5镀锌方钢

50　　　　50 5　　790　　3　　790　　5 50

S3

S2 双扇木饰面地弹门节点图

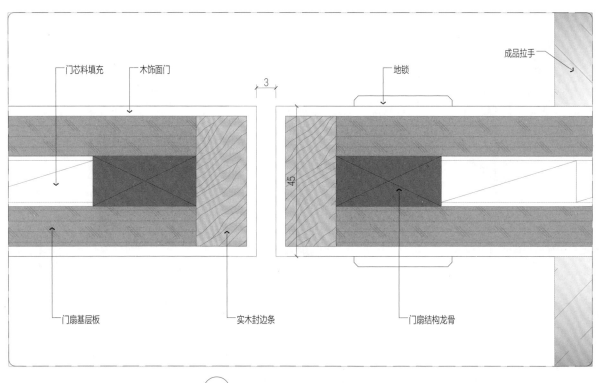

门芯料填充　木饰面门　3　地锁　成品拉手

45

门扇基层板　实木封边条　门扇结构龙骨

S3 双扇木饰面地弹门节点图

▶ 适用范围

　　双扇木饰面地弹门（轻钢龙骨钢架加固）是一种兼具美观和实用性的高档门类产品，其主要用于大型购物中心、酒店大堂、餐厅、咖啡厅、别墅等重要空间出入口。双扇门饰面地弹门能够提供宽敞开阔的视觉效果，有助于提升空间整体的格调和档次，可以满足较高人流量场所频繁使用的需要。

➤ 工艺要求

1. 确定门扇开启方向、五金型号、安装位置等。

2. 轻钢龙骨隔墙弹线定位预留门洞，除完成面线、基层线外，镀锌方钢加固控制线也应弹线。

3. 门洞两侧加固镀锌方钢两端与镀锌钢板满焊连接，用 M10 不锈钢螺栓紧固镀锌钢板，使其与原结构可靠连接，门洞加固镀锌方钢横梁两端满焊焊接门洞两侧镀锌方钢。

4. 成品木饰面门全部工厂化生产，包括门套、门扇及预留槽孔。

5. 木饰面门在工厂统一喷漆，漆面均匀无色差。

6. 根据现场工作面制定组装工序，形成流水施工，加快施工进度。

7. 往门套与墙体间填塞保温材料时，应填塞饱满、均匀。

8. 门扇应保证裁口顺直、刨面平滑，开启要灵活、稳定。

9. 门五金应保证位置适宜、槽深一致、边缘整齐、尺寸准确、螺钉紧平。

10. 门五金开孔处封闭漆处理完成后方可发货。

11. 门高大于 2200 mm 时，门芯应增加镀锌方钢预防变形。

12. 木饰面门木皮厚度应大于 0.5 mm，特殊情况不得小于 0.2 mm。门扇基层板厚度不宜小于 15 mm。

➤ 施工步骤

1. 现场清理，确定墙面完成面线、控制线、基层线。

2. 钻孔预理 M10 不锈钢螺栓，安装紧固镀锌钢板。

3. 焊接镀锌方通加固门洞框架，门洞周边包套轻钢龙骨骨架并调平。

4. 安装门套基层板并调平。

5. 安装门套线。

6. 安装门扇，同步固定安装不锈钢合页。

7. 安装其他门五金。

8. 将木饰面门开合调试至顺畅。

➤ 材料规格

装饰面材：木饰面门、木饰面门套、金属嵌条。

五金配件：地弹簧、暗藏门轴、成品拉手、地锁、暗插销、防尘筒。

➤ 材料图片

木饰面　　　　成品拉手　　　木饰门面地锁

地弹簧　　　　暗插销　　　　防尘筒

➤ 模拟构造

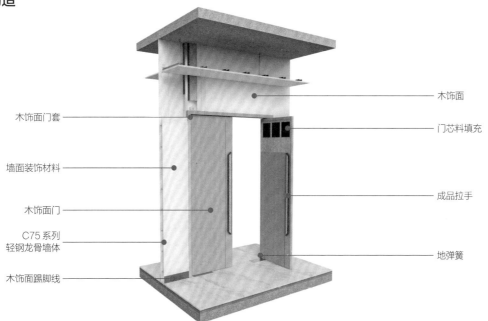

木饰面门套

墙面装饰材料

木饰面门

C75 系列
轻钢龙骨墙体

木饰面踢脚线

木饰面

门芯料填充

成品拉手

地弹簧

三维构造模型

C2.6　双扇木饰面平开门构造（轻钢龙骨钢架加固）

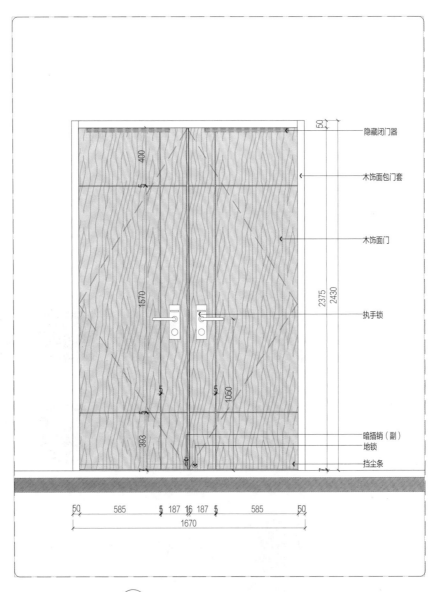

隐藏闭门器

木饰面包门套

木饰面门

执手锁

暗插销（副）
地锁
挡尘条

E　双扇木饰面平开门内立面

五金配件清单

门编号	五金配件							
M-10	合页（个）	6	防尘筒（个）	1	门止（个）	2	防盗扣	—
	执手锁（副）	2	隐藏闭门器（套）	2	门夹（个）	—	按压回弹暗拉手（个）	—
	移门锁（副）	—	明装闭门器（套）	—	吊轮（个）	—	门轴（个）	—
	暗铰链（个）	—	拉手（副）	—	地弹簧（副）	—	—	—
	挡尘条（个）	2	暗插销（副）	1	地锁（副）	1	—	—

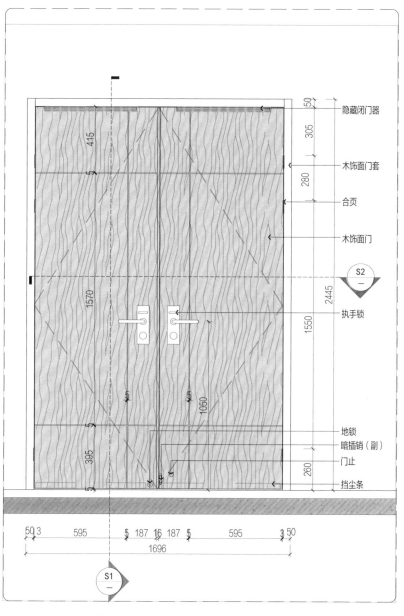

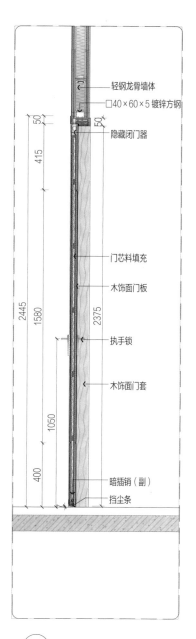

右侧标注（立面图）：
隐藏闭门器
木饰面门套
合页
木饰面门
执手锁
地锁
暗插销（副）
门止
挡尘条

尺寸标注（立面图）：
50
305
280
415
1570
2445
1550
1050
395
260
S2
50 3　595　5 187 16 187 5　595　3 50
1696
S1

右侧标注（节点图）：
轻钢龙骨墙体
□40×60×5 镀锌方钢
隐藏闭门器
门芯料填充
木饰面门板
执手锁
木饰面门套
暗插销（副）
挡尘条

尺寸标注（节点图）：
50
50
415
2445
1580
2375
1050
400

E　双扇木饰面平开门外立面

S1　双扇木饰面平开门节点图

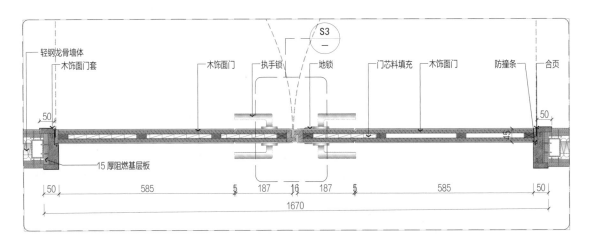

S2 双扇木饰面平开门节点图

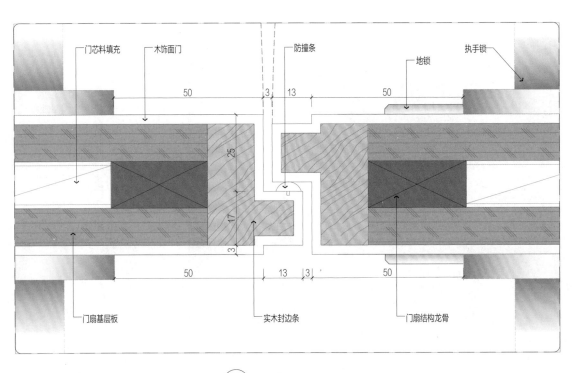

S3 双扇木饰面平开门节点图

➤ 适用范围

　　双扇木饰面平开门（轻钢龙骨钢架加固）主要用于酒店、办公及商业空间、博物馆、美术馆、剧院等场所。木饰面具有良好的耐磨耐刮性能，配合优质的合页，使得双开门能在长期使用过程中保持稳定，不易变形或损坏。采用合页安装方式的双开门结构简单，安装便捷，便于后期维护和更换。

➤ 工艺要求

1. 确定门扇开启方向、五金型号、安装位置等。

2. 轻钢龙骨隔墙弹线定位预留门洞，除完成面线、基层线外，镀锌方钢加固控制线也应弹线。

3. 门洞两侧加固镀锌方钢两端与镀锌钢板满焊连接，用 M10 不锈钢螺栓紧固镀锌钢板，使其与原结构可靠连接，门洞加固镀锌方钢横梁两端满焊焊接门洞两侧镀锌方钢。

4. 成品木饰面门全部工厂化生产，包括门套、门扇及预留槽孔。

5. 木饰面门在工厂统一喷漆，漆面均匀无色差。

6. 根据现场工作面制定组装工序，形成流水施工，加快施工进度。

7. 往门套与墙体间填塞保温材料时，应填塞饱满、均匀。

8. 门扇应保证裁口顺直、刨面平滑，开启要灵活、稳定。

9. 门五金应保证位置适宜、槽深一致、边缘整齐、尺寸准确、螺钉紧平。

10. 密封条、防撞条、挡尘条等的安装要平直顺滑、牢固严密、无缝隙。

11. 门五金开孔处封闭漆处理完成后方可发货。

12. 门高大于 2200 mm 时，门芯应增加镀锌方钢预防变形。

13. 木饰面门木皮厚度应大于 0.5 mm，特殊情况不得小于 0.2 mm。门扇基层板厚度不宜小于 15 mm。

➤ 施工步骤

1. 现场清理，确定墙面完成面线、控制线、基层线。

2. 钻孔预埋 M10 不锈钢螺栓，安装紧固镀锌钢板。

3. 焊接镀锌方钢加固门洞框架，门洞周边包套轻钢龙骨骨架并调平。

4. 安装门套基层板并调平。

5. 安装门套。

6. 安装门扇，同步固定安装不锈钢合页，双开门需安装顺位器、插销等配套五金，保证双开门正常开启关闭。

7. 调试木饰面门开合至顺畅。

➤ 材料规格

装饰面材：木饰面门、木饰面门套。

五金配件：不锈钢合页、隐蔽闭门器、成品执手锁、挡尘条、门止。

➤ 材料图片

木饰面	成品执手锁	挡尘条
木饰门面地锁	防尘筒	不锈钢合页
隐藏闭门器	暗插销	门止

➤ 模拟构造

暗藏闭门器
门芯料填充
合页
成品执手锁
木饰面门

轻钢龙骨墙体
□ 40×60×5 镀锌方钢加固
木饰面门套
墙面装饰材料
不锈钢踢脚线

三维构造模型

C2.7　木饰面外侧移门构造

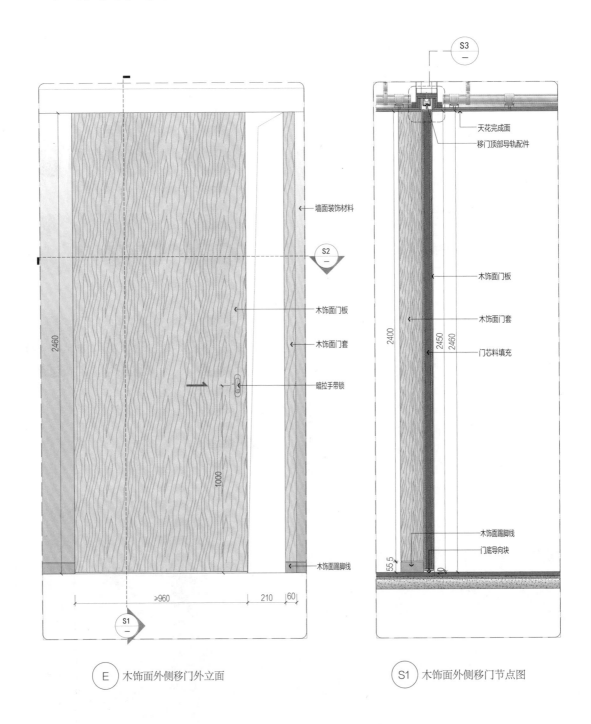

S3

墙面装饰材料

S2

木饰面门板

木饰面门套

暗拉手带锁

木饰面踢脚线

天花完成面
移门顶部导轨配件

木饰面门板

木饰面门套

门芯料填充

木饰面踢脚线
门底导向块

2460

1000

2400

2450

2460

55.5

>960　　210　60

S1

E　木饰面外侧移门外立面

S1　木饰面外侧移门节点图

五金配件清单

门编号	五金配件						
	合页（个）	—	防尘筒（个）	—	门止（个）	—	防盗扣	—
	执手锁（副）	—	隐藏闭门器（套）	—	门夹（个）	—	按压回弹暗拉手（个）	—
M-11	移门锁（副）	1	明装闭门器（套）	—	吊轮（个）	2	门轴（个）	—
	暗铰链（个）	—	拉手（副）	—	地弹簧（副）	—	—	—
	挡尘条（个）	—	暗插销（副）	—	地锁（副）	—	—	—

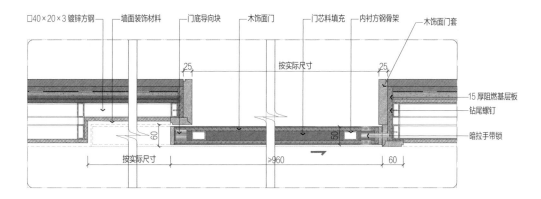

□40×20×3镀锌方钢　墙面装饰材料　门底导向块　木饰面门　门芯料填充　内衬方钢骨架　木饰面门套

15 厚阻燃基层板
钻尾螺钉
暗拉手带锁

25　按实际尺寸　25

60　50　60

按实际尺寸　>960　60

S2　木饰面外侧移门节点图

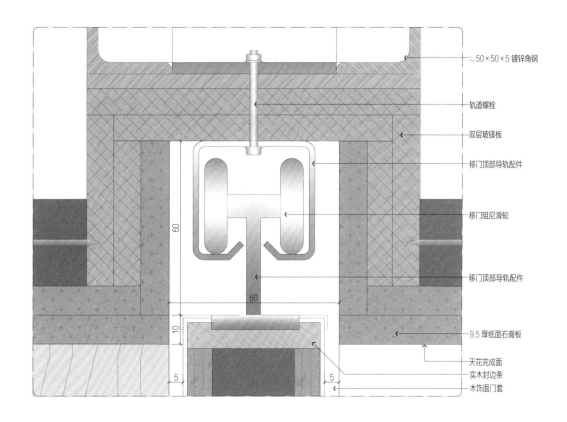

∟50×50×5 镀锌角钢

轨道螺栓

双层玻镁板

移门顶部导轨配件

移门阻尼滑轮

移门顶部导轨配件

9.5 厚纸面石膏板

天花完成面
实木封边条
木饰面门套

60

60

10

5　5

S3　木饰面外侧移门节点图

➤ 适用范围

　　木饰面外侧移门主要用于住宅、办公楼、酒店等场所的入口。木饰面移门可以用于营造更为高端、大气的氛围，在提供隐私保护的同时也能保证空间的通透性。相较于传统的平开门或内开式门，外侧移门在开启时不会占用室内或室外过多的空间，特别适合于有限空间或者需要较大通行宽度的地方。

➤ 工艺要求

1. 成品木饰面门全部工厂化生产，包括门套、门扇及预留槽孔。

2. 木饰面门在工厂统一喷漆，漆面均匀无色差。

3. 根据现场工作面制定组装工序，形成流水施工，加快施工进度。

4. 往门套与墙体间填塞保温材料时，应填塞饱满、均匀。

5. 门扇应保证裁口顺直、刨面平滑，开启要灵活、稳定。

6. 门五金应保证位置适宜、槽深一致、边缘整齐、尺寸准确、螺钉紧平。

7. 密封条、防撞条、挡尘条等的安装要平直顺滑、牢固严密、无缝隙。

8. 门五金开孔处封闭漆处理完成后方可发货。

9. 门高大于 2200 mm 时，门芯应增加镀锌方钢预防变形。

10. 木饰面门木皮厚度应大于 0.5 mm，特殊情况不得小于 0.2mm。门扇基层板厚度不宜小于 15 mm。

11. 成品门套背面必须刷防潮漆或贴平衡纸。

12. 门的安装高度需高于门套 10 mm，门下口需装定位条。

13. 暗藏门缝宽度应大于门最宽处 8 ～ 12 mm。

➤ 施工步骤

1. 现场清理，放控制线、完成面线、基层线。

2. 安装埋板，焊接镀锌加固方钢，用钻尾螺钉固定木质阻燃基层板。

3. 移门顶部导轨安装固定牢靠。

4. 安装门套基层板。

5. 安装门套线。

6. 安装移门，同步安装固定移门阻尼滑轮。

7. 安装其他门五金。

8. 调试木饰面移门开合至顺畅。

➤ 材料规格

装饰面材：木饰面门、木饰面门套。

五金配件：暗拉手、阻尼滑轮、移门轨道、导向块。

➤ 材料图片

木饰面　　　　暗拉手　　　　阻尼滑轮

移门轨道　　　　导向块

➤ 模拟构造

双层玻镁板

墙面装饰材料

暗拉手带锁

木饰面踢脚线

移门顶部导轨配件

木饰面门套

木饰面门板

三维构造模型

C2.8　木饰面内藏移门构造

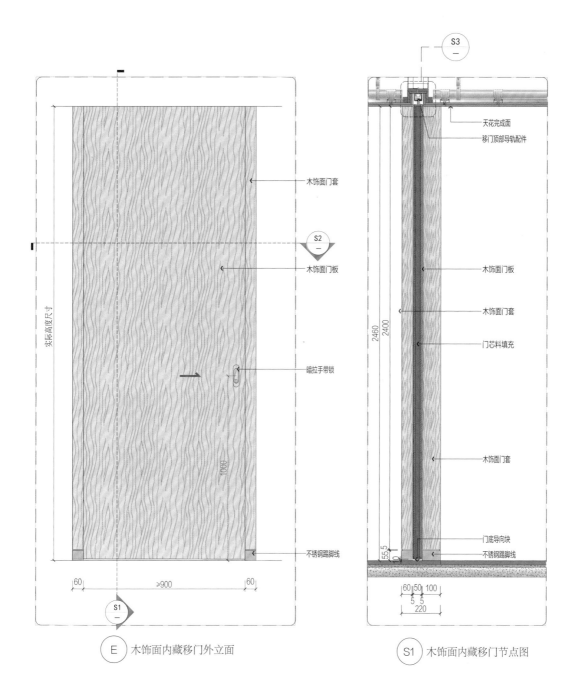

木饰面门套

木饰面门板

暗拉手带锁

不锈钢踢脚线

天花完成面

移门顶部导轨配件

木饰面门板

木饰面门套

门芯料填充

木饰面门套

门底导向块

不锈钢踢脚线

（E）木饰面内藏移门外立面

（S1）木饰面内藏移门节点图

五金配件清单

门编号	五金配件						
	合页（个）	—	防尘筒（个）	—	门止（个）	—	防盗扣	—
	执手锁（副）	—	隐藏闭门器（套）	—	门夹（个）	—	按压回弹暗拉手（个）	—
M-12	移门锁（副）	1	明装闭门器（套）	—	吊轮（个）	2	门轴（个）	—
	暗铰链（个）	—	拉手（副）	—	地弹簧（副）	—	—	—
	挡尘条（个）	—	暗插销（副）	—	地锁（副）	—	—	—

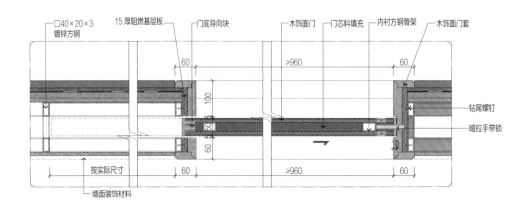

（S2）木饰面内藏移门节点图

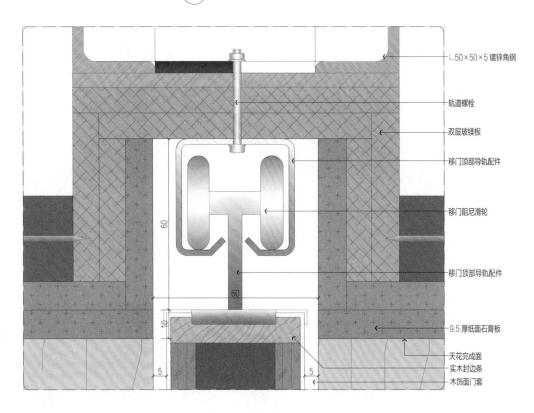

（S3）木饰面内藏移门节点图

➤ 适用范围

　　木饰面内藏移门主要用于高端酒店、会所、高档住宅、高级餐厅包间、酒吧 VIP 区域等场所的入口。内藏式移门可以灵活划分功能区域，同时可保证整体空间视觉效果的连续性与开阔感。木饰面移门适用于需要保护隐私，同时又要求美观的高端场所。

➤ 工艺要求

1. 成品木饰面门全部工厂化生产，包括门套、门扇及预留槽孔。

2. 木饰面门工厂统一喷漆，漆面均匀无色差。

3. 根据现场工作面制定组装工序，形成流水施工，加快施工进度。

4. 往门套与墙体间填塞保温材料时，应填塞饱满、均匀。

5. 门扇应保证裁口顺直、刨面平滑，开启要灵活、稳定。

6. 门五金应保证位置适宜、槽深一致、边缘整齐、尺寸准确、螺钉紧平。

7. 密封条、防撞条、挡尘条等的安装要平直顺滑、牢固严密、无缝隙。

8. 门五金开孔处封闭漆处理完成后方可发货。

9. 门高大于 2200 mm 时，门芯应增加镀锌方钢预防变形。

10. 木饰面门木皮厚度应大于 0.5 mm，特殊情况不得小于 0.2 mm。门扇基层板厚度不宜小于 12 mm。

11. 门框凹槽内侧侧板需安装 FC 板。

12. 门的安装高度需高于门套 10 mm，门下口需装定位条。

13. 暗藏门缝宽度应大于门最宽处 8 ~ 12 mm。

➤ 施工步骤

1. 现场清理，放控制线、完成面线、基层线。

2. 安装埋板，焊接镀锌加固方钢，用钻尾螺钉固定木质阻燃基层板。

3. 移门顶部导轨安装固定牢靠。

4. 安装门套基层板。

5. 安装门套线。

6. 安装移门，同步安装固定移门阻尼滑轮。

7. 安装其他门五金。

8. 调试木饰面移门开合至顺畅。

➤ 材料规格

装饰面材：木饰面门、木饰面门套。

五金配件：暗拉手、阻尼滑轮、移门轨道、门底导向块。

➤ 材料图片

木饰面　　　暗拉手　　　阻尼滑轮

移门轨道　　导向块

➤ 模拟构造

移门顶部导轨配件　　　　　　　　　　　　　　15 厚阻燃基层板

木饰面门套线　　　　　　　　　　　　　　　　墙面装饰材料

墙面装饰材料　　　　　　　　　　　　　　　　暗拉手带锁

木饰面门板　　　　　　　　　　　　　　　　　不锈钢踢脚

三维构造模型

深化与施工要点

➤ 深化要点与管控

深化要点

1. 明确木饰面门规格尺寸、材质厚度、开启方式及配套五金选型。

2. 深化木饰面门平面编号图及定位图，确定门套与墙面造型对应关系。

3. 根据现场尺寸深化木饰面门拆解下单图。

4. 依据图纸要求及封样五金说明资料（或五金小样）深化定位开孔位置。

5. 根据项目特点与设计要求采用配套木饰面门五金配件。

深化管控

1. 资料签收：检查各专业提资图纸是否已收集完毕。

2. 图纸深化：根据设计图纸和现场门洞实测尺寸，深化木饰面门加工图，深化图纸应包含木饰面门规格尺寸，详细描述门扇剖切组成、门框安装细部构造、木饰面门五金配置明细等。根据当地消防规范要求确保户门打开后扣除门扇的净尺寸可满足疏散要求。根据木饰门材料规格、尺寸计算重量，结合设计要求选配相对应五金配件保证木饰面门正常开启。

3. 机电配合：将装饰专业施工图纸与其他专业图纸进行叠图，检查点位是否缺失，消防联动、门禁系统等进行预留定位。

4. 现场管控：检查现场门洞有无偏位，垂直度、方正度是否符合图纸要求，若现场不满足要求，则要及时提出整改意见。

➤ 工序策划

1. 深化加工：依据签字确认的深化下单图纸，工厂拆单加工木饰面门，将把手及合页等样品送至厂家，以确保木饰面门开孔位置的准确。

2. 弹线定位：按设计图纸规定的尺寸、标高和开启方向，在洞口内弹出门框的安装位置线。

3. 安装门套：门套安装应注意门扇开启方向，以确定门套安装的裁口方向。门套与墙体的固定连接点数量根据门框高度确定。固定点间距以 500 mm 为宜。

4. 安装门扇：先安装次页在门扇上，门套上安装主页片；主页片拧 1 ~ 2 个螺钉临时固定，调整门套与门扇缝隙并使其符合验收标准后，将全部螺钉安装拧紧。

5. 五金安装：门吸、闭门器、拉手、把手、门锁等均应安装在指定位置，安装牢固，固定螺钉均应装全、装平直，装后配件效果良好，门锁锁孔中心距水平地面高度宜为 900 ~ 1050 mm。

➤ 质量通病与预防

通病现象	预防措施
门套、门扇翘曲变形	选择木材必须干燥；经现场抽检，木材的含水率应在 15% 以下
门套和门扇、门扇与门扇的结合处高低差大	加工时严格控制门扇裁口尺寸，加工后先在工厂进行试拼装，保证尺寸准确，安装后需对门扇进行调整，保证门缝预留合理、使用开启关闭顺畅
压边的线条沿夹板的边缘裂缝	基层骨架横档中距应根据两侧夹板的厚度确定，夹板薄则应加密，中距以 200 ~ 300 mm 为宜，压边的木线条应用实木线条，钉镶边木线时必须加胶钉牢

➤ 实景照片

木饰面门（正面）　　　　木饰面门（背面）　　　　木饰面双开门　　　　　木饰面移门

C3　暗门构造

C3.1　木饰面暗门构造

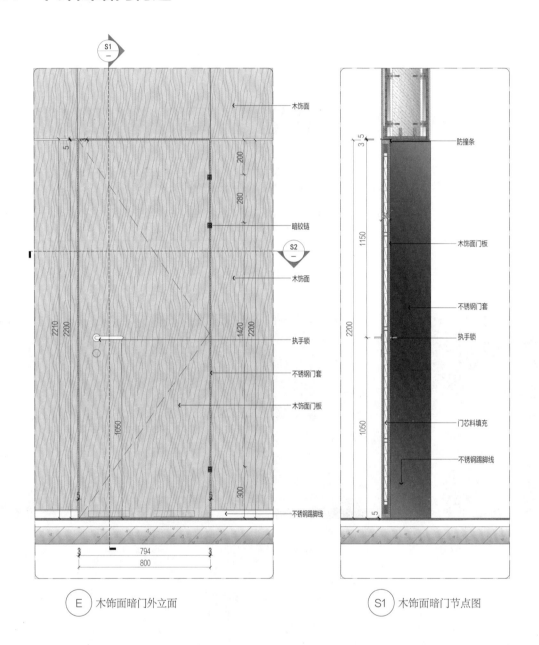

　　E　木饰面暗门外立面　　　　　　　　　S1　木饰面暗门节点图

五金配件清单

门编号	五金配件						
M-13	合页（个）	—	防尘筒（个）	—	门止（个）	—	防盗扣	—
	执手锁（副）	1	隐藏闭门器（套）	—	门夹（个）	—	按压回弹暗拉手（个）	—
	移门锁（副）	—	明装闭门器（套）	—	吊轮（个）	—	门轴（个）	—
	暗铰链（个）	3	拉手（副）	—	地弹簧（副）	—	—	—
	挡尘条（个）	—	暗插销（副）	—	地锁（副）	—	—	—

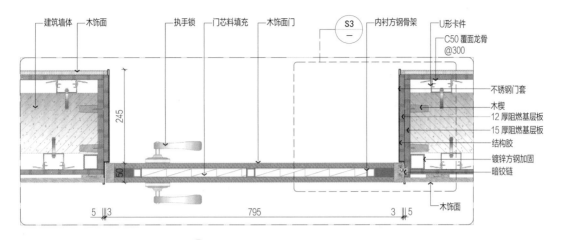

S2 木饰面暗门节点图

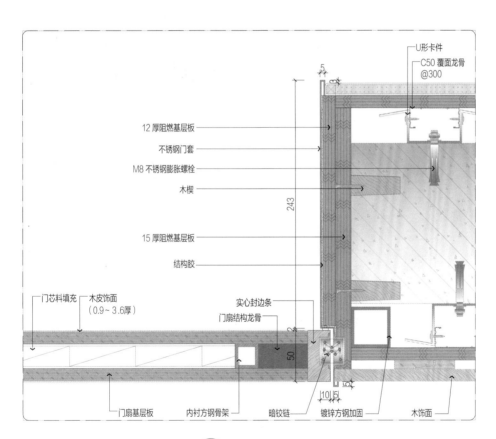

S3 木饰面暗门节点图

➤ 适用范围

　　木饰面暗门有着美观大方的外表和隐蔽性强的特点，可以有效地节省空间并增添美感，广泛应用于住宅、会议室、经理办公室、休息室等空间。

➤ 工艺要求

1. 确定门扇开启方向、五金型号、安装位置等。

2. 成品木饰面门全部工厂化生产，包括门套、门扇及预留槽孔。

3. 木饰面门在工厂统一喷漆，漆面均匀无色差。

4. 根据现场工作面制定组装工序，形成流水施工，加快施工进度。

5. 往门套与墙体间填塞保温材料时，应填塞饱满、均匀。

6. 门扇应保证裁口顺直、刨面平滑，开启要灵活、稳定。

7. 门五金应保证位置适宜、槽深一致、边缘整齐、尺寸准确、螺钉紧平。

8. 密封条、防撞条、挡尘条等的安装要平直顺滑、牢固严密、无缝隙。

9. 门五金开孔处封闭漆处理完成后方可发货。

10. 门高大于 2200 mm 时，门芯应增加镀锌方钢预防变形。

11. 木饰面门木皮厚度应大于 0.5 mm，特殊情况不得小于 0.2 mm。门扇基层板厚度不宜小于 12 mm。

➤ 施工步骤

1. 现场清理，确定墙面完成面线、控制线、基层线。

2. 钻木楔孔，安装木楔。

3. 安装门套基层板并调平。

4. 安装门套线。

5. 安装门扇，同步固定安装十字暗铰链。

6. 安装其他门五金。

7. 调试木饰面门开合至顺畅。

➤ 材料规格

装饰面材：木饰面暗门、不锈钢门套。

五金配件：十字暗铰链、分体执手锁、防撞条。

➤ 材料图片

木饰面　　　　分体执手锁　　　十字暗铰链

防撞条　　　　镀锌方钢

➤ 模拟构造

三维构造模型

C3.2　硬包饰面暗门构造

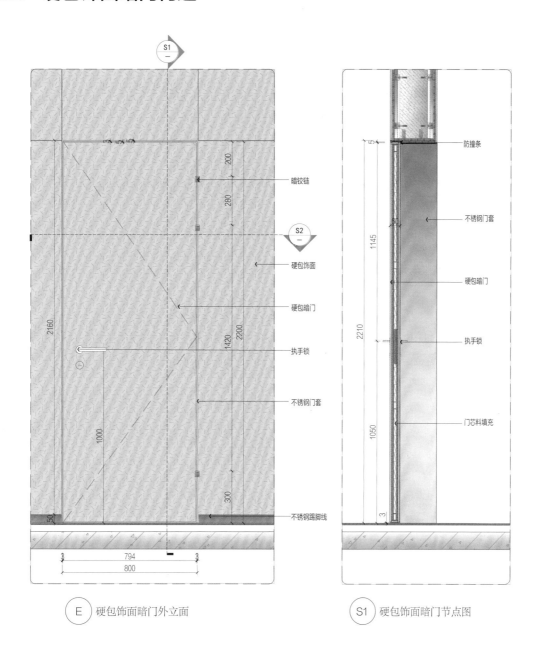

S1		

暗铰链

硬包饰面

硬包暗门

执手锁

不锈钢门套

不锈钢踢脚线

防撞条

不锈钢门套

硬包暗门

执手锁

门芯料填充

200
280
2160
2200
1420
1000
300
50
794
800
3　3

5
1145
50
2210
1050
3

（E）硬包饰面暗门外立面　　　　　　　（S1）硬包饰面暗门节点图

五金配件清单

门编号	五金配件						
	合页（个）	—	防尘筒（个）	—	门止（个）	—	防盗扣	—
	执手锁（副）	1	隐藏闭门器（套）	—	门夹（个）	—	按压回弹暗拉手（个）	—
M-14	移门锁（副）	—	明装闭门器（套）	—	吊轮（个）	—	门轴（个）	—
	暗铰链（个）	3	拉手（副）	—	地弹簧（副）	—	—	—
	挡尘条（个）	—	暗插销（副）	—	地锁（副）	—	—	—

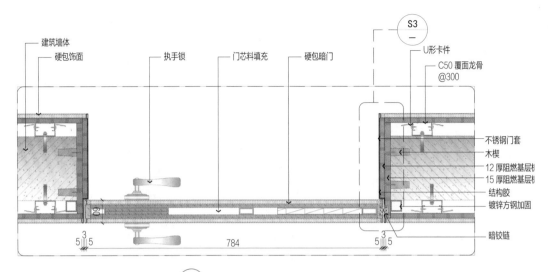

S2 硬包饰面暗门节点图

建筑墙体
硬包饰面
执手锁
门芯料填充
硬包暗门
S3
U形卡件
C50 覆面龙骨 @300
不锈钢门套
木楔
12 厚阻燃基层板
15 厚阻燃基层板
结构胶
镀锌方钢加固
暗铰链

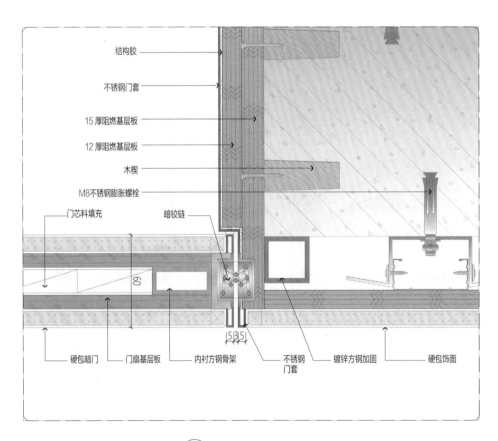

S3 硬包饰面暗门节点图

结构胶
不锈钢门套
15 厚阻燃基层板
12 厚阻燃基层板
木楔
M8不锈钢膨胀螺栓
门芯料填充
暗铰链
硬包暗门
门扇基层板
内衬方钢骨架
不锈钢门套
镀锌方钢加固
硬包饰面

➤ 适用范围

　　硬包饰面暗门是一种特殊的门类，其外部用硬质材料进行装饰，一般会与周围的墙面融为一体，以达到隐蔽的目的。硬包饰面暗门不仅具有装饰功能，而且有良好的隔声效果，适用于有硬包墙面的装饰暗门，如会议室、报告厅、影院厅、影音室等空间。

➤ 工艺要求

1. 硬包饰面暗门高度根据设计方案而定，并保证能自由开启。

2. 硬包饰面暗门门扇内衬镀锌方钢骨架，并焊接成口字形，中间至少加焊一根斜撑，以增加抗变形强度；门扇正面硬包做法与周边硬包相同，反面除特殊要求外，宜与正面硬包做法相同。

3. 硬包饰面暗门门扇四周和周边硬包四周均应安装不锈钢收口，可与硬包齐平或凸出硬包面 3 mm。

4. 硬包饰面暗门为双开硬包饰面暗门时，两扇门门缝间预设"企口"，并同时安装不锈钢收边。

5. 门五金需确认五金选型，并由厂家在后场开孔，开孔处封闭漆处理完成后方可发货。

6. 根据设计需要分缝处理的硬包饰面暗门，必须合理分缝，保证整体美观效果。

➤ 施工步骤

1. 现场清理，确定墙面完成面线、控制线、基层线。
2. 钻木楔孔，安装木楔。
3. 安装门套基层板并调平。
4. 安装门套线。

5. 安装门扇，同步固定安装十字暗铰链。
6. 安装其他门五金。
7. 调试硬包饰面暗门开合至顺畅。

➤ 材料规格

装饰面材：硬包暗门、不锈钢门套。

五金配件：十字暗铰链、分体执手锁、防撞条。

➤ 材料图片

硬包饰面　　　分体执手锁　　　十字暗铰链

防撞条　　　　镀锌方钢

➤ 模拟构造

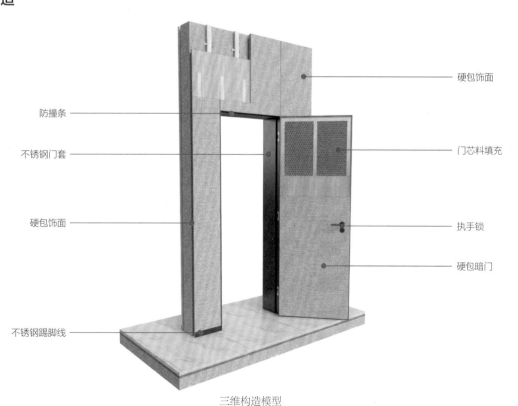

防撞条
不锈钢门套
硬包饰面
不锈钢踢脚线

硬包饰面
门芯料填充
执手锁
硬包暗门

三维构造模型

C3.3　石材饰面暗门构造

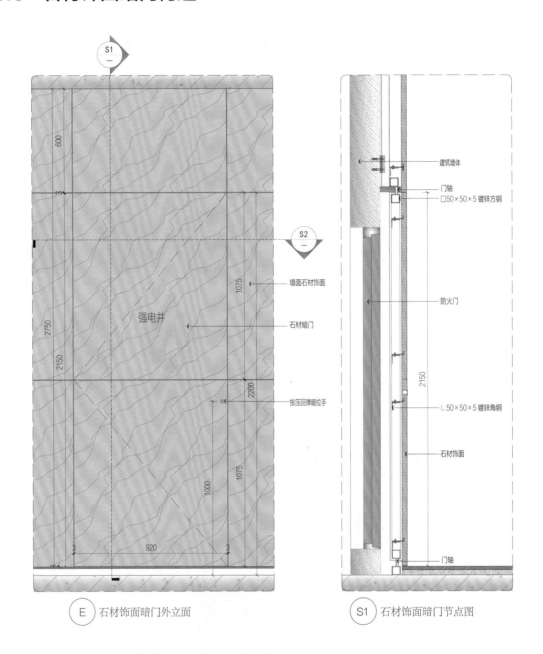

强电井

墙面石材饰面
石材暗门
按压回弹暗拉手

建筑墙体
门轴
□50×50×5 镀锌方钢
防火门
L 50×50×5 镀锌角钢
石材饰面
门轴

(E)　石材饰面暗门外立面

(S1)　石材饰面暗门节点图

五金配件清单

门编号	五金配件						
M-15	合页（个）	—	防尘筒（个）	—	门止（个）	—	防盗扣	—
	执手锁（副）	—	隐藏闭门器（套）	—	门夹（个）	—	按压回弹暗拉手（个）	1
	移门锁（副）	—	明装闭门器（套）	—	吊轮（个）	—	门轴（个）	2
	暗铰链（个）	—	拉手（副）	—	地弹簧（副）	—	—	—
	挡尘条（个）	—	暗插销（副）	—	地锁（副）	—	—	—

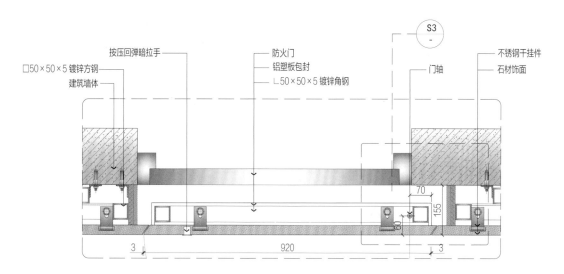

按压回弹暗拉手
□50×50×5 镀锌方钢
建筑墙体
防火门
铝塑板包封
L50×50×5 镀锌角钢
门轴
不锈钢干挂件
石材饰面

70
155
80
3
920
3

S2 石材饰面暗门节点图（门轴做法）

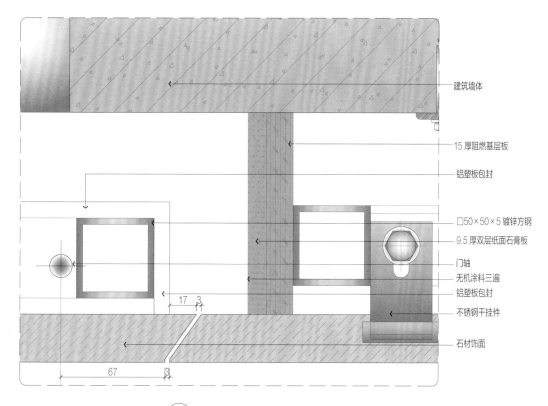

建筑墙体
15 厚阻燃基层板
铝塑板包封
□50×50×5 镀锌方钢
9.5 厚双层纸面石膏板
门轴
无机涂料三遍
铝塑板包封
不锈钢干挂件
石材饰面

17　3
67　3

S3 石材饰面暗门（门轴做法）节点图

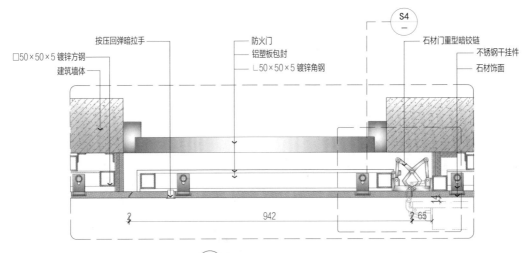

按压回弹暗拉手　防火门　　　　　　　　　　　　S4
□50×50×5 镀锌方钢　　　　　　铝塑板包封　　　　　　石材门重型暗铰链
建筑墙体　　　　　　　　　└50×50×5 镀锌角钢　　　不锈钢干挂件
　　　　　　　　　　　　　　　　　　　　　　　　　　石材饰面

2　　　　942　　　　2 65

（S2）石材饰面暗门节点图（暗铰链做法）

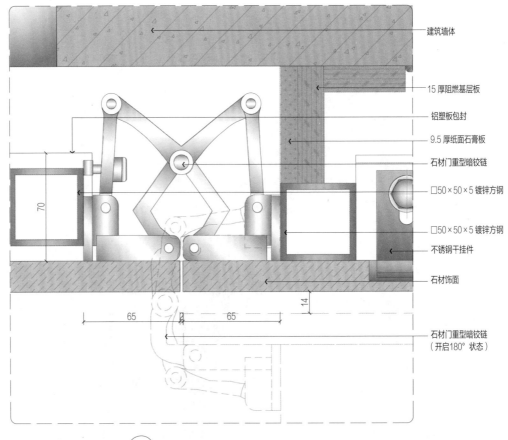

建筑墙体

15 厚阻燃基层板

铝塑板包封

9.5 厚纸面石膏板

石材门重型暗铰链

□50×50×5 镀锌方钢

□50×50×5 镀锌方钢

不锈钢干挂件

石材饰面

70

65　　65

14

石材门重型暗铰链
（开启180°状态）

（S4）石材饰面暗门（暗铰链做法）节点图

▶ 适用范围

　　石材饰面暗门主要用于遮蔽各种管井防火门及内部的设备和设施，从而提升建筑的整体美观程度和安全性。在办公楼等高层建筑中可以用石材饰面暗门来隐藏管道井、电缆井等。

➤ 工艺要求

1. 石材饰面暗门中的管井门高度根据设计方案而定，并要保证防火门能自由开启，石材暗门开启后应保证管井防火门能 90° 开启。

2. 当管井防火门为双开门时，石材饰面暗门也应该为双开石材饰面暗门，做法参考单扇门。

3. 暗门钢骨架横向龙骨中间至少加一道斜撑，左页图中标注的钢龙骨尺寸均为最小尺寸，不能小于左图中尺寸。

4. 暗门钢骨架采用 10 mm 厚玻镁板或 3 mm 厚铝塑板包封。

5. 石材饰面暗门需采用热镀锌角钢，角钢大小及滚珠轴承大小根据门体的自重选定，焊接部位做三遍防锈处理。

6. 石材干挂或安装，门边、框边切割面需抛光处理，钢架面采用防潮板包封。为了防止门与边框碰撞而使石材破损，需在门与框之间安装限位链。

7. 暗门厚度及旋转开启与墙面装饰面空间关系，需在建筑设计时考虑，否则难以实施。

8. 在暗门经常开关使用时，可以选择象鼻锁（象鼻式反弹器），当暗门轻触到反弹器时，会自动吸合关闭；同时也无需安装传统拉手，通过按压门板即可实现开门，具有安装方便，使用寿命长的优点。

➤ 施工步骤

1. 现场清理，放控制线、完成面线、基层线。

2. 安装镀锌钢埋板，焊接镀锌加固方钢，用钻尾螺钉固定木制阻燃基层板后封纸面石膏板，并做见白处理。

3. 焊接暗门方钢与角钢骨架。

4. 焊接安装不锈钢门轴或暗铰链。

5. 背封铝塑板。

6. 安装不锈钢干挂件。

7. 调试暗门。

8. 安装按压回弹暗拉手及象鼻锁。

➤ 材料规格

装饰面材：石材暗门、铝塑板饰面。

五金配件：承重门轴、按压回弹拉手、象鼻锁、石材重型暗铰链。

➤ 材料图片

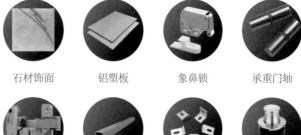

石材饰面　　铝塑板　　象鼻锁　　承重门轴

石材门重型暗铰链　镀锌方钢　石材干挂件　按压回弹拉手

➤ 模拟构造

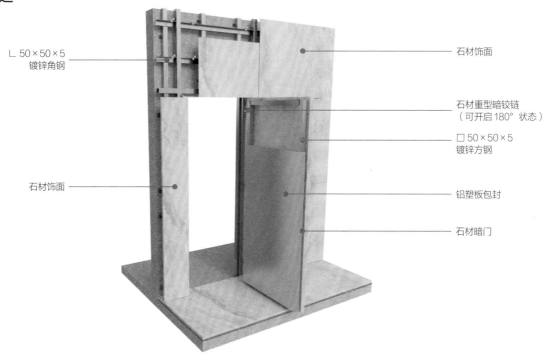

L 50×50×5
镀锌角钢

石材饰面

石材饰面

石材重型暗铰链
（可开启180° 状态）

□ 50×50×5
镀锌方钢

铝塑板包封

石材暗门

三维构造模型（石材饰面暗门暗铰链做法）

C3

深化与施工要点

▶ 深化要点与管控

深化要点

1. 明确木饰面、硬包、石材等暗门的规格尺寸、材质厚度、开启方式,根据门重量及设计要求配套五金选型。

2. 深化暗门定位尺寸图,确定暗门与周边墙体饰面造型对应关系。

3. 根据现场尺寸深化暗门骨架排布与对应墙面基层骨架排布,预演暗门开启,检验安装是否满足施工要求。

4. 依据图纸要求及封样五金说明资料(五金小样)深化定位开孔位置。

5. 根据项目特点与设计要求采用配套暗门五金配置。

深化管控

1. 资料签收:检查各专业提资图纸是否已收集完毕。

2. 图纸深化:根据设计图纸和现场门洞实测尺寸,深化下单尺寸,结合实测尺寸分类,将同类暗门统一尺寸、统一做法,按产品化、模块化原则制作安装。管道井、配电间、备用间等有配置双道门,暗门尺寸要根据现场原门尺寸大小进行深化,保证暗门打开后能正常开启第二道门。

3. 开启角度:管井暗门开启后应保证防火门能够达到 90° 的开启角度,以确保人员疏散的通畅。

4. 现场管控:检查现场门洞有无偏位,垂直度、方正度是否满足图纸要求,若现场不满足要求,则要及时提出整改意见。

▶ 工序策划

图纸深化 ➡ 弹线定位 ➡ 基层处理 ➡ 骨架安装 ➡ 饰面安装 ➡ 五金安装

1. 图纸深化:根据设计图纸要求和实际使用需求确定管井暗门的位置和尺寸,深化暗门骨架排布、饰面材料的安装方式、门扇周边收口做法、五金安装选型与定位,确保管井防火门能够自由开启。

2. 弹线定位:按设计图纸规定的尺寸、标高和开启方向,在洞口内弹出门框的安装位置线。

3. 基层处理:对安装暗门的基层进行清理和修整,确保安装质量。

4. 骨架安装:依据定位线确保门轴或合页焊接安装在同一轴线上,将暗门骨架与门轴或合页可靠连接,

注意调整暗门活动缝隙,以满足门扇开启要求与整体美观。

5. 饰面安装:石材饰面应按由下而上、先小板后大板的顺序安装,硬包、金属等饰面不宜分块,应按单一大板一次性安装到位,以保证暗门整体美观和平整。

6. 五金安装:门吸、把手、门锁等均应安装在指定位置,安装牢固,固定螺钉均应装全、装平直,装后配件要保证效果良好,门锁锁孔中心距水平地面高度宜为 900 ～ 1050 mm。

▶ 质量通病与预防

通病现象	预防措施
门套、门扇的边损坏严重	门套安装后距地面 1.2 m 范围内用细木工板钉成护角进行保护,门扇安装完毕后,立即安装门吸(门碰)等,交付前交专人看管
门套和门扇、门扇与门扇结合处接缝间隙大	按图纸要求和安装规范预留缝隙宽度,严格控制好修边尺寸,精细量尺并弹线,防止留缝超过允许偏差

▶ 实景照片

木饰面暗门

石材饰面暗门

石材暗门背面

石材暗门铰链

C4　消防箱暗门构造

C4.1　消防箱暗门构造（无机涂料饰面）

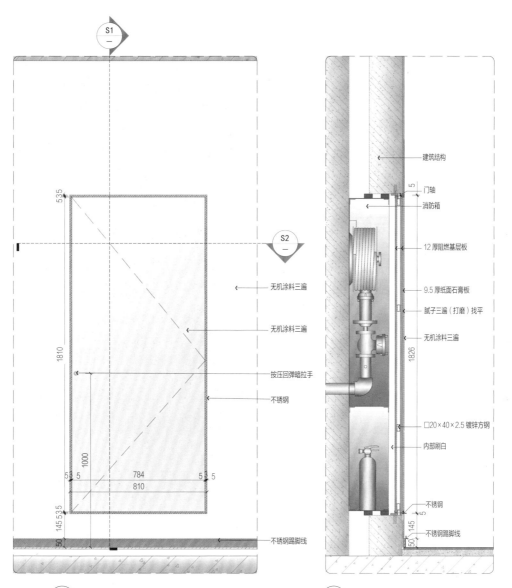

无机涂料三遍

无机涂料三遍

按压回弹暗拉手

不锈钢

不锈钢踢脚线

建筑结构

门轴

消防箱

12 厚阻燃基层板

9.5 厚纸面石膏板

腻子三遍（打磨）找平

无机涂料三遍

□20×40×2.5 镀锌方钢

内部刷白

不锈钢

不锈钢踢脚线

(E) 消防箱暗门（无机涂料饰面）外立面

(S1) 消防箱暗门（无机涂料饰面）节点图

五金配件清单

门编号	五金配件						
M-16	合页（个）	—	防尘筒（个）	—	门止（个）	—	防盗扣	—
	执手锁（副）	—	隐藏闭门器（套）	—	门夹（个）	—	按压回弹暗拉手（个）	1
	移门锁（副）	—	明装闭门器（套）	—	吊轮（个）	—	门轴（个）	2
	暗铰链（个）	—	拉手（副）	—	地弹簧（副）	—	门吸（个）	1
	挡尘条（个）	—	暗插销（副）	—	地锁（副）	—	—	—

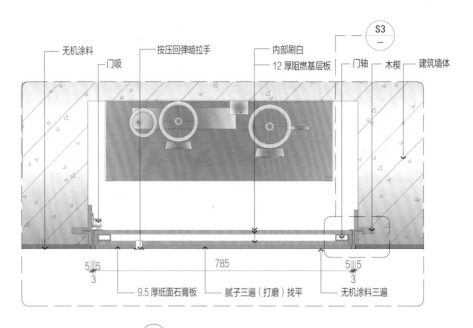

無机涂料　　按压回弹暗拉手　　内部刷白　　　　门轴　木楔　建筑墙体
　　门吸　　　　　　　　　　12 厚阻燃基层板

5 5　　　　　785　　　　　5 5
3　　　　　　　　　　　　　3
9.5 厚纸面石膏板　　腻子三遍（打磨）找平　　无机涂料三遍

(S2) 消防箱暗门（无机涂料饰面）节点图

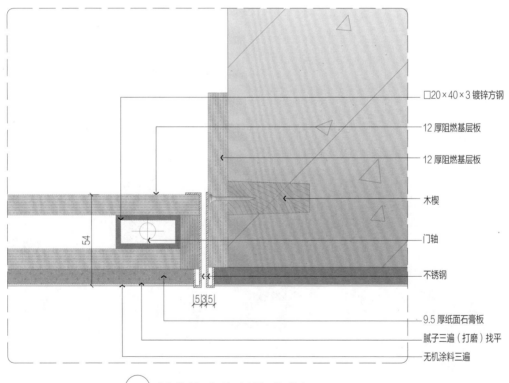

□20×40×3 镀锌方钢

12 厚阻燃基层板

12 厚阻燃基层板

木楔

门轴

不锈钢

9.5 厚纸面石膏板

腻子三遍（打磨）找平

无机涂料三遍

5 3 5

54

(S3) 消防箱暗门（无机涂料饰面）节点图

➤ 适用范围

　　消防箱暗门是一种常见的装饰，它可以将消火栓及消防立管隐藏起来，不破坏墙面整体造型，使装饰效果更加完美。无机涂料饰面消防箱暗门主要用于住宅、办公建筑走道空间及酒店和商业后场空间。

▶ 工艺要求

1. 消防箱暗门开启方向应采用外开式，确保开门见栓，暗门门轴或暗合页禁止安装在栓口侧。

2. 《消防给水及消火栓系统技术规范》（GB 50794—2014）要求，消火栓暗门开启角度不能小于120°。

3. 单扇消防箱暗门高度不小于1820 mm，宽度不小于820 mm，门底边距地面200 mm。

4. 暗门门洞四周根据图纸钻孔安装木楔，封12 mm厚阻燃基层板基层边框，边框见光处做喷白处理。

5. 暗门骨架采用20 mm×40 mm×3 mm镀锌方钢，或采用成品铝型材门框，骨架呈"目"字形焊接。

6. 包封暗门骨架的基层板采用不小于12 mm厚阻燃基层板，基层表面需刷白色涂料做见白处理。

7. 暗门正面加封一层9.5 mm厚纸面石膏板，并批刮腻子三遍，刷无机涂料三遍。

8. 暗门门扇、边框宜采用5 mm宽不锈钢装饰边框收边，超出门面板2 mm。

9. 在暗门经常开关使用时，可以选择象鼻锁（象鼻式反弹器），当暗门轻触到反弹器时，会自动吸合关闭；同时也无需安装传统拉手，通过按压门板即可实现开门，具有安装方便，使用寿命长的优点。

▶ 施工步骤

1. 现场清理，放控制线、完成面线、基层线。
2. 打木楔孔，安装木楔。
3. 固定阻燃基层板。
4. 安装固定门轴。
5. 制作暗门（方钢焊接，封阻燃基层板及石膏板）。
6. 安装不锈钢边框。
7. 安装调试暗门、回弹拉手、象鼻锁。
8. 面层石膏板刮腻子三遍，刷乳胶漆三遍。

▶ 材料规格

装饰面材：涂料（如无机涂料、艺术涂料等）、不锈钢踢脚线。

五金配件：承重门轴、按压回弹拉手、象鼻锁。

▶ 材料图片

不锈钢饰面　　按压回弹拉手　　象鼻锁　　承重门轴

阻燃基层板　　纸面石膏板　　涂料　　镀锌方钢

▶ 模拟构造

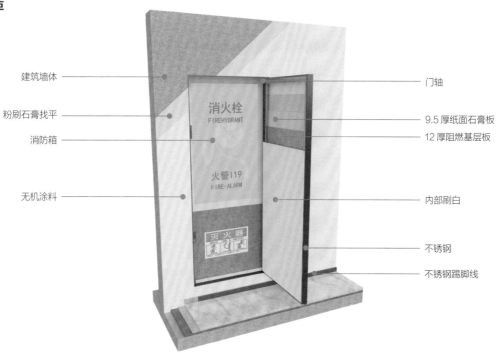

建筑墙体
粉刷石膏找平
消防箱
无机涂料

门轴
9.5厚纸面石膏板
12厚阻燃基层板
内部刷白
不锈钢
不锈钢踢脚线

消火栓 FIREHYDRANT
火警119 FIRE-ALARM
灭火器

三维构造模型

C4.2　消防箱暗门构造（铝板饰面）

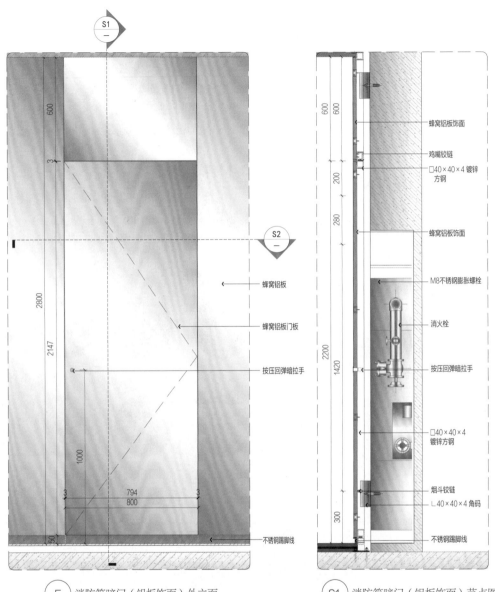

Ⓔ	消防箱暗门（铝板饰面）外立面	Ⓢ1 消防箱暗门（铝板饰面）节点图

五金配件清单

门编号	五金配件						
	合页（个）	—	防尘筒（个）	—	门止（个）	—	防盗扣	—
	执手锁（副）	—	隐藏闭门器（套）	—	门夹（个）	—	按压回弹暗拉手（个）	1
M-17	移门锁（副）	—	明装闭门器（套）	—	吊轮（个）	—	门轴（个）	—
	烟斗铰链（个）	3	拉手（副）	—	地弹簧（副）	—	门吸（个）	1
	挡尘条（个）	—	暗插销（副）	—	地锁（副）	—	—	—

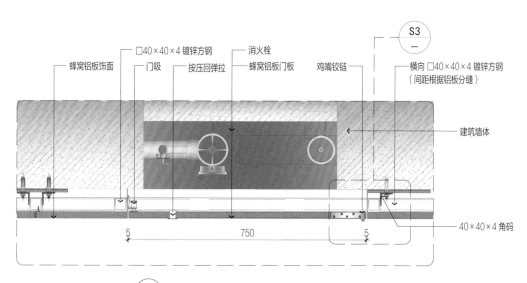

蜂窝铝板饰面　门吸　按压回弹拉　□40×40×4 镀锌方钢　消火栓　蜂窝铝板门板　鸡嘴铰链　横向 □40×40×4 镀锌方钢（间距根据铝板分缝）

建筑墙体

40×40×4 角码

5　750　5

（S2）消防箱暗门（铝板饰面）节点图

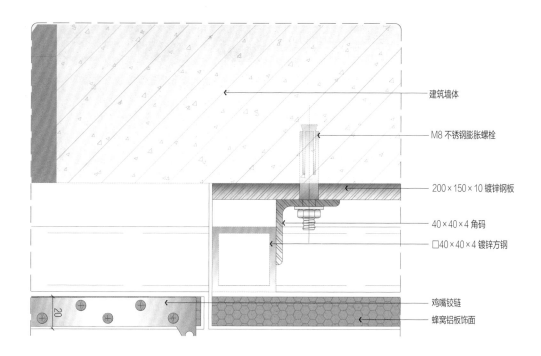

S3

建筑墙体

M8 不锈钢膨胀螺栓

200×150×10 镀锌钢板

40×40×4 角码

□40×40×4 镀锌方钢

鸡嘴铰链

蜂窝铝板饰面

20

（S3）消防箱暗门（铝板饰面）节点图

➤ 适用范围

铝板消防箱暗门主要用于酒店、办公楼、商业空间、展厅、图书馆、博物馆、车站等较大空间。

➤ 工艺要求

1. 消防箱暗门开启方向应采用外开式，确保开门见栓，暗门门轴或暗鸡嘴铰链禁止安装在栓口侧。

2.《消防给水及消火栓系统技术规范》（GB 50794—2014）要求，消火栓暗门开启角度不能小于120°。

3. 单扇消防箱暗门高度不小于2150 mm，宽度不小于800 mm，门底边与踢脚上边应留缝3～5 mm，暗门处踢脚线应贯通，不得断开。

4. 蜂窝铝板暗门应依据图纸要求进行成品加工，出厂前暗门预留孔位应结五金样品进行开孔。

5. 蜂窝铝板需依据封样颜色纹理，对铝板进行表面处理，如喷漆、烤漆、电镀等，以增加美观度和耐久度。

6. 蜂窝铝板饰面层四边均应做好U形折边处理，折边尺寸依据门板规格与厚度来确定，门扇厚度不小于20 mm。

7. 暗门两侧留缝应自踢脚线上部至天花下部做贯通缝处理。

8. 在暗门经常开关使用时，可以选择象鼻锁（象鼻式反弹器），当暗门轻触到反弹器时，会自动吸合关闭；同时也无需安装传统拉手，通过按压门板即可实现开门，具有安装方便，使用寿命长的优点。

➤ 施工步骤

1. 现场清理，放控制线、完成面线、基层线。
2. 安装埋板，焊接镀锌加固方钢。
3. 安装蜂窝铝板暗门，用鸡嘴铰链固定。
4. 安装调试回弹拉手、象鼻锁。

➤ 材料规格

装饰面材：蜂窝铝板、不锈钢踢脚线。
五金配件：鸡嘴铰链、按压回弹拉手、象鼻锁。

➤ 材料图片

不锈钢饰面　　　鸡嘴铰链　　　按压回弹拉手　　　象鼻锁

蜂窝铝板　　　纸面石膏板　　　涂料　　　镀锌方钢

➤ 模拟构造

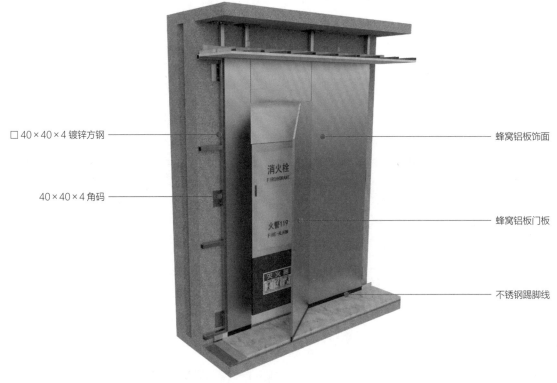

□ 40×40×4 镀锌方钢

40×40×4 角码

蜂窝铝板饰面

蜂窝铝板门板

不锈钢踢脚线

三维构造模型

C4.3 消防箱暗门构造（木饰面）

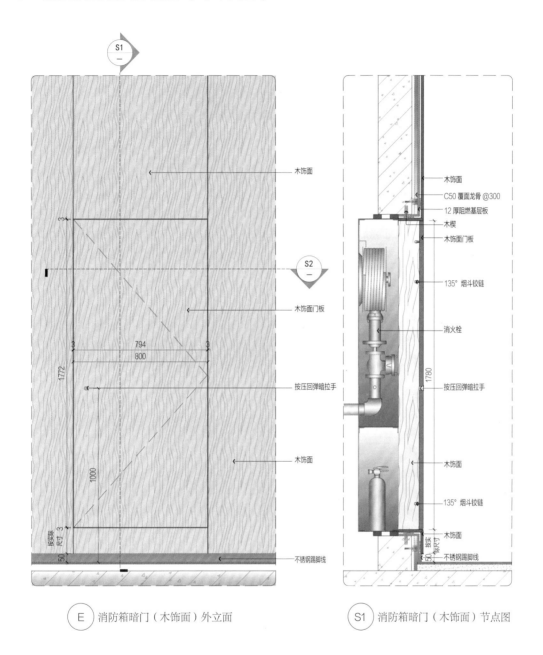

木饰面
木饰面门板
按压回弹暗拉手
木饰面
不锈钢踢脚线

木饰面
C50 覆面龙骨 @300
12 厚阻燃基层板
木楔
木饰面门板
135° 烟斗铰链
消火栓
按压回弹暗拉手
木饰面
135° 烟斗铰链
木饰面
不锈钢踢脚线

794
800
1772
1000
3
3
3
3
50
按实际尺寸
1780
按实际尺寸
50

Ⓔ 消防箱暗门（木饰面）外立面　　　Ⓢ1 消防箱暗门（木饰面）节点图

五金配件清单

门编号	五金配件							
M-18	合页（个）	—	防尘筒（个）	—	门止（个）	—	防盗扣	—
	执手锁（副）	—	隐藏闭门器（套）	—	门夹（个）	—	按压回弹暗拉手（个）	1
	移门锁（副）	—	明装闭门器（套）	—	吊轮（个）	—	门轴（个）	—
	烟斗铰链（个）	3	拉手（副）	—	地弹簧（副）	—	门吸（个）	1
	挡尘条（个）	—	暗插销（副）	—	地锁（副）	—	—	—

C4

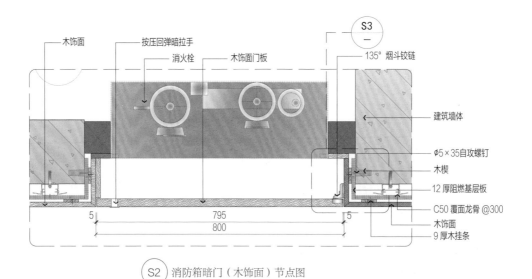

S2　消防箱暗门（木饰面）节点图

S3　消防箱暗门（木饰面）节点图

▶ 适用范围

　　木饰面消防箱暗门主要用于一些需要较强装饰性的场所，如酒店、宾馆、高级会所、办公楼等。这些场所通常对室内装饰要求较高，因此需要使用木饰面消防箱暗门来提高整体装饰效果。

➤ 工艺要求

1. 消防箱暗门开启方向应采用外开式，确保开门见栓，暗门门轴或铰链禁止安装在栓口侧。

2.《消防给水及消火栓系统技术规范》（GB 50794—2014）要求，消火栓暗门开启角度不能小于 120°。

3. 单扇消防箱暗门高度不小于 2150 mm，宽度不小于 800 mm，门底边与踢脚线上边应留缝 3 ~ 5 mm，暗门处踢脚线应贯通，不得断开。

4. 木饰面暗门应依据图纸要求进行成品加工，出厂前暗门预留孔位应结五金样品进行开孔。

5. 木饰面需依据封样颜色纹理，对木饰面进行切割修整、砂光打磨、上漆喷涂，以增加美观度和平整度。

6. 木饰面门扇六面应满贴木皮，门扇厚度不小于 25 mm。

7. 暗门两侧留缝应自踢脚线上部至天花下部做贯通缝处理。

8. 在暗门经常开关使用时，可以选择象鼻锁（象鼻式反弹器），当暗门轻触到反弹器时，会自动吸合关闭；同时也无需安装传统拉手，通过按压门板即可实现开门，具有安装方便，使用寿命长的优点。

➤ 施工步骤

1. 现场清理，放控制线、完成面线、基层线。
2. 打木楔孔，安装木楔。
3. 安装固定阻燃基层板。
4. 安装木饰面。
5. 安装成品木饰面门板，同步安装烟斗铰链。
6. 安装调试按压回弹暗拉手、象鼻锁。

➤ 材料规格

装饰面材：木饰面、不锈钢饰面。
五金配件：135° 烟斗铰链、按压回弹拉手、象鼻锁。

➤ 材料图片

木饰面　　不锈钢饰面　　135° 烟斗铰链　　按压回弹拉手

纸面石膏板　　象鼻锁　　涂料　　镀锌方钢

➤ 模拟构造

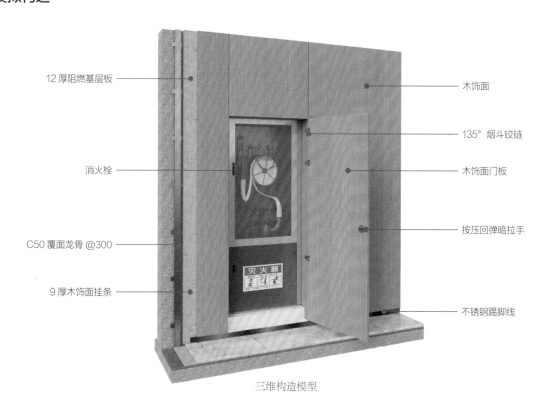

12 厚阻燃基层板
木饰面
135° 烟斗铰链
消火栓
木饰面门板
C50 覆面龙骨 @300
按压回弹暗拉手
9 厚木饰面挂条
不锈钢踢脚线

三维构造模型

C4.4 消防箱暗门构造（硬包饰面）

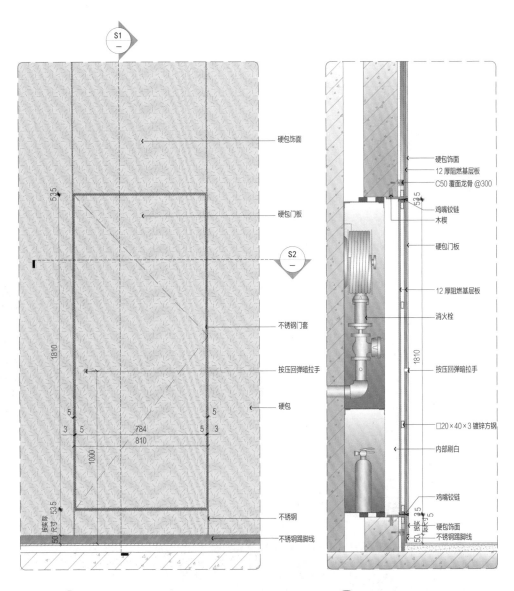

左图标注：
- 硬包饰面
- 硬包门板
- 不锈钢门套
- 按压回弹暗拉手
- 硬包
- 不锈钢
- 不锈钢踢脚线

右图标注：
- 硬包饰面
- 12 厚阻燃基层板
- C50 覆面龙骨 @300
- 鸡嘴铰链
- 木楔
- 硬包门板
- 12 厚阻燃基层板
- 消火栓
- 按压回弹暗拉手
- □20×40×3 镀锌方钢
- 内部刷白
- 鸡嘴铰链
- 硬包饰面
- 不锈钢踢脚线

(E) 消防箱暗门（硬包饰面）外立面　　　(S1) 消防箱暗门（硬包饰面）节点图

五金配件清单

门编号	五金配件						
	合页（个）	—	防尘筒（个）	—	门止（个）	—	防盗扣	—
	执手锁（副）	—	隐藏闭门器（套）	—	门夹（个）	—	按压回弹暗拉手（个）	1
M-19	移门锁（副）	—	明装闭门器（套）	—	吊轮（个）	—	门轴（个）	—
	鸡嘴铰链（个）	2	拉手（副）	—	地弹簧（副）	—	门吸（个）	1
	挡尘条（个）	—	暗插销（副）	—	地锁（副）	—	—	—

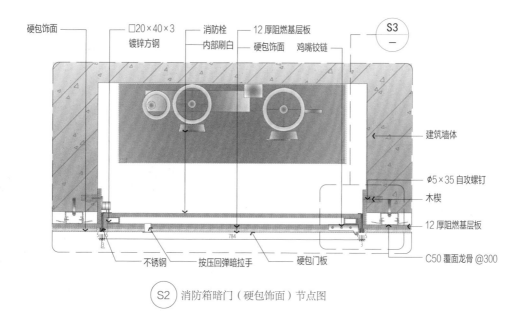

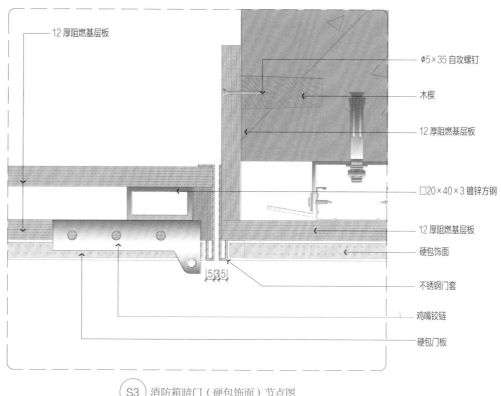

S2 消防箱暗门（硬包饰面）节点图

S3 消防箱暗门（硬包饰面）节点图

➤ 适用范围

硬包饰面消防箱暗门主要用于一些需要较高装饰性的场所，如酒店、宾馆、高级会所、办公场所。通过制作硬包饰面可以使消防箱暗门与周边环境和谐统一，同时又不影响消防设施的正常功能。硬包饰面消防箱暗门适用于对室内装修有较高要求、追求整体视觉协调以及重视消防安全的多种建筑类型和场合。在符合相关消防规范的前提下，这种构造方式能够将消防设施巧妙融入建筑内部设计之中。

➤ 工艺要求

1. 消防箱暗门开启方向应采用外开式，确保开门见栓，暗门门轴或暗合页禁止安装在栓口侧。

2.《消防给水及消火栓系统技术规范》（GB 50794—2014）要求，消火栓暗门开启角度不能小于120°。

3. 单扇消防箱暗门高度不小于1820 mm、宽度不小于820 mm，门底边距完成地面200 mm。

4. 暗门门洞四周根据图纸钻孔安装木楔，封12 mm厚阻燃基层板基层边框，边框见光处做喷白处理。

5. 暗门骨架采用20 mm×40 mm×3 mm镀锌方钢，骨架呈"目"字形焊接。

6. 包封暗门骨架的基层板采用不小于12mm厚阻燃基层板，基层表面需刷白色涂料做见白处理。

7. 暗门正面粘贴成品硬包饰面，硬包背面均匀涂抹粘结剂，采用蚊钉临时固定。

8. 暗门门扇、边框宜采用5 mm宽不锈钢装饰边框收边，超出门面板2 mm。

9. 暗门两侧留缝应自踢脚线上部至天花下部做贯通缝处理。

10. 在暗门经常开关使用时，可以选择象鼻锁（象鼻式反弹器），当暗门轻触到反弹器时，会自动吸合关闭；同时也无需安装传统拉手，通过按压门板即可实现开门，具有安装方便，使用寿命长的优点。

➤ 施工步骤

1. 现场清理，放控制线、完成面线、基层线。

2. 打木楔孔，安装木楔。

3. 固定阻燃基层板。

4. 固定门轴安装。

5. 制作暗门（方钢焊接，封阻燃基层板及硬包）。

6. 安装不锈钢边框。

7. 安装调试暗门、弹簧拉手、象鼻锁。

➤ 材料规格

装饰面材：硬包饰面、不锈钢饰面。
五金配件：鸡嘴铰链、按压回弹拉手、象鼻锁。

➤ 材料图片

硬包饰面　　不锈钢饰面　　鸡嘴铰链　　按压回弹拉手

阻燃基层板　　象鼻锁　　涂料　　镀锌方钢

➤ 模拟构造

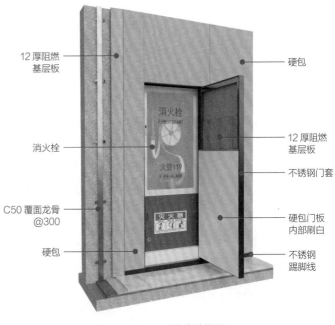

12厚阻燃基层板
硬包
消火栓
12厚阻燃基层板
不锈钢门套
C50覆面龙骨@300
硬包门板内部刷白
硬包
不锈钢踢脚线

三维构造模型

深化与施工要点

➤ 深化要点与管控

深化要点

1. 比对装饰图纸与消防专业图纸，检查消防箱位置是否遗漏、能否合理安装。

2. 现场巡查消防箱位置后，与图纸位置比对，核查消防箱位置是否变动。

3. 依据设计图纸要求，结合消防箱所处墙面装饰饰面材质，确定消防箱暗门的制作安装工艺。

4. 采用工厂化生产和现场临时加工相结合的方式，缩短加工周期，保证工期要求。

5. 消防箱暗门根据项目特点与现场要求采用配套五金配置。

深化管控

1. 资料签收：检查各专业提资图纸是否已收集完毕。

2. 图纸深化：根据设计图纸和现场门洞实测尺寸，深化下单尺寸，结合实测尺寸分类，将同类暗门统一尺寸、统一做法，按产品化、模块化来制作安装。

3. 开启角度：消防箱暗门开启后应保证暗门能够达到 135° 的开启角度，以符合消防验收规范。

4. 现场管控：检查现场门洞有无偏位，垂直度、方正度是否符合图纸要求，若现场不满足要求，则要及时提出整改意见。

➤ 工序策划

图纸深化 → 弹线定位 → 骨架安装 → 饰面安装 → 五金安装

1. 图纸深化：根据设计图纸要求和实际使用需求确定消防箱暗门的位置和尺寸，深化暗门骨架排布、饰面材料的安装方式、门扇周边收口做法、五金安装选型与定位，确保消防箱暗门能够自由开启。

2. 弹线定位：在地面上弹出面层控制线，在墙面上弹出水平控制线。根据地面面层控制线加工暗门门框，根据所弹出的控制线预埋门铰固定件。

3. 骨架安装：依据定位线确保门轴或合页焊接安装在同一轴线上，将暗门骨架与门轴或合页可靠连接，注意调整暗门活动缝隙，满足门扇开启要求与整体美观性需求。

4. 饰面安装：石材（瓷砖）饰面应按由下而上、先小板后大板的顺序施工，硬包、金属等饰面不宜分块，应

按单一大板一次性安装到位，以保证暗门整体美观和平整。涂料、壁纸等饰面应做好门扇四边收口，应保证门扇边线精细匀称、光滑平整、无毛刺、无松动。

5.五金安装：安装后确保消防箱暗门开合自如、五金件正常工作，无异常声响或松动，结合暗门重量实测门吸磁力吸附能力，确保暗门完美闭合。

➤ 质量通病与预防

通病现象	预防措施
暗门饰面材质的色差和纹理问题，导致视觉效果不佳	在施工前，要求材料厂家以及施工队伍严格按照施工排板图的编号，对材料进行先预排再施工，以杜绝材质色差和不对纹的情况发生
暗门的缝隙分割与周边材质不一致，造成整体外观不协调	在对暗门的材料进行排板时，要多考虑它与周边材料的关系，不要把它单独拎出来排板下单；在无法避免分缝时，应提醒方案设计师该位置可能出现的分缝冲突，协商解决排板方案

➤ 实景照片

铝板消防箱暗门

木饰面消防箱暗门

硬包消防箱暗门

硬包消防箱暗门关闭后

C5　防火门构造

C5.1　钢制防火门构造

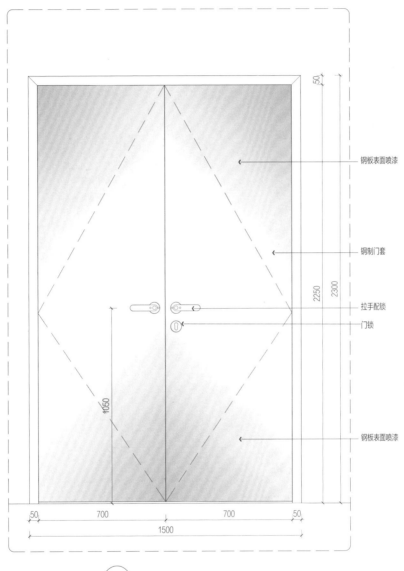

钢板表面喷漆

钢制门套

拉手配锁

门锁

钢板表面喷漆

50

2250

2300

1050

50　700　700　50

1500

E　钢制防火门外立面

五金配件清单

门编号	五金配件							
	合页（个）	6	防尘筒（个）	1	门止（个）	—	防盗扣	—
	执手锁（副）	2	隐藏闭门器（套）	—	门夹（个）	—	按压回弹暗拉手（个）	—
FM-20	移门锁（副）	—	明装闭门器（套）	2	吊轮（个）	—	门轴（个）	—
	暗铰链（个）	—	拉手（副）	—	地弹簧（副）	—	顺位器	1
	挡尘条（个）	—	暗插销（副）	1	地锁（副）	—	—	—

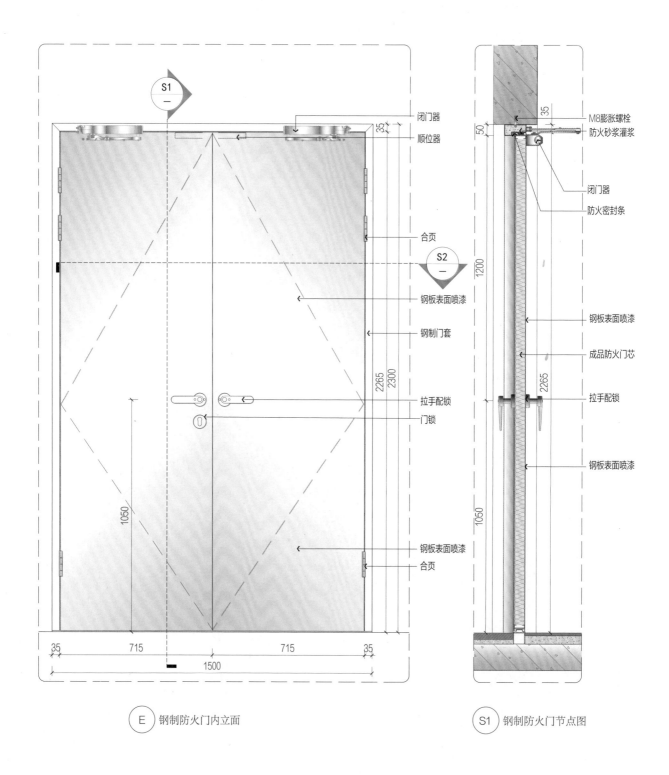

闭门器
顺位器

合页

S2

钢板表面喷漆

钢制门套

拉手配锁
门锁

钢板表面喷漆
合页

35
2265
2300
1050

35　715　715　35
1500

M8膨胀螺栓
防火砂浆灌浆

闭门器
防火密封条

钢板表面喷漆

成品防火门芯

拉手配锁

钢板表面喷漆

35
50
1200
2265
1050

E　钢制防火门内立面

S1　钢制防火门节点图

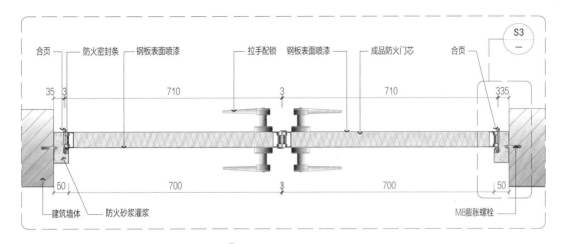

S2 钢制防火门节点图

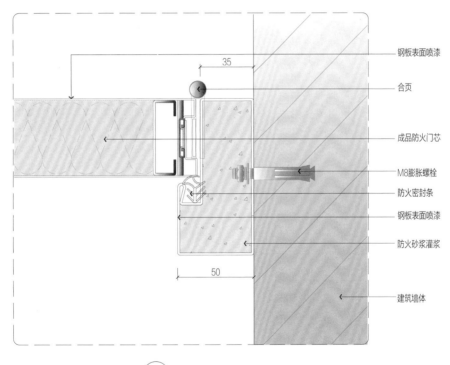

S3 钢制防火门节点图

➤ 适用范围

　　防火门可防止火灾蔓延，保障建筑物内的人员安全。需按《防火门》（GB 12955—2008）要求安装防火门。甲级防火门：耐火极限不低于 1.5 h，适用于防火分区间的防火墙、特殊房间，如燃油气锅炉房、变压器室等。乙级防火门：耐火极限不低于 1 h，适用于防烟楼梯间、通向前室的门、高层建筑封闭楼梯间、消防电梯前室、管道井、电缆井等竖向井道等。丙级防火门：耐火极限不低于 0.5 h，适用于建筑物中的竖向井道、垃圾道前室等。

➤ 工艺要求

1. 安装前检查门洞口尺寸，偏位、不垂直、不方正的要进行剔凿或抹灰处理。

2. 对于钢制防火门，需在门框内填充 1：3 水泥砂浆。砂浆不能填充过量，防止门框变形影响开启。

3. 门框埋入 ±0.000 m 标高以下 20 mm，必须保证框口上下尺寸相同，允许偏差小于 1.5 mm，对角线允许偏差小于 2 mm。

4. 采用 1.5 mm 厚镀锌连接件固定。连接件与墙体采用膨胀螺栓安装固定。门框与门洞墙体之间用膨胀螺栓固定，预留 20～30 mm。门框每边均不应少于 3 个连接点。

5. 门框周边缝隙，用 1：2 水泥砂浆嵌缝，保证门与墙体结成整体，经养护凝固后，再粉刷洞口及墙体。门框与墙体连接处打建筑密封胶。

6. 用十字螺钉刀在门扇上固定合页，将门扇挂在门框上。竖放门扇，底部用木块垫起，对准合页位置，通过合页将门固定在门框上。

7. 安装五金配件及有关防火装置。门扇关闭后，门缝应均匀平整，开启应自由轻便，不得有过紧、过松和反弹现象。

8. 门框与门扇的正常间隙为中（双开门）3±1 mm、右 3±1 mm、上部 2±1 mm、下部 4±1 mm 间隙。调整框与扇的间隙，做到门扇在门框里平整、密合、无翘曲、无明显反弹。

➤ 施工步骤

1. 根据现场门洞尺寸及门的收口节点，确定防火门尺寸。

2. 将钢制防盗门立直放正，用膨胀螺栓固定。

3. 灌装防火砂浆。

4. 安装其他门五金。

5. 调试钢制防火门开启至顺畅。

➤ 材料规格

装饰面材：钢制防火门。

五金配件：防火合页、防火执手锁、防火闭门器、防火顺位器、防火密封条、防火门芯。

➤ 材料图片

防火合页　　　防火执手锁　　　防火闭门器

防火顺位器　　　防火密封条　　　防火门芯

➤ 模拟构造

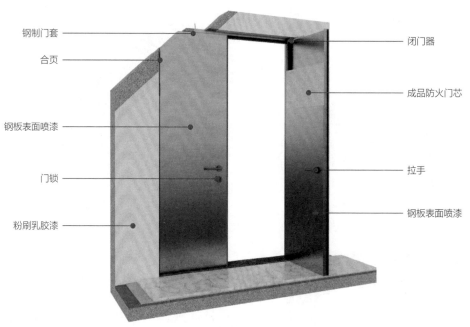

钢制门套
合页
钢板表面喷漆
门锁
粉刷乳胶漆
闭门器
成品防火门芯
拉手
钢板表面喷漆

三维构造模型

C5.2　木饰面防火门构造

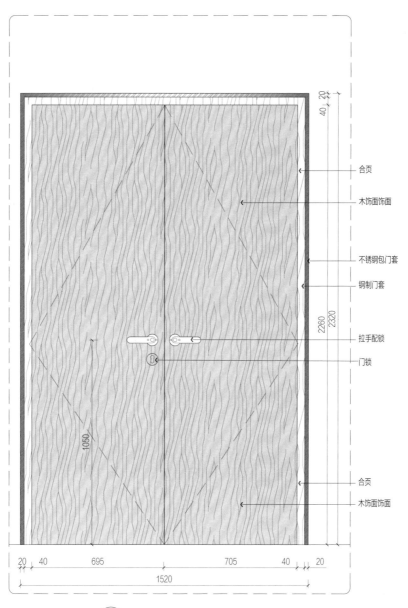

合页

木饰面饰面

不锈钢包门套

钢制门套

拉手配锁

门锁

合页

木饰面饰面

$$\underline{(E)}\ 木饰面防火门外立面$$

五金配件清单

门编号	五金配件							
	合页（个）	6	防尘筒（个）	1	门止（个）	—	防盗扣	—
	执手锁（副）	2	隐藏闭门器（套）	—	门夹（个）	—	按压回弹暗拉手（个）	—
FM-21	移门锁（副）	—	明装闭门器（套）	2	吊轮（个）	—	门轴（个）	—
	暗铰链（个）	—	拉手（副）	—	地弹簧（副）	—	顺位器	1
	挡尘条（个）	—	暗插销（副）	1	地锁（副）	—	—	—

C5

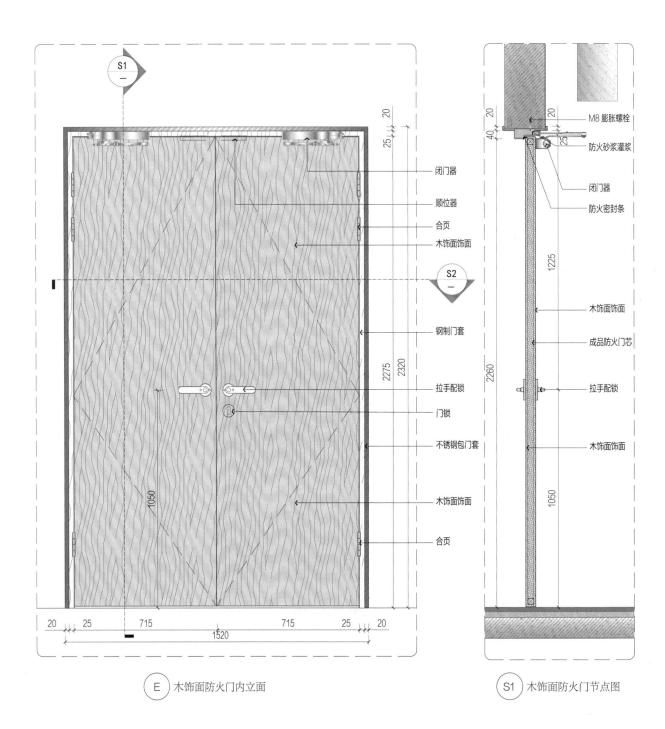

闭门器
顺位器
合页
木饰面饰面

M8 膨胀螺栓
防火砂浆灌浆
闭门器
防火密封条

木饰面饰面
成品防火门芯
拉手配锁
木饰面饰面

钢制门套
拉手配锁
门锁
不锈钢包门套
木饰面饰面
合页

20 25 715 715 25 20
1520

20 40 20 25
25 20

2275 2320
1050
2260
1225 1050

E 木饰面防火门内立面

S1 木饰面防火门节点图

S1
S2

C5

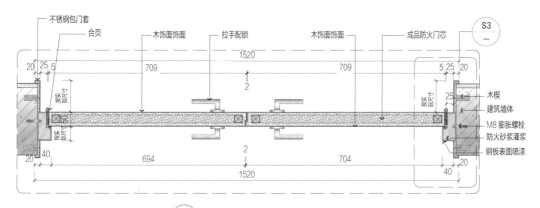

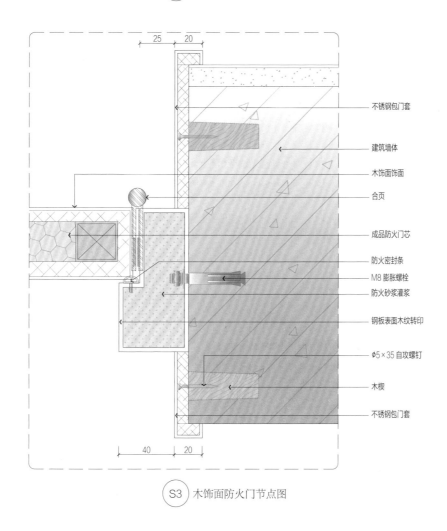

不锈钢包门套
合页
木饰面饰面
拉手配锁
木饰面饰面
成品防火门芯

1520
709　709
20 | 25 | 5
5 | 25 | 20

木楔
建筑墙体
M8 膨胀螺栓
防火砂浆灌浆
钢板表面喷漆

694　704
1520

$\underset{S2}{\bigcirc}$ 木饰面防火门节点图

25　20

不锈钢包门套
建筑墙体
木饰面饰面
合页
成品防火门芯
防火密封条
M8 膨胀螺栓
防火砂浆灌浆
钢板表面木纹转印
φ5×35 自攻螺钉
木楔
不锈钢包门套

40　20

$\underset{S3}{\bigcirc}$ 木饰面防火门节点图

➤ 适用范围

　　木饰面防火门适用于酒店、办公楼、商业空间、会所、高端住宅等对防火安全有严格要求的场所，适用于各种注重装饰性与防火性能相结合的建筑环境。木饰面防火门能够提供丰富的木质纹理和颜色选择，与室内装饰风格更为协调统一，可提升整体装修效果。其既能保持木质门的美观与质感，又能达到相应的耐火极限要求，从而实现安全与美学的双重保障。

➤ 工艺要求

1. 根据施工图纸和现场实际情况，测量防火门的尺寸，确保其与洞口尺寸相匹配。对于不符合要求的洞口，需要进行处理，如扩大或修整。

2. 在安装前检查门洞口尺寸，不垂直、不方正的要进行剔凿或抹灰处理；对防火门进行检查，确保其质量符合标准，无损坏、变形等问题。

3. 按照设计尺寸、标高和开启方向，在洞口位置精确划出门框的安装基准线。

4. 通过预埋铁件或膨胀螺栓将门框与墙体牢固连接，确保门框安装稳定，无变形，上下尺寸均匀一致，对角线偏差不超过允许范围（一般小于2 mm）。

5. 在安装完成后，需要对防火门进行调整，确保其开启、关闭灵活，无卡阻现象。

6. 安装好的木饰面防火门需要经过严格的验收，包括外观质量、安装牢固性、开启灵活性以及防火性能等各项指标均应符合国家相关标准和技术规范。

➤ 施工步骤

1. 根据现场门洞尺寸及门的收口节点，确定防火门尺寸。

2. 将门框与墙体牢固连接。

3. 将木饰面防火门的门扇安装到门框上，确保门扇与门框之间的配合紧密。

4. 安装其他门五金。

5. 调试木饰面防火门开启至顺畅。

➤ 材料规格

装饰面材：木饰面防火门。

五金配件：防火合页、防火执手锁、防火闭门器、防火顺位器、防火密封条、防火门芯。

➤ 材料图片

防火合页　　　防火执手锁　　　防火闭门器

防火顺位器　　　防火密封条　　　防火门芯

➤ 模拟构造

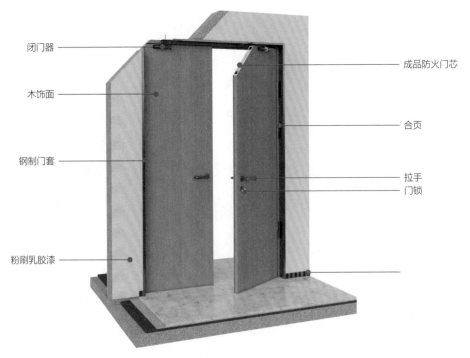

闭门器　木饰面　钢制门套　粉刷乳胶漆　成品防火门芯　合页　拉手　门锁

三维构造模型

——— 深化与施工要点 ———

▶ 深化要点与管控

深化要点

1. 依据建筑设计图纸要求，明确防火门材质、门框与门扇尺寸、耐火等级、开启方向、消防联动等，以及精装设计的效果要求，均需符合建筑消防规范。

2. 防火门框安装位置定位应结合门洞周边墙面材质确定，门洞预留尺寸要满足建筑设计要求，门打开后净尺寸要满足消防验收要求。

3. 防火门注意防火封堵，门框内部应满做防火填充，门框与门洞之间防火封堵厚度不小于 10 mm。

4. 有门楣的防火门，门楣的耐火等级不低于防火门的耐火等级，防火门门扇与门楣要在同一垂直面上。

5. 根据现场门洞尺寸及门的收口节点，确定防火门尺寸。

深化管控

1. 资料签收：检查各专业提资图纸是否已收集完毕。

2. 图纸深化：根据设计图纸和现场门洞实测尺寸，深化防火门加工图，深化图纸应包含防火门规格尺寸，详细描述门扇剖切组成、门框细部构造、防火门五金配置明细等。根据当地消防规范要求确保防火门打开后扣除门扇的净尺寸满足疏散要求。

3. 机电配合：将装饰专业施工图纸与其他专业图纸进行叠图，检查点位是否缺失，对消防联动、门禁系统等进行预留定位。

4. 现场管控：检查现场门洞有无偏位，垂直度、方正度是否符合图纸要求，若现场不满足要求，则要及时提出整改意见。

▶ 工序策划

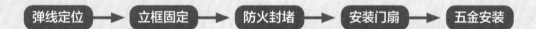

弹线定位 ➡ 立框固定 ➡ 防火封堵 ➡ 安装门扇 ➡ 五金安装

1. 弹线定位：按设计图纸规定的尺寸、标高和开启方向，在洞口弹出门框的安装位置线。

2. 立框固定：门框就位后，应校正其垂直度、水平度和对角线，门框用螺栓临时固定，必须进行复核，以保证安装尺寸准确。框口上尺寸允许偏差不应大于 1.5 mm，对角线允许偏差不应大于 2.0 mm。

3. 防火封堵：将准备好的灌浆材料倒入门框和门扇之间的缝隙中，用工具将灌浆材料搅拌均匀，使其充分填充缝隙。

C5

4. 安装门扇：门扇安装后，缝隙应均匀，表面应平整。要求扇与框搭接量不小于10.0 mm，框扇配合部位内侧宽度尺寸偏差不大于2.0 mm，高度偏差不大于2.0 mm，对角线长度之差小于3.0 mm，门扇闭合后配合间隙小于3.0 mm，扇与框之间的两侧缝隙不大于4.0 mm，上侧缝隙不大于3.0 mm，双扇门中缝间隙不大于4.0 mm。

5. 五金安装：安装门锁、合金或不锈钢执手及其他装置等，可按照五金使用说明书进行安装，各五金件均应达到各自的使用功能。

▶ 质量通病与预防

通病现象	预防措施
防火门附件安装不全或位置不对	闭门器是安装在常闭防火门上的，常开防火门是不需要安装的，顺序器能够控制门自动关闭，双扇或多扇防火门控制关门先后顺序的顺序器不得漏装，防火密封件（条）应粘贴在门框与门扇、门扇与门扇的缝隙处
对门洞尺寸复核不够精细或地面平整度偏差过大	在进行门洞尺寸复核时，由于工作量大、烦琐及工作人员的疏忽大意等原因，可能会出现复核的数据误差过大或将数据和对应的门的编号弄错的情况，导致有的防火门与门洞尺寸不符，无法安装，因此现场门洞应整合统一，并进行详细的编号定位

▶ 实景照片

钢制防火门　　　　　　钢制防火门（观察窗）　　　　　木饰面防火门　　　　　木饰面防火门（观察窗）

主要参考资料

1.《建筑装饰装修工程质量验收标准》GB 50210—2018

2.《建筑设计防火规范》GB 50016—2014（2018 年版）

3.《建筑内部装修设计防火规范》GB 50222—2017

4.《建筑材料及制品燃烧性能分级》GB 8624—2012

5.《民用建筑设计统一标准》GB 50352—2019

6.《建筑室内安全玻璃工程技术规程》T/CBDA 28—2019

7.《建筑与市政工程无障碍通用规范》GB 55019—2021

8.《防火门》GB 12955—2008

9.《消防给水及消火栓系统技术规范》GB 50794—2014

10.《内装修—墙面装修》13J502-1

11.《内装修—室内吊顶》12J502-2

12.《内装修—楼（地）面装修》13J502-3

13.《内装修—细部构造》16J502-4

后记

　　"建筑装饰工程设计专业教学参考资料"编委会由来自企业、高校、科研机构等单位的设计师、教师及专家组成，此次策划并组织编写的《建筑装饰深化设计工作手册》和五册《建筑装饰节点图集》，搭建了深化设计的理论体系和应用范例，在中国建筑装饰行业及其专业教育的发展中具有重要意义。

　　建筑装饰深化设计是在中国建筑装饰行业迅猛发展的过程中，由行业龙头企业的专业团队通过数以千计的工程项目实施，并从中发掘、总结、创新的建筑装饰全生产流程中的一个重要环节，也是施工组织管理的技术保障。因此从某种意义上讲，建筑装饰行业的技术关键就是深化设计，深化设计是建筑装饰企业的核心竞争力。尤其是在当前发展新质生产力，实现建筑工业化，推广建筑师负责制及设计施工一体化（EPC）的大背景下，深化设计的重要性日益凸显。

　　同时，我们还看到了深化设计针对行业教育的影响。众所周知，与建筑装饰行业配套的环境设计教育几十年来得到了长足发展，目前全国有 1500 所高职以上院校开设环境设计课程，在校学生常年保持在 30 万 ~ 40 万人的规模，为行业培养了近 1000 万从业人员。目前环境设计教育存在的问题是教学未能与时俱进，造成产教分离的现象。例如，环境设计课程只教授从效果图到施工图这一阶段的内容，并没有涉及从施工图到建筑产品这一重要部分。根据教从产出的原则，深化设计是环境设计教育的重要组成部分，假以时日，伴随着深化设计在建筑装饰行业的地位日益提高，完全可能发展成为与环境设计并列的建筑装饰行业教育的专业生态集群，以教促产为中国建筑装饰行业培养更多建筑工业化人才。

　　本书编写过程中，虽经反复推敲核证，仍难免有不妥甚至疏漏之处，衷心希望广大读者为本书提出宝贵意见，以便在今后的编写工作中加以改进。同时我们也将以此为起点，围绕深化设计，多出书，出好书，并开展多种形式的宣传推广活动。

　　最后，感谢为本书作序的中国建筑学会李存东秘书长、苏州金螳螂文化发展股份有限公司杨震董事长；感谢江苏凤凰出版传媒股份有限公司徐海总编辑、天津凤凰空间文化传媒有限公司孙学良总经理为本书付出的心血。

"建筑装饰工程设计专业教学参考资料" 编委会

2024 年 4 月